Die Nachwuchs-Führungskraft

Ihre Probleme – ihre Lösungen

Die Nachwuchs-Führungskraft

Ihre Probleme – ihre Lösungen

Bibliografische Informationen der Deutschen Nationalbibliothek

Die Deutschen Nationalbibliothek verzeichnet diese Publikation in der Deutschen Nationalbibliografie; detaillierte bibliografische Informationen sind im Internet über http://dnb.d-nb.de abrufbar.

ISBN 978-3-7664-9940-0

Im Vertrieb von: Jünger Medien Verlag + Burckhardthaus-Laetare GmbH, Offenbach

Herausgeber: Bernhard Siegfried Laukamp

Umschlag: Martin Zech, Bremen
Redaktion: Bernhard Siegfried Laukamp
Korrektur und Lektorat: Anja Hilgarth, Herzogenaurach
Satz und Layout: Salzland Druck, Staßfurt
Druck und Bindung: Salzland Druck, Staßfurt

© 2016 Bernhard Siegfried Laukamp, Neustadt a. Rbge.

www.junior-manager.de

Dieses Buch ist den Menschen gewidmet,
die sich mutig bereit erklärt haben,
als Nachwuchs-Führungskraft
Verantwortung zu übernehmen.

Inhalt

Vorwort

Bernhard Siegfried Laukamp (Herausgeber)

Liebe Leser,

dieser Ratgeber wurde für Nachwuchs-Führungskräfte geschrieben, die nach Lösungen für Probleme suchen, die ihnen auf ihrem Weg begegnen.

Die Autoren dieses Ratgebers kennen diese Herausforderungen auch, denn sie sind erfahrene Praktiker mit Führungserfahrung, die selbst einmal als Nachwuchs-Führungskraft begonnen haben. Inzwischen geben sie als Trainer, Berater oder Coaches ihr Wissen und ihre Erfahrung an andere weiter und begleiten sie auf ihrem Weg.

Bei der Auswahl der Themen haben wir Wert auf einen Bezug zur Praxis gelegt. In jedem Beitrag wird ein Themenfeld mit typischen Herausforderungen von Nachwuchs-Führungskräften anhand von Fallbeispielen aus der Praxis und mit Lösungsmöglichkeiten und praktischen Tipps vorgestellt. Dabei erheben wir keinen Anspruch auf Vollständigkeit aller möglichen Probleme, mit denen Nachwuchs-Führungskräfte konfrontiert sein können.

Eine Besonderheit dieses Ratgebers für Nachwuchs-Führungskräfte sind die vielen Zusatzmaterialien und Unterstützungsangebote im Internet. Diese finden Sie auf den speziellen Unterstützungsseiten der Autoren als Bestandteil eines *Unterstützungs-Netzwerkes für Nachwuchs-Führungskräfte*.

Die meisten Beiträge sind in der männlichen Schreibform verfasst, meinen aber immer beide Geschlechter. Die Erfahrung zeigt, dass viele Herausforderungen der weiblichen auch bei männlichen Nachwuchs-Führungskräften zu finden sind und umgekehrt. Dort, wo in den Beiträgen geschlechterspezifische Besonderheiten zu berücksichtigen sind, wurden diese entsprechend kenntlich gemacht. Probleme, die ausschließlich weibliche Nachwuchs-Führungskräfte betreffen, werden später im Rahmen des Unterstützungsnetzwerkes behandelt.

Ein Großteil der Nachwuchs-Führungskräfte wird durch Annahme eines Angebotes einer entsprechenden Aufgabe oder Position des eigenen Betriebes zur Führungskraft. Ein solches Angebot wird nicht jedem gegeben, was auf der einen Seite eine besondere Auszeichnung und Freude darstellen wird, auf der anderen Seite aber auch bedeutet, dass der Ausgewählte erfolgreich sein muss! Denn wenn Sie erst einmal das Angebot zur Beförderung angenommen haben und der Prozess begonnen hat, gibt es nur wenige Chancen, das Rad zurückzudrehen. Ein Scheitern oder auch nur ein Abbrechen des Prozesses hat nachhaltige und oft unangenehme Wirkungen auf Sie, Ihre Persönlichkeit, Ihre berufliche Situation und Ihr soziales Umfeld.

Wenn Ihr Betrieb kein (gutes) Führungskräfte-Entwicklungsprogramm hat und Sie unterstützt, nutzen Sie alle sinnvollen Unterstützungsangebote, die Sie bekommen können, damit aus der Ihnen gebotenen Chance ein Erfolg wird. Der Griff zu diesem Ratgeber war eine gute Entscheidung dazu!

In allen Bereichen unserer Gesellschaft brauchen wir gute Führungskräfte und deshalb Menschen wie Sie, die sich mutig bereiterklären, diese wichtige herausfordernde Aufgabe zu übernehmen. Richtig angegangen und gelebt, kann sie Ihnen viel Freude bereiten, sehr erfüllend und sinnstiftend sein. Und meist ist es ein Beruf für ein ganzes Leben.

Ich wünsche Ihnen eine interessante Lektüre, und dass Ihnen dieser Ratgeber und unsere Unterstützungsangebote auf Ihrem Weg zu einer erfolgreichen Führungskraft hilfreich sein werden.

Neustadt, im August 2016

Bernhard Siegfried Laukamp

Herausgeber

Einleitung

Ich möchte einige wichtige Gedanken voranstellen.

Es gibt für ein Problem immer mehr als eine Lösung!

Wie Sie wissen, können Sie auf die Spitze eines Berges auf ganz unterschiedliche Weise gelangen. Dorthin gibt es viele Wege, denn Sie können von jeder Seite des Berges den Aufstieg beginnen. Zudem gibt es viele verschiedene Arten, das Ziel zu erreichen: Sie können klettern, wandern, einen Sessellift benutzen, mit dem Auto bis zum Restaurant auf der Bergspitze fahren, einen Hubschrauber mieten ... Welche Sie nutzen, hängt u.a. von den Gegebenheiten vor Ort, Ihren Möglichkeiten, Ihren Erfahrungen und Ihren Entscheidungen ab. Das bedeutet: Für die Lösung eines Problems gibt es i.d.R. mehr als eine Lösung! Genauso ist es mit den Herausforderungen, die Ihnen als Nachwuchs-Führungskraft begegnen: Es gibt in der Regel mehr als eine Möglichkeit, sie zu lösen!

In diesem Ratgeber werden Sie deshalb bei unseren Autoren unterschiedliche Lösungsansätze finden. Nutzen Sie diese Vielfalt.

Konservative und innovative Lösungsangebote

Unsere Welt ist (immer) im Wandel! Deshalb wird Ihre Welt eine gänzlich andere sein, als diejenige der Generation, die sich allmählich zur Ruhe setzt und Ihnen eine komplexere Welt mit anderen Herausforderungen hinterlässt, als sie selbst lösen musste.

Sie finden in unserem Ratgeber für Nachwuchs-Führungskräfte daher nicht nur konservative, also bewährte Lösungen für bekannte Probleme, sondern auch neue und innovative Lösungen zu „neuen" Herausforderungen oder neuen Sichtweisen auf „alte", mit denen Sie als Nachwuchs-Führungskraft konfrontiert sind oder sein werden. Suchen Sie sich die Lösungswege aus, die am besten zu Ihnen und Ihrer Situation passen. Und nutzen Sie die Unterstützungsangebote, die die einzelnen Autoren im Rahmen des *Unterstützungs-Netzwerkes für Nachwuchs-Führungskräfte* für Sie im Internet bereitgestellt haben und Ihnen auch persönlich dazu anbieten.

Ihr Erfolg als Führungskraft hängt von Ihrem Führungsstil ab

Viele Studien über die Persönlichkeit von Führungskräften und deren Wirkung zeigen, dass die These von einer „strahlenden Führungspersönlichkeit" nicht bestätigt werden konnte. Bedeutender ist der Führungsstil einer Führungskraft. Für Sie bedeutet das, dass Sie Ihren Erfolg selbst in Ihren Händen halten. Denn Führungsstil hat etwas mit Ihrem eigenen Verhalten zu tun, kann demnach von Ihnen selbst verändert werden, wenn Sie sich damit auseinandersetzen, lernen und trainieren. Sie sind also nicht abhängig von einer vorhandenen „charismatischen Führungspersönlichkeit". Persönlichkeit spielt eine andere Rolle, wie Sie in einigen der Beiträge unserer Autoren erfahren werden, in denen es darum geht, sich selbst und die anderen zu erkennen, zu verstehen und die vorhandenen Potenziale zu nutzen.

Der Erfolg Ihrer Mitarbeiter ist die Basis für Ihren eigenen Erfolg

Ihre Aufgabe als Führungskraft ist es zu führen, also dafür zu sorgen, dass Ihre Mitarbeiter ihre Arbeit erfolgreich bewältigen und die vorgegebenen Ziele erreichen. Erfolgreiche Mitarbeiter und Teams sind deshalb ein wichtiger Indikator für gute Führungskräfte und damit für deren eigenen Erfolg. Deshalb finden Sie in vielen Beiträgen Hinweise, wie Sie nicht nur die fachlichen Aufgaben, sondern auch das soziale Miteinander mit Ihren Mitarbeitern oder im Team gut gestalten können. Denn mit einem gut geführten Team macht es Spaß, zu arbeiten! Dazu gehört auch, dass Sie nicht alle Probleme selbst lösen müssen, sondern Ihren Mitarbeitern einige überlassen sollten. Auch das werden Sie in diesem Buch erfahren.

Den Problem-Pfad als Entwicklungs-Pfad verstehen

Vieles läuft bei Ihnen wahrscheinlich schon gut. Die neue Aufgabe macht sogar Spaß, wenn nur dieses oder jenes Problem nicht wäre, nicht wahr? Gehen Sie davon aus, dass Sie auf Ihrem Weg als (Nachwuchs-)Führungskraft immer wieder Herausforderungen zu bewältigen haben. Das ist Ihr Job!

Wenn Sie diesen „Problem-Pfad" als Ihren persönlichen Entwicklungs-Pfad zur erfolgreichen Führungskraft erkennen, verstehen und nutzen lernen, werden diese Probleme ihre angst- und stresserzeugende Wirkung verlieren. Sie bekommen eine andere Bedeutung und Wirkung.

Taucht ein Problem immer wieder in ähnlicher Weise auf, ist das für Sie ein wichtiger Hinweis, dass sich etwas Grundsätzliches dahinter verbirgt. Es sagt quasi: „Hallo, ich bin schon wieder da. Kümmere dich doch endlich mal richtig um mich! Ich will dir etwas beibringen!"

So wird das Lösen von Problemen nicht mehr nur eine lästige und stressige Aufgabe sein, sondern kann Ihnen sogar Freude bereiten, denn Sie werden an sich selbst eine positive persönliche Entwicklung und Reifung feststellen, die ohne die bewusste Auseinandersetzung mit diesen Herausforderungen nicht zustande gekommen wären!

Diese Reifungs-Prozesse betreffen nicht nur Sie, sondern auch Ihre Mitarbeiter. Es geht als Führungskraft nicht nur darum, es für die Mitarbeiter bequem einzurichten, sondern ihnen auch Möglichkeiten und Herausforderungen zu bieten, an denen auch Ihre Mitarbeiter wachsen und sich entwickeln können. Sich selbst und anderen solche Wachstums- und Konfliktpunkte zuzumuten, ist etwas, was Sie weder vermeiden können, noch sollten.

Einen persönlichen Entwicklungsplan erstellen

Der Pfad der Probleme gibt Ihnen einen Hinweis auf die zu bearbeitenden Themen, denen Sie sich sowieso widmen müssen. Dieser Pfad orientiert sich an Ihren „brennendsten Problemen", die Sie zu einer bestimmten Zeit haben, und setzt pragmatisch auf eine sich selbst steuernde Entwicklung, deren Impulse von den Problemen ausgehen, also dem erlebten Leben entstammen.

Um sich systematisch zu einer guten Führungskraft zu entwickeln, wird das aber nicht reichen, weil natürlich viele wichtige Themen von Ihnen derzeit oder vielleicht nie als „brennend" empfunden werden und dennoch für Ihre Entwicklung zu einer guten Führungskraft essenziell sind.

Für eine zielgerichtete Entwicklung zu einer guten Führungskraft braucht es daher einen Plan. Mit den Informationen von unseren Autoren können Sie sich Ihren eigenen Führungskräfte-Ausbildungs- und -Entwicklungsplan selbst erstellen. Wer sich dazu fachkundigen Rat holen und wissen möchte, welche Themen mit zu der Ausbildung jeder guten Führungskraft gehören, findet auf den Unterstützungsseiten entsprechende Informationen und Angebote.

Eine gute Ausbildung lohnt sich – auch als Führungskraft

Der Bedarf an gut ausgebildeten Führungskräften ist sehr groß. Mit einer guten Ausbildung, die alle relevanten Themen von zeitgemäßen Führungskräfte-Entwicklungsprogrammen abdeckt, sind Sie nicht nur für Ihren jetzigen Arbeitgeber wertvoller, sondern erhöhen Ihre Chancen auf einen interessanten und gut bezahlten Arbeitsplatz und vermindern die Abhängigkeit von einzelnen Arbeitgebern. Zudem werden Sie professioneller mit Herausforderungen und Aufgaben umgehen und mehr Freude an Ihrer Arbeit haben. Es lohnt sich deshalb, in die eigene Ausbildung Zeit und Energie zu investieren.

Sie brauchen mehr Informationen und Unterstützung?

Zu einigen Themen, insbesondere zu denen, die derzeit für Sie „brennend" sind, werden Sie vermutlich mehr wissen wollen. Unsere Autoren haben für Sie im Internet zusätzliche Materialien und Unterstützungsangebote bereitgestellt.

Mit dem QR-Code oder der URL, die Sie vor jedem Beitrag finden, gelangen Sie schnell auf die entsprechende Unterstützungsseite mit diesen Informationen. Sie müssen sich nur beim ersten Mal registrieren und haben danach Zugang zu zusätzlichem Wissen und Unterstützungsangeboten unserer Autoren.

Über die Kontaktdaten, die Sie dort finden, können Sie auch direkt mit den Autoren in Verbindung treten und Ihre Fragen klären oder sie als Coach oder Berater für Ihr persönliches Unterstützungs-Netzwerk engagieren. Nutzen Sie dieses besondere Angebot, das Ihnen auf Ihrem Weg zu einer erfolgreichen Führungskraft helfen wird!

Mein Tipp für den Start

Dieses Buch muss nicht von vorn bis hinten gelesen werden. Einige Themen werden Sie ganz besonders ansprechen, andere derzeit nicht. Das kann sich aber nach einiger Zeit ändern. Deshalb lohnt es sich, diesen Ratgeber immer wieder mal in die Hand zu nehmen.

Jetzt schlagen Sie aber erst einmal das Inhaltsverzeichnis auf und lassen Ihre Augen über die beiden Seiten gleiten. Bei den Themen, die bei Ihnen eine „innere Reaktion" auslösen, lohnt es sich, genauer hinzuschauen.

Bernhard Siegfried Laukamp

Herausgeber

Kornelia Becker-Oberender und Erwin Oberender

Kornelia Becker-Oberender: Ich bin Mutter von drei erwachsenen Kindern und arbeite als Therapeutin und Coach in eigener Praxis sowie in der Begleitung und Qualifizierung von Fachkräften und Institutionen im Bereich Qualitätsentwicklung und Führungskräftetraining. Als Diplom-Pädagogin, Diplom-Sozialpädagogin, Heilpraktikerin Psychotherapie, Systemische Beraterin, NLP Master DVNLP, Qualitätsmanagement-Beauftragte (TQM), Yogalehrerin (BDY/EYU) und Autorin mehrerer Bücher bin ich eine der wenigen zertifizierungsberechtigten Lehrtherapeutinnen der *Energy Psychology (EDxTM™)* und Gründerin und Lehrtrainerin der *Spirit of Energy® Personal-Coach* Ausbildung.

Erwin Oberender: Ich bin Vater von zwei erwachsenen Kindern und arbeite als Berater und Coach in eigener Praxis. Ich bin Personal Coach und Psychologischer Berater, Qualitätsmanagement-Beauftragter (IHK), Kinesiologe, NLP Master DVNLP, Yogalehrer, PSU-Assistent und Autor. Darüber hinaus bin ich zertifizierter Lehrtrainer der *Energy Psychology (EDxTM™)*, Gründer und Lehrtrainer der *Spirit of Energy® Personal-Coach* Ausbildung.

Wir beide sind seit Jahren als Redner und Dozenten in der Begleitung und Qualifizierung von Fachkräften und Teams im Bereich *Spirit of Energy®-Coaching* tätig. Wir haben es uns zur Aufgabe gemacht, unsere Idee des *Robusten Lebenskonzepts*, in welchem vor allem die Grundbedürfnisse nach Selbstverwirklichung und Kooperation zusammenspielen, in viele Arbeits- / Lebensbereiche einzubringen. Das Aufspüren und Ausgleichen energetischer Blockaden und Auflösen von Antreiber-Sabotage-Fallen sind effiziente Techniken dieses Konzepts, das wir in Einzel- und Teamcoachings, in Seminaren, Workshops und auch in unserer Ausbildung zum *Spirit of Energy®-Personal Coach* vermitteln.

Unterstützungsangebote der Autoren für Sie:

Auf unserer Unterstützungsseite im Internet haben wir für Sie spezielle Materialien zu Ihrer Unterstützung bereitgestellt. Sie finden sie unter:

www.junior-manager.de/becker-oberender

Antreiber und Getriebener – wenn auch noch mehr Effektivität nicht hilft
Erfolgsfördernde Energien kultivieren

Marco M. kommt zum Coaching, nachdem er aufgrund eines körperlichen Zusammenbruchs in einer Klinik psychosomatisch behandelt wurde. Er hatte vor gut einem Jahr eine Führungsposition übernommen und der zuständige Psychiater rät ihm nun zum Wechsel seiner Arbeitsstelle, da er den Belastungen einer Führungskraft offensichtlich nicht gewachsen sei. Er selbst beschreibt den Zusammenbruch als ein völliges Versagen und daher könne er aktuell die Arbeit auch nicht wieder aufnehmen. Dies steht im Gegensatz zu den Aussagen seiner Geschäftsführung. Sie möchte nicht auf seine Leistungen verzichten und bietet ihm an, seine Situation in einem externen Coaching zu überdenken. Was ist geschehen?

Nachdem er sein Abitur mit der Note 1.3 „hinter sich gebracht" (Zitat Marco M.) hatte, studierte er Betriebswirtschaft. Er fiel durch hervorragende Leistungen auf und hatte schon vor Abschluss seines Studiums mehrere lukrative und herausfordernde Stellenangebote zur Auswahl. Er entschied sich für das anspruchsvollste Angebot. Nach kurzer Zeit hatte er seinen Aufgabenbereich erfasst und übertraf die Erwartungen seines Arbeitgebers. Die positive Meinung der Geschäftsleitung bezüglich seiner Führungsqualitäten konnte er jedoch nicht teilen, da er immer wieder eigene Fehleinschätzungen und Fehler erkannte. Dank seiner großen Flexibilität konnte er diese gut ausgleichen, ging dabei allerdings oftmals mit seinem Engagement über die Grenzen seiner Leistungsfähigkeit hinaus. Den Hinweis eines Vorgesetzten, sorgsam mit den eigenen Kräften umzugehen, wertete er als Kritik an seinen Führungsqualitäten.

Nun gönnte sich Marco M. kaum noch Zeit für sich und seine Partnerin. Er brachte viele neue Ideen in den Arbeitsprozess ein, die er in hoher Geschwindigkeit umzusetzen versuchte. Er überprüfte jeden seiner Schritte detailliert, um so noch präziser zu handeln. Auch seine Mitarbeiter mühten sich aufrichtig, seine oftmals sprunghaften Ideen umzusetzen. Er selbst hatte das Gefühl, nicht schnell genug zu sein, und ärgerte sich über jeden Fehler seiner Mitarbeiter, die er als persönlichen Angriff verspürte. Schließlich hatte er für diese alle möglichen Unterstützungen auf den Weg gebracht. Er war immer für sie ansprechbar und konnte seine Verärgerung kaum unter Kontrolle halten, wenn dann doch etwas nicht hundert Prozent so lief, wie er es geplant hatte. Da konnte er auch schon einmal laut und ungerecht werden. Mit sich selbst ging er noch unnachgiebiger um. Er steigerte sein Engagement stetig, sodass es keine Ausnahme mehr war, dass er nur drei bis vier Stunden Schlaf bekam. Seine Beziehung zu seiner Lebensgefährtin entwickelte sich auch immer schwieriger, vor allem weil diese „nicht verstehen konnte, dass er nicht zuletzt wegen ihr solche Belastungen auf sich nehme. Er wolle schließlich ihre Ansprüche an ein angenehmes Leben erfüllen". Die Stimmung in seinem Team veränderte sich immer mehr hin zu einem misstrauischen, unsicheren Umgang miteinander. Seine Mitarbeiter konnten ihn immer schlechter einschätzen. Er wechselte unvermittelt von einem umgänglichen, mitfühlenden Vorgesetzten hin zu einem unberechenbaren Choleriker. Nach eineinhalb Jahren kam es zum Zusammenbruch.

Während unseres ersten Treffens berichtete Marco M., dass ihn seine Lebensgefährtin vor drei Monaten verlassen habe. Dies habe ihn „tief getroffen und er hege eine große innere Wut" in sich, für die er sich allerdings schäme. Er habe auch noch niemandem davon erzählt.

Auf den ersten Blick scheint es sich um ein nachvollziehbares Überforderungssyndrom zu handeln. Lange Jahre haben wir in solchen Situationen mit unseren Klienten an einer besseren Ressourcenausschöpfung, einer effektiven Organisation der Arbeitsprozesse oder einer Stabilisierung bzw. dem Aufbau von Führungsqualitäten gearbeitet. (Siehe auch weitere Informationen für Sie zum Download auf unserer Unterstützungsseite zu den Themen: energetisches Persönlichkeitsprofil; FREI-Modell; REIS-Modell; Haltung zum Erfolg kreieren; Er-Lebensfeld).

Dabei trafen wir allerdings immer wieder Menschen, die, obwohl sie in diesen Faktoren keinerlei Defizite aufwiesen, trotzdem in solche persönliche „Niederlagen" schlitterten. Es machte hier auch wenig Sinn, mit konventionellen Techniken des Selbstmanagements zu arbeiten. Es mussten also andere Gründe dafür ursächlich sein, die gerade hochqualifizierte, motivierte und erfolgreiche Menschen in solche, für sie auswegls erscheinende Situationen brachten. Neugierig forschend machten wir uns auf die Suche und fanden schließlich eine erstaunliche, aber keineswegs überraschende, sondern durchaus logische Begründung. Um zu verstehen, welcher „Orkan" Marco M. aus der Bahn geworfen hat, unternahmen wir zunächst eine kleine Forschungsreise bis zu den Anfängen unseres individuellen Lebens. Die dort gewonnenen Erkenntnisse führten zu einem Aktionsplan für eine grundlegende Veränderung nicht seines Verhaltens, sondern seiner inneren Haltung zu sich und der Welt.

Wenn aus positiven Eigenschaften Saboteure werden

Wenn wir in diese Welt geboren werden, sind wir vollkommen hilflos auf die Unterstützung wohlwollender Menschen in unserer Umgebung angewiesen. Wir folgen vom ersten Tag an (und das endet erst an unserem letzten) zwei großen Bedürfnissen: Wir wollen zu irgendjemandem **dazugehören** und wir wollen uns **stetig weiterentwickeln**[1]. Diese beiden Bedürfnisse, bzw. diese uns antreibenden Energien, sind für uns lebensnotwendig. Da wir vollkommen hilflos sind, brauchen wir einen Menschen, der uns versorgt, zu dem wir dazugehören, der uns füttert, die Windel wechselt und uns eine warme Stelle zum Schlafen anbietet. Gleichzeitig haben wir diese Neugierde, die Welt um uns

Antreiber und Getriebener – wenn auch noch mehr Effektivität nicht hilft zu erforschen, alles zu erkunden und zu entdecken, und wir haben diesen inneren Trieb, es „alleine" zu schaffen.

Wir sprechen hier ganz bewusst von antreibenden Energien, denn genauso wirken sie auch. Sie sind wie der Motor, der das Auto antreibt. Jedes Kind hat von Natur aus fünf antreibende Energien als positive Eigenschaften mitbekommen. Es kann sich **sehr schnell** an neue Situationen **anpassen**, es ist in einem später nie wieder erreichbaren Maß dazu in der Lage, zu **erkennen, wie sein Gegenüber gerade „drauf ist"**. Dazu benötigt es keine Worte, sondern es „liest" in Gestik, Mimik und Tonlage seines Gegenübers. Wer schon einmal erlebt hat, wie **geduldig und ausdauernd** ein Kind sich mit den Dingen auseinandersetzt, immer im Bestreben, das, was **es tut**, **richtig zu machen,** und mit welcher **Frustrationstoleranz** es **sein Ziel verfolgt**, der weiß, wovon wir hier schreiben.

Möglicherweise sind Ihnen schon Parallelen zu Marco M. aufgefallen? Unsere Hypothese ist, dass genau das, was ihn in seiner beruflichen Laufbahn zu überdurchschnittlichen Leistungen befähigte, genau das Gleiche ist, was ihn auch zum Zusammenbruch führte und auch genau das, was einem Kind das Überleben sichert:

- eine schnelle Auffassungsgabe (sich schnell an neue Situationen anpassen)
- Durststrecken durchstehen (geduldig und ausdauernd sein)
- sich anderen anpassen (erkennen, wie das Gegenüber drauf ist)
- fehlerfrei handeln (es richtig machen)
- die eigene Befindlichkeit zurückstellen (mit Frustrationen umgehen können)

Das Gleiche, was Marco M. sein Abitur „hinter sich bringen" ließ und ihn dazu befähigte, sein Studium mit Bestnoten abzuschließen, verleiht ihm auch seine schnelle Auffassungsgabe und befähigte ihn auch dazu, sich schnell in ein Team einzufügen und dieses zu führen, sich vollkommen auf seine Aufgabe zu konzentrieren und dabei seine persönlichen Gefühle beiseite zu stellen. All das sind antreibende Energien, die ihm in den ersten Jahren seines Lebens das Überleben sicherten und den kindlichen Entdeckergeist unterstützten.

Wie kann es sein, dass diese doch offensichtlich sehr hilfreichen Energien sich so konsequent gegen ihren „Besitzer" wenden können? Dafür sorgt das Umfeld, in das wir geboren werden. In der Regel geschieht das nicht böswillig, sondern ganz im Gegenteil mit den besten Absichten unserer Eltern oder Bezugspersonen. Sie können sich das wie ein Muskeltraining vorstellen. Wenn Sie in einem Fitness-Studio Ihre Oberarmmuskulatur stärker trainieren als Ihre Bauchmuskeln, wird diese auch stärker anwachsen als die Bauchmuskeln und natürlich auch leistungsfähiger sein. Nichts anderes geschieht mit den oben beschriebenen Energien. Wenn in Ihrer Umgebung der „Muskel" des Durchhaltens und Anstrengens stärker gefordert wird als der des „sich gut anpassen Müssens", dann wird diese Fähigkeit auch stärker ausgeprägt sein. Wenn wir in einer Umgebung aufwachsen, in der z.B. die Bezugspersonen eher unklar und unberechenbar in ihrem Verhalten sind, dann wird der „Muskel" der Präzision und des Anpassens stärker trainiert, um keine Gelegenheit des Versorgtwerdens zu verpassen. Im Laufe des Erwachsenwerdens haben wir alle also die eine oder andere Energie stärker trainiert und ausgeprägt. Natürlich sind die anderen antreibenden Energien nicht verloren gegangen. Sie sind, wie der Bauchmuskel im obigen Beispiel, immer noch da und funktionsfähig, nur nicht so leistungsfähig.

Kommen wir zurück zu Marco M. Zunächst analysierten wir, welche der antreibenden „Energie-Muskeln" bei ihm sehr stark beansprucht wurden. In diesem Zusammenhang berichtete er, dass sein Vater ein erfolgreicher Geschäftsmann sei. Er sei sehr leistungsorientiert und die Frage „Warum dauert das so lange?" habe zu seinem täglichen Wortschatz gehört. Seine Mutter sei eine sehr sensible und liebevolle Person, die jedoch auch sehr launisch sein könne. Hier den richtigen Zeitpunkt anzutreffen, um über eigene Gefühle und Wünsche zu sprechen, sei meistens nicht gelungen. Bei seinem Vater konnte er seine Gefühle auch nicht aussprechen, da dieser vollkommen „gefühlskalt" sei. Lob und Anerkennung habe er in der Familie nur im Zusammenhang mit guten Leistungen erhalten. „Anerkennung musste man sich schon hart verdienen."

Es kristallisierte sich heraus, dass er über eine hohe Auffassungsgabe und Handlungskompetenz verfügt. Er ist in der Lage, seine eigenen Gefühle und Bedürfnisse zu übergehen, kann sich sehr gut in andere hineinversetzen und sein Verhalten dahingehend anpassen. Zusammenfassend kann man sagen, dass bei Marco M. die „Muskeln" (antreibende Energien) *mach schnell*, *mach es allen recht* und *sei stark* gut trainiert worden sind. Aber auch die Energie *sei perfekt* wurde verstärkt trainiert, denn es war für ihn als Kind sehr wichtig, fehlerfrei zu handeln, um so gute Leistungen zu erzielen. Er wollte seinem Vater natürlich gefallen (dazuzugehören), daher versuchte er z.B. immer der Beste zu sein, auch wenn er sich dafür über die Maßen anstrengen musste. Wenn er es dann wirklich geschafft hatte, erntete er ein seltenes Lob seines Vaters. Dies trieb ihn wiederum zu noch größeren Anstrengungen an. So wurde auch seine antreibende Energie *streng dich an* immer stärker ausgeprägt.[2]

Mit Vollgas in den Abgrund

Als Marco M. dies im Coaching mit uns erarbeitet hatte, konnte er klare Parallelen zu seiner heutigen Situation ziehen. Seine Vorgesetzten lobten seine Arbeitsleistung, auch wenn er sich dafür gar nicht groß habe anstrengen müssen. Das habe bei ihm dazu geführt, dass er das Lob nicht annehmen konnte. Ganz im Gegenteil interpretierte er es als versteckten Tadel, sich nicht genug angestrengt zu haben. Also erhöhte er seine Leistung immer mehr, was zwangsläufig zu mehr Fehlern führte (die oftmals nur er erkannte). Dies wiederum trieb ihn zu noch größeren Anstrengungen an, „da ihm die Fehler ja nicht unterlaufen wären, wenn er sich nur richtig angestrengt hätte". Ein sich selbst erhaltender Kreislauf (Circulus vitiosus) entstand, dem er nicht entrinnen konnte.

Antreiber und Getriebener – wenn auch noch mehr Effektivität nicht hilft

Marco M. ist es sehr wichtig, dass sich seine Mitarbeiter wohl fühlen und gerne mit ihm zusammenarbeiten. Ein solcher Mitarbeiter ist auch bereit Leistung zu zeigen, wenn es erforderlich ist. Darum hatte er in seinem Team regelmäßige Mitarbeitergespräche eingeführt, was in dem Unternehmen nicht üblich war. Er konnte auch durchsetzen, dass jeder Mitarbeiter eine finanzielle Unterstützung für sportliche Aktivitäten in seiner Freizeit erhielt oder für Fortbildungsmaßnahmen, die für seine persönliche Entwicklung förderlich waren. Durch seinen oben beschriebenen Circulus vitiosus überforderte er allerdings, ohne es selbst zu bemerken, seine Mitarbeiter immer mehr. Angetrieben von dem Gefühl, nur gut genug zu sein, wenn er sich richtig anstrengte und wenn er schnell seine Aufgaben erledigte, führte er ständig Neues im Team ein und forderte von seinen Mitarbeitern den gleichen Einsatzwillen wie von sich. Diese fanden mit der Zeit kaum noch sichere und bekannte Abläufe wieder und fühlten sich in ihrer Leistung von ihm nicht gewürdigt. Letzteres konnte er ihnen aber nicht bieten, denn „wer sich nicht bis zum Äußersten angestrengt hatte, hatte schließlich auch kein Lob verdient". Ein weiterer Teufelskreis war entstanden, dem er ebenfalls nicht entrinnen konnte.

Als Marco M. dies erkannte, befand er sich nach seinen eigenen Angaben in einer unaufhaltbaren Spirale in den Abgrund. Er meinte: Wenn er jetzt mit uns ein klassisches Führungscoaching machen würde, könne er anschließend u.a. seine Aufgaben besser delegieren, seine Arbeitsabläufe optimieren, seine Kommunikation verbessern und evtl. friedvoller gestalten. Das wäre ja auf den ersten Blick schön, aber er brauche ja z.B. das Gefühl, sich beeilt zu haben, sich bis zum Äußersten anzustrengen, um sich selbst gut und richtig zu fühlen. Sein Dilemma sei, dass er die so „gewonnene" Zeit ganz sicher wieder mit neuen Herausforderungen fülle, und sei es, um in drei Monaten einen Marathon zu laufen. Er verstand, dass dies nichts an seinem Grundproblem ändern würde. Das, was ihn immer weiter Richtung Abgrund trieb, waren gleichzeitig seine größten Fähigkeiten und damit der Motor seiner Karriere und seines bisherigen Erfolges.

Der Ausweg aus der Falle

In unserer Praxis wurden wir in den letzten Jahren immer häufiger mit genau diesem Phänomen konfrontiert, bei dem unsere klassische Herangehensweise an ihre Grenzen stieß. Am Ende befand sich der Klient immer wieder im gleichen Dilemma. Also forschten wir nach Lösungsmöglichkeiten, u. a. in der Transaktionsanalyse, die in ihrer Antreibertheorie von diesem Problem berichtete. Die angebotenen Lösungswege führten aber nach unserer Erfahrung nicht aus der negativen Dynamik heraus. Auch in der energetischen Psychologie fanden wir keine Ideen dazu. Also forschten wir weiter und wurden schließlich da fündig, wo wir es nicht erwartet hätten: In der chinesischen Energielehre. (Auf unserer Unterstützungsseite für Sie finden Sie Informationen zum Grundkonzept der chinesischen Wissenschaften: den Wandlungsphasen und Gedanken zu dem hier benutzten Begriff „Energie").

In der chinesischen Energielehre werden im Rahmen von überschießenden Energien auf der Ebene der Wandlungsphasen[3] genau diese Symptome beschrieben, die wir bei Marco M. und bei vielen unserer Klienten vorfanden. Im Konzept der Wandlungsphasen werden diese als lebenswichtige Energierichtungen dargestellt. Sie sorgen dafür, dass wir schnell und zielgerichtet handeln können. Sie stellen uns die Energie zum Durchhalten zur Verfügung und lassen uns im zwischenmenschlichen Bereich erkennen, was unser Gegenüber gerade braucht. Es ist die Energie, die uns nach Perfektion im Leben streben und die uns die eigenen Gefühle erkennen und leben lässt. Wenn diese Energien überhand nehmen, spricht man von überschießenden Energien. Im weiteren Verlauf nennen wir diese Energien „Antreiber-Sabotage-Fallen". Diese können dann u.a. mit Akupunktur wieder ins Gleichgewicht gebracht werden.

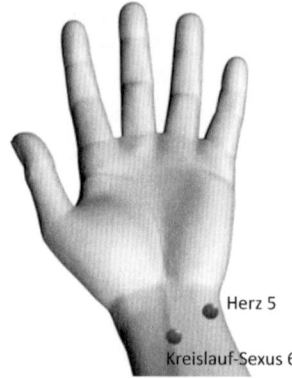

Herz 5

Kreislauf-Sexus 6

Abb. 1: Die Punkte werden mit zwei Fingern einer Hand leicht und rhythmisch geklopft. Sollten Sie einmal nicht klopfen können, ist es auch möglich, den Klopfpunkt zu visualisieren und dabei tief und ruhig ein- und auszuatmen. Wenn Sie öfter geklopft haben, kann der jeweilige Punkt auch z.B. in einer Besprechung leicht berührt werden und so die Energie unauffällig aktiviert werden. Gleichzeitig sind dadurch auch alle Informationen, die über den Punkt geankert wurden, wieder aktivierbar.

Da wir die hohe Wirksamkeit der mit der Akupunktur verwandten Akupressur in der Energetischen Psychologie[4] seit Jahren in der Begleitung von Menschen erfahren konnten, war es für uns selbstverständlich, die von den Chinesen angebotenen Punkte in unsere Arbeit einzubauen und als Klopf-Akupunkturpunkte zu benutzen.

Den Autopiloten abschalten

Für Marco M. war es eine Erleichterung zu erfahren, dass es um ein Kultivieren seiner überschießenden Energien gehen und er so die darin enthaltenen Fähigkeiten nicht verlieren würde. Wir sprachen darüber, dass dies auch ein unsinniges Bemühen darstellt, da sein Unterbewusstes mit aller Macht dagegen ankämpfen würde.

Aufgrund unserer empirischen Untersuchungen wissen wir, dass er keine Chance hat, diesen ungleichen Kampf zwischen David (Verstand) und Goliath (Unbewusstes) zu gewinnen.

Er entschied sich dafür, zunächst die Antreiber-Sabotage-Falle *„streng dich an"* zu kultivieren. In der entsprechenden Coaching-Sitzung erinnerte er sich an eine typische

Situation aus seiner Vergangenheit und verspürte plötzlich eine Übelkeit. Auf unsere Bitte hin konnte er den Grad der Übelkeit auf einer Skala von 0-10 bei 8 einordnen (s.a. Unterstützungsseite Download: Analoge Skalierung). Tatsächlich erkannte er diese Übelkeit als ein bei ihm häufig auftretendes Unwohlsein bei starker Arbeitsbelastung. Während er die auf der Abbildung 1 abgebildeten Klopfpunkte nacheinander mit zwei Fingern einer Hand klopfte, sprach er laut den folgenden Selbstakzeptanz- und Verzeihungs-Satz mindestens drei Mal aus:

> „Ich liebe mich, ich verzeihe mir und ich akzeptiere mich von ganzem Herzen, auch wenn ich glaube, dass ich es nicht schaffe, mich von der Antreiber-Sabotage-Falle 'streng dich an' zu befreien."

Hierbei handelt es sich gewissermaßen um eine Beruhigung und Wertschätzung des Unterbewusstseins. Das klingt zunächst profan, ist aber in der Regel von durchschlagender Wirkung. Stellen Sie sich vor, Sie haben über Jahre hinweg eine anstrengende Arbeit für Ihre Firma übernommen, die Ihre ganze Kraft in Anspruch nahm. Sie haben ihretwegen auf einige Annehmlichkeiten verzichtet und sich dabei fast aufgerieben. Dann kommt Ihr Chef und sagt Ihnen, dass Sie das, was Sie da tun, eigentlich auch bleiben lassen können, da es für den Arbeitsablauf vollkommen überflüssig sei. Wie würden Sie sich da fühlen? Genau, Sie wären maßlos enttäuscht und wahrscheinlich sehr wütend. Wie konnte er Sie so viele Jahre diese anstrengende Arbeit machen lassen, durch die Sie körperlich so ausgelaugt wurden. Wäre es verwunderlich, wenn diese Wut zu einer inneren Kündigung führen würde, in deren Folge Sie Ihre Energie zum Schaden des Unternehmens einsetzen? Damit das Unterbewusstsein von Mario M. sich nicht gegen ihn selbst richtet („Wie konnte er mich so lange so schwer arbeiten lassen!"), macht der obige Satz deutlich, dass die Anstrengung gesehen und gewürdigt wurde und „man" jetzt versucht, anders zu handeln.

Zu Anfang des Klopfens und des Aussprechens des Satzes steigerte sich seine Übelkeit noch mehr, sodass er befürchtete, sich übergeben zu müssen. Nachdem er den Satz drei Mal ausgesprochen hatte und immer weiter dabei die Punkte klopfte, besserte sich sein Zustand jedoch schnell. Die Übelkeit verschwand und ließ sich auf der Skala bei 0 einordnen. Danach baten wir Mario M., den folgenden Satz zu sagen und weiter die beiden Punkte zu klopfen:

> „Ich liebe mich, ich verzeihe mir und ich akzeptiere mich von ganzem Herzen, auch wenn ich glaube, dass ich nur, wenn ich mich anstrenge, Lob verdiene."

In den folgenden Minuten machte sich bei ihm ein starkes Gefühl von Traurigkeit bemerkbar, was ihm die Tränen in die Augen trieb. Er klopfte weiter und wiederholte den Satz noch mehrmals. Plötzlich stoppte er das Klopfen und konstatierte laut: „So ein Unsinn. Ob etwas gut oder schlecht ist, hat doch nichts mit meiner Anstrengung zu tun!" Die Traurigkeit war einer leichten Verärgerung gewichen. Es war nun wichtig, die Punkte weiter zu klopfen und immer wieder den Satz zu wiederholen, bis sich auch dieses Gefühl von Traurigkeit aufgelöst hatte. Er erinnerte sich jetzt abermals an die obige Situation, in der seine Antreiber-Sabotage aktiv war. Nun tauchte keine Übelkeit mehr auf und er fühlte sich ausgeglichen und ruhig.

Antreiber-Sabotage-Fallen sind auf allen Ebenen des Seins manifest.[5] Deshalb nutzen wir eine mehrdimensionale Herangehensweise, um eine unbewusste Antreiber-Sabotage-Falle in stärkende Energie (zurück-)zu transformieren. Wir konnten den nächsten Schritt einführen und ließen ihn die nachfolgenden Sätze mehrmals wiederholen, während er weiterhin seine Punkte klopfte:

> **„Ich erlaube mir, vieles gelassener zu sehen." „Weniger ist mehr; locker und loslassen." „Es darf leicht sein."**

Nachdem er diese „Erlauber-Sätze" entspannt aussprechen konnte, wurde das Klopfen beendet. Unser Follow-up-Konzept[6] ermöglichte ihm, in den kommenden Wochen aktiv an der Etablierung eines neuen Haltungsmusters zu arbeiten von „Ich muss mich anstrengen, dann bin ich richtig" hin zu „Es darf leicht sein".

Eine Haltungsänderung lässt sich nicht per Willensentschluss verändern. Es bedarf einiger Anstrengung, bis sich ein neues Muster in eine Gewohnheit verwandelt. Stellen Sie sich vor: Sie haben Ihre Wohnung renoviert und den Lichtschalter von der rechten Seite zur linken Seite der Tür verlegt. Wie oft müssen Sie durch diese Türe gehen, bis Sie nicht mehr automatisch nach rechts greifen?

Marco M. wusste jetzt, dass er sich nicht noch mehr anstrengen muss, damit er sich richtig fühlt. Aber sein altes Muster war noch tief in seinem Unterbewusstsein verankert. Seine Aufgabe für die nächsten Wochen lautete daher, ganz bewusst das neue Muster einzusetzen, sobald er bemerkte, dass das alte sich zeigte. Er trainierte nun bewusst „nach links zu greifen" (Lichtschalterbeispiel), um diese Bewegung zu einem neuen automatischen Muster zu etablieren und in seinem Unterbewusstsein zu verankern. Zwei Monaten später berichtete er, dass er häufiger spontan entscheide, ob er sich in der Situation mehr anstrengen wolle oder ob er mit seiner Leistung zufrieden war. Jetzt konnte mit den anderen Antreiber-Sabotagen in gleicher Weise fortgefahren werden. Mithilfe des jeweiligen Klopfpunktes (es gibt verschiedene) und den Sätzen gelang es Marco M., wieder Herr seiner ihn antreibenden Energien zu sein. (Auf unserer Unterstützungsseite finden Sie die Liste „Antreiber" und unser Follow-up Konzept.)

Sechs Wochen nach unserem ersten Coaching nahm er seine Arbeit wieder auf. Er kann immer noch eine ganze Nacht durcharbeiten, nur heute entscheidet er sich ganz bewusst dazu. Es gelingt ihm immer besser, auch einmal einen Gang zurückzuschalten. Er drückte es so aus:

„Früher wurde ich entschieden, heute entscheide ich!"

Resümee

Marco M. leitet heute das Unternehmen, von dem er glaubte, dort nie wieder arbeiten zu können, und ist mittlerweile verheiratet. Nur ab und zu taucht noch einmal ein überschießender Antreiber auf, den er selbstständig mit den Klopfpunkten bearbeitet. Nach 1 ½ Jahren intensivem „Kultivieren" seiner Antreiber bucht er nur noch zweimal im Jahr ein Coaching – sicherheitshalber, wie er sagt.

Wachsam sollte er weiterhin bleiben[7], denn in der heutigen Welt werden diese antreibenden Energien leider sehr einseitig befeuert. Wir müssen immer und zu jeder Zeit funktionieren, ob in der Arbeitswelt oder im Privatleben. Alles muss schnell gehen, perfekt sein und wir müssen uns ständig an Neues anpassen. Achten Sie auf Ihre Motivation. Was treibt Sie an? Warten Sie nicht so lange wie Marco M. Gehen Sie auf Entdeckungsreise und nutzen Sie die passenden Strategien, um Ihre Energien klug zu managen – finden Sie Ihr *Robustes Lebenskonzept* für eine Welt, die immer mehr von Ihnen verlangt, aber keine Rücksicht auf Sie und Ihre Gesundheit nimmt.

Eine genaue Beschreibung der Antreiber-Sabotage-Fallen und anderer Fallen, in die Sie stolpern könnten, finden Sie in unserem Buch „*Sabotage-Fallen – Die unbewussten Tricks der menschlichen Psyche*". Dort wird auch das genaue Vorgehen erläutert, welches wir hier nur stark verkürzt darstellen konnten.

Was uns oft an der Veränderung hindert, trotz aller Erkenntnisse?
Die meisten können und wollen nicht heraus aus dem Konventionellen:
weder im Denken, noch im Fühlen, am allerwenigsten im Handeln.[8]

1   Gerald Hüther: Was wir sind und was wir sein könnten, Ein neurobiologischer Mutmacher;
    S. Fischer Verlag, Frankfurt a. M., 2011
2   Kornelia Becker-Oberender, Erwin Oberender: Sabotage-Fallen – Die unbewussten Tricks der Mensch-
    lichen Psyche, edition-empirica, Köln, 2013
3   Achim Eckert: Das heilende Tao - Die Lehre der fünf Elemente, 11. Auflage, Verlag Müller & Steinicke,
    München, 2011
4   Fred Gallo (Ed.): Energy Psychology in Psychotherapy: A Comprehensive Source Book, W.W. Norton &
    Company, New-York - London, 2002
5   Gerald Hüther: Die Macht der inneren Bilder, Vandenhoeck & Ruprecht, Göttingen, 2004
6   Stephen R. Covey: Die 7 Wege zur Effektivität. Prinzipien für persönlichen und beruflichen Erfolg,
    GABAL Verlag, Offenbach, 2012
7   Kornelia Becker-Oberender, Erwin Oberender: Spirit of Energy - Schatzsuche statt
    Fehlerfahndung, 62 Karten und Begleitbuch, 2. Auflage, edition-empirica, Köln, 2015
8   Otto Weiß (1849-1915), Wiener Musiker und Feuilletonist

Joachim Beyer-Wagenbach

Seit 30 Jahren arbeite ich mit Menschen, die in ihrem beruflichen Alltag rund um das Thema Stimme, Sprechen, Sprache, Wirkung und Ausstrahlung stark (heraus-)gefordert sind. Zunächst 20 Jahre als Logopäde und Lehrlogopäde (Ausbilder von Logopäden), dann auch als Leiter einer Schule für Logopädie. Seit mehr als 10 Jahren bin ich in der Business-Welt als Trainer und Coach für Kommunikation, Konflikt-Management sowie als StimmWirkungsCoach unterwegs. In etlichen Unternehmen und größeren PE-Projekten von Konzernen habe ich Nachwuchs-Führungskräfte-Programme begleitet und diese auch mit konzipiert.

Mein Angebot für Unternehmen: bedarfsgerechte Lösungen entwickeln und diese umsetzen. Einige Beispiele: „Stimme & Persönlichkeit", „Persönlichkeit & Kommunikation", „Konflikte sinnvoll und partnerschaftlich lösen", „Wirkung³ – Stimme, Körpersprache & Persönlichkeit" (dieses damals völlig neue Seminarformat habe ich 2006 zusammen mit Iris Weiß entwickelt).

Mein Angebot für Einzelpersonen: Entdecken der individuellen Wirkungs-Logik, Kommunikations-Hürden und Erfolgs-Bremsen sowie einfach umsetzbare Hilfsmittel für den Kommunikations-Alltag finden und nachhaltig mit meinen Klienten realisieren.

Dabei sind viele verschiedene „Werkzeuge", Instrumente und Konzepte entstanden, die meine Unternehmenskunden und Coaching-Klienten dabei unterstützen, sich „360-Grad" (im Blick auf Selbst- und Fremdwahrnehmung sowie allen am Prozess Beteiligten gegenüber und in allen Formen der Kommunikation und Interaktion) weiter zu entwickeln.

Unterstützungsangebote des Autors für Sie:

Auf meiner Unterstützungsseite im Internet habe ich für Sie spezielle Materialien zu Ihrer Unterstützung bereitgestellt. Sie finden sie unter:

www.junior-manager.de/joachim_beyer-wagenbach

Als Führungskraft unsicher und gehemmt?

Sprache und Denken als Instrument und Ausdruck der Veränderung zur Führungskraft
Joachim Beyer-Wagenbach

Studien haben gezeigt, dass sich eine sprachlich-positive Ausdrucksweise unmittelbar auf das Unternehmens-Ergebnis auswirkt![1] Um die Hilfsmittel, mit denen das erreicht werden kann und die ich aufgrund meiner Erfahrungen in vielen Gesprächen, Coachings und Seminaren mit Nachwuchs-Führungskräften entwickelt und umfangreich getestet habe, geht es in meinem Beitrag. Dabei gehen wir zwei Leitfragen nach:

1. Wie entsteht eine optimal-positive WIRKUNG in Kommunikations-Prozessen, ohne dass es künstlich oder überheblich wirkt?

2. Wie kann ich, selbst in schwierigen Gesprächen, gewünschte Ergebnisse erzielen und dabei innerlich und äußerlich gelassen auftreten?

Begleiten wir dafür Norbert N. Es handelt sich um eine tatsächliche Begebenheit, deren charakteristische Punkte ich darstelle:

Endlich Führungsverantwortung! Darauf hatte Norbert N. sich die letzten zwei Jahre intensiv vorbereitet. Die bisherigen Kollegen sind zwar jetzt seine Mitarbeiter, aber mit denen hat er sich immer gut verstanden und bestens zusammengearbeitet. Das wird schon klappen. Außerdem haben diese sich ebenfalls sehr gefreut, als klar war, dass er das Rennen gemacht hat. Doch nach den ersten Wochen ist Norbert zunehmend irritiert: Das ehemals so aktive Team verhält sich in der wöchentlichen Besprechung auf einmal eher passiv-abwartend und gar nicht mehr so bereitwillig wie vorher. Er hat den Eindruck, dass er zunehmend mehr Druck aufbauen muss, um die Projekte termingerecht ins Laufen zu bringen. Und als er neulich, wie gewohnt, in die Kaffeeecke kam, verstummten auf einmal die Gespräche und alle schauten betreten zur Seite. Dabei war er mal der Initiator dieser informellen Gesprächsrunde am Vormittag. Er selbst hat sich doch gar nicht verändert, oder etwa doch? Auf jeden Fall merkt er, dass ihn die Situation verunsichert. Das wirkt sich bereits auf seine Gesprächsführung in Präsentationen, beim Statusbericht in Besprechungen und auch in Mitarbeitergesprächen aus. Seine spontane und humorvolle Schlagfertigkeit und auflockernde Spritzigkeit sind ihm fast vollständig abhandengekommen. Außerdem irritiert ihn, dass sich seine Unsicherheit unmittelbar und sehr negativ auf Wortwahl, Sprechfluss und auch den Stimmklang auswirkt. Manchmal fühlt er sich wie ein „Bittsteller", ein anderes Mal fast wie ein „strenger Diktator", der seine Anweisungen vehement gegen Widerstände durchboxen muss. Das alles führt dazu, dass die Kollegen noch passiver werden. Manchmal herrscht eine fast gespenstisch-bedrückende „Friedhofsruhe". So hatte er sich das nicht vorgestellt!

Die Fragen, die ihn jetzt vor allem umtreiben:

- Wie komme ich selber wieder zu mehr innerer Sicherheit, Gelassenheit und Souveränität, um klar auftreten und zielgerichtet sowie lebendig kommunizieren zu können?

- Wie schaffe ich es, eine gute, partnerschaftliche und dabei auch effektive Kommunikations- und Besprechungskultur im Team zu etablieren, ohne „auf Kumpel" zu machen, aber auch ohne den „strengen Chef" raushängen zu lassen?

- Wie kann ich die Kollegen (meine Mitarbeiter) von meiner Idee der anstehenden neuen Aufgabenverteilung überzeugen? Das Meeting findet schon in zwei Wochen statt und ich brauche dafür die volle Unterstützung des gesamten Teams!

Mein Tipp: Legen Sie gerade in schwierigen Zeiten eine Phase der Selbst-Reflexion ein! Nicht immer sind die anderen die Verursacher ... Wenn sie nämlich in einer Art „Vorwurfs- oder Verteidigungshaltung" agieren, bekommen Menschen eine völlig andere Mimik und auch einen anderen Stimmklang, auf den wiederum die Gesprächspartner re-agieren.

Haben Sie in Ihrem Alltag Ähnliches erlebt und sich gefragt, wie Sie da einigermaßen „unfallfrei" durchkommen? Wie kommt es, dass – nachdem man Führungskraft geworden ist – auf einmal „alles anders" zu sein scheint und vorher noch vorhandene Kompetenzen (gute Kommunikationsfähigkeit, lebendiger sowie überzeugend-mitreißender Vortragsstil) nicht mehr abrufbar sind? Um dies besser verständlich zu machen, gehen wir gemeinsam folgende Schritte:

1. Zunächst erfahren Sie in einem Theorieblock, wie Wirkung und speziell die Wirkungs-Logik entsteht.

2. Anschließend schauen wir uns an, was Norbert konkret verändert hat, um seine persönliche Wirkungs-Herausforderung gut und dauerhaft zu meistern.

Der WIRKUNGS-KREIS

Was ist und wie entsteht Wirkung?

Ein einfaches, gleichzeitig sehr deutliches Bild ist für mich der „Wirkungs-Kreis" mit der darin enthaltenen „individuellen Wirkungs-Logik".

Die nach außen sichtbare Wirkung ist ein Produkt aus den drei Haupt-Bereichen STIMME, KÖRPERSPRACHE, PERSÖNLICHKEIT (Abb. 1), die sich gegenseitig positiv oder negativ beeinflussen. Als Menschen sind unsere wesentlichen Wirkungs-Mittel im Miteinander die verbale und die nonverbale Sprache. Diese transportieren unsere Persönlichkeitsmerkmale, unseren Charakter[2] sowie unsere aktuelle innere Haltung und Einstellung, die wir auch aufgrund unserer Vor-Erfahrungen und Gewohnheiten entwickelt haben, nach außen.

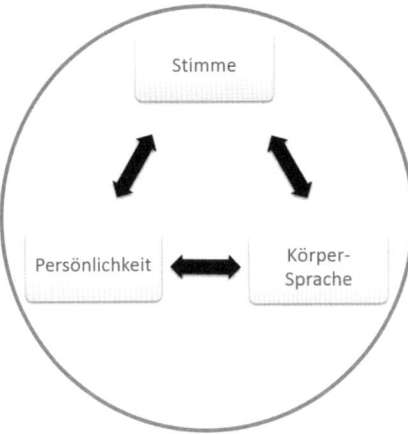

Abb.1: Wirkungs-Kreis und Wirkungs-Logik

1. **„STIMME"** beinhaltet die komplette verbale Kommunikation und dabei auch die Bereiche Atmung, Artikulation, Stimmklang, Resonanz, Melodie, Betonung.

2. **„KÖRPER-SPRACHE"** verkörpert die gesamte non-verbale Kommunikation mit Gang, Stand, Sitzhaltung, Gestik und Mimik.

3. STIMME und KÖRPER-SPRACHE stehen – über die WIRKUNGS- bzw. Lebens-LOGIK – in sehr enger Verbindung zur **PERSÖNLICHKEIT**. Dies beinhaltet den Charakter, unsere Prägung, alle Verhaltens-Gewohnheiten, individuelle Präferenzen (z.B. eher extro- oder introvertiert), die innere Haltung, Grundüberzeugungen und Einstellung.

Warum ein Kreis? Die Parameter stehen einerseits eigenständig für sich und sind für jedermann auf seine eigene Art wahrnehmbar. Gleichzeitig sind sie mit den beiden anderen Parametern verbunden und sogar voneinander abhängig. Die einzelnen Elemente werden sich entweder konstruktiv in Kommunikationsprozessen unterstützen oder negativ beeinträchtigen.

Übertragen wir dies nun direkt auf unser Beispiel: Norbert N. ist an sich ein sehr humorvoller, schlagfertiger und auch kommunikativer Kollege, dem Präsentationen und das Moderieren von Besprechungen immer leichtfielen (Bereich STIMME & KÖRPERSPRACHE). In seiner neuen Rolle erlebt er die Reaktionen seiner ehemaligen Kollegen als unpassend und abwertend, was zu einer großen Irritation und vielen Fragen bei ihm führt (Bereich PERSÖNLICHKEIT). Dies wirkt sich nun unmittelbar auf die STIMME (unsicher, angespannt bis hart, wenig Melodie, verbal Druck ausübend in Besprechungen etc.) und auch auf die KÖRPERSPRACHE aus (konzentrierter, evtl. auch „grimmiger" Blick, je nach Situation und Gefühl eine eingesunkene oder auch etwas aggressiv bis drohende Körperhaltung).

Die Kollegen haben sich noch nicht an die neue Rollenverteilung gewöhnt und erwarten etwas anderes von ihrem ehemaligen Kollegen. So reagieren sie ebenfalls anders, als wiederum Norbert erwartet (nämlich mit Rückzug, Schweigen, aktivem oder passivem Widerstand in Besprechungen). Sicher können Sie sich gut ausmalen, was passiert, wenn dieser Kreislauf bestehen bleibt. Es wird eine dauerhafte Negativ-Spirale mit weitreichenden Konsequenzen entstehen. Diese wirkt sich dann nicht nur auf die zwischenmenschliche Ebene, sondern auch auf die betriebswirtschaftlichen Ergebnisse aus.[1]

Die WirkungsLogik

Das von mir entwickelte Coaching-Konzept der WirkungsLogik[3] hängt nun intensiv mit dem dritten Feld des Wirkungs-Kreises, der PERSÖNLICHKEIT, zusammen. WirkungsLogik bedeutet: Bestimmte Persönlichkeits-Typen haben eine bestimmte, in sich logisch-stimmige Art, sich auszudrücken. Diese setzen passend dazu, aber völlig unbewusst, ihre Stimme, die Sprech- und Ausdrucksweise sowie ihre Körpersprache ein. Umgekehrt ist es natürlich auch so, dass eine bestimmte Ausdrucks- und Sprechweise vom Zuhörer bestimmten Persönlichkeits-Merkmalen und Gewohnheiten zugeordnet wird. Die gute Nachricht: Wir haben nicht nur im Stimm- und Sprech-Verhalten sehr konkrete Entwicklungsmöglichkeiten, sondern können auch unsere Persönlichkeitseigenschaften bis zu einem gewissen Grad ändern!

Die positiv-wohlwollende wie auch die negativ-kritische Grundstimmung eines Menschen beeinflussen gleichermaßen Körperhaltung sowie Stimmklang und Wortwahl (und umgekehrt!). Diese Vorgänge sind unbewusst, können jedoch durch Reflexion und Training bewusst gemacht und dann auch verändert werden.

Diese Logik und das eigene „innere Ziel" gilt es zu erkunden und bei Bedarf zu verändern. Nämlich genau dann, wenn Sie merken, dass Sie mehr erreichen könnten! Oder wenn Sie immer wieder in Situationen kommen, die für Sie unangenehm und unbefriedigend sind und in denen Sie ganz anders reagieren, als Sie (und andere) es von sich gewohnt sind.

> Mein Tipp: Trainieren Sie Ihre Wahrnehmung für Ihre „inneren Prozesse" und erkennen Sie Ihr (unbewusstes) Ziel.

Die Umsetzung des Wirkungs-Kreises

PERSÖNLICHKEIT: Die wichtigsten Fragen klären

Als Hilfsmittel nehmen wir den Wirkungs-Kreis: Im Feld PERSÖNLICHKEIT geht es bei dem beschriebenen Problem von Norbert N. darum, sich mehr Klarheit über die konkrete Ausgestaltung der neuen Rolle und über die Ziele zu verschaffen. Dies führt zu mehr Sicherheit im Auftreten und als direkte Folge auch in der Kommunikation. Das ist ein ganz eigener Prozess, bei dem ihm spezifische Fragen helfen, die er in einem Coaching-Gespräch für sich klärt (hier einige wenige Beispiele, die dies exemplarisch deutlich machen):

- Was genau macht die neue Situation den früheren Kollegen gegenüber so schwierig und weshalb trifft mich das so?

- Was hat zur (negativen, einengenden) Veränderung in meiner Kommunikation geführt?

- Welche Werte sind mir im Umgang mit meinen Mitarbeitern wichtig? Wie möchte ich dies auch nach außen deutlich machen?

- Wie möchte ich selbst den Kontakt zu meinen Mitarbeitern in der neuen Konstellation gestalten?

(Mehr Hilfsmittel dazu finden Sie auf meiner Unterstützungsseite für Sie.)

Schon während der ersten Coaching-Sitzung wird Norbert N. der erstaunliche Zusammenhang zwischen eigenem Anspruch, hohem Druck (den er sich überwiegend selber macht) und seinen inneren Zielen und Werten (die in der letzten Zeit wenig Raum bekommen haben) auf der einen Seite und den Auswirkungen auf die Kommunikation und die Beziehung zu seinen Kollegen auf der anderen Seite deutlich. Und schon dies entlastet ihn spürbar!

Klarheit und Transparenz in der Kommunikation

In einem nächsten Schritt geht es dann um Klarheit und Transparenz. Mit wertschätzender Kommunikation[4], einer klaren Sprache, mit fester Stimme sowie in offen-aufrechter Körperhaltung kommuniziert Norbert N. seine Vorstellungen vom weiteren Vorgehen in der Abteilung und lädt die Mitarbeiter auf diesen Weg ein.

Dabei gilt: Fest, bestimmt und klar in der Sache – freundlich im Umgang und Tonfall zu den Menschen und dabei ein klares Bewusstsein für die eigenen Werte und Stärken. Dies trainiert er zunächst intensiv mit seinem StimmWirkungsCoach, bevor er damit „aufs Feld" geht.

Was genau Norbert den Kollegen über seine Beweggründe erzählt und inwieweit er sein Team an dem oben erwähnten Prozess teilhaben lässt, bleibt ihm überlassen. Wichtig ist jedoch, dass er seinem Team deutlich macht, dass die neue Position eine Veränderung für alle Beteiligten bedeutet. Und diese Veränderung braucht Zeit.

Die neue Verbindung von Kommunikation & Haltung leben

Für alle Beteiligten gilt: Für eine gute, erfolgreiche, wenn auch vermutlich andere Art der Zusammenarbeit ist es unabdingbar, den Unterschied in der Rolle als bisherigem Kollegen und jetzigem Chef zu akzeptieren. Die vorhandene Wertschätzung füreinander (ein sehr wichtiger Wert[5] für Norbert) und ein lockerer Umgangston kann bleiben bzw. wird sich wieder einstellen, trotz der anderen Rolle. Das bedeutet dann allerdings für ihn, dass er selber von seiner inneren Haltung als Kumpel „Abschied nimmt" und sich in die von ihm angestrebte neue Haltung aktiv hineinbegibt, nämlich als „partnerschaftlicher Vorgesetzter auf Augenhöhe".

Wie hat Norbert N. dies nun in seiner Alltagskommunikation umgesetzt?

- Er betont immer wieder auf freundliche Art und Weise – mit gutem Blickkontakt und klarer Stimme – die gemeinsamen Ziele.

- In den Besprechungen lässt er bewusst Raum für Ideen und Meinungen seiner Mitarbeiter. Er hört aufmerksam zu, ohne diese zu bewerten.

- Außerdem zeigt er mehr Verständnis für die ersten Reaktionen seiner Mitarbeiter. Und dies fällt ihm deutlich leichter, seit ihm bewusst ist, dass dies mehr mit diesen als mit ihm zu tun hat. Insofern braucht er sich davon nicht angegriffen zu fühlen.

- Er macht seinen Mitarbeitern deutlich, dass Veränderungen Zeit und gegenseitige Akzeptanz brauchen und dass sein Team beides von ihm bekommt.

Diesen Change-Prozess (denn nichts anderes ist es) unterstützt er, indem er seine eigenen WERTE und PRÄFERENZEN sowie die seiner Mitarbeiter in den Blick nimmt. (Das für ihn hilfreiche „4-Werte-Modell" und seine Bedeutung für die berufliche Kommunikation finden Sie auf meiner Unterstützungsseite für Sie.)

Ergänzend zu meinen Gedanken finden Sie in den anderen Beiträgen im Buch ausführliche und wertvolle Gedanken zu dem für Nachwuchs-Führungskräfte sehr wichtigen Thema der Rollenänderung. Bitte lesen Sie dort nach.

Als Führungskraft unsicher und gehemmt?

Sprache – der Spiegel unseres Inneren

Meine Überzeugung ist: Unsere Worte drücken das aus, was sich gerade in unserem Inneren (Persönlichkeit) abspielt. Und damit sind sie ein Ausdruck dessen, was wir denken und fühlen. Wenn wir also vom Umgang her und auch sprachlich positiv mit unseren Mitmenschen umgehen wollen, dann sollten wir unbedingt für eine positiv-konstruktive Grundhaltung in uns selber sorgen.

Als mir diese Erkenntnis und die damit verbundenen Aus-Wirkungen vor etlichen Jahren deutlich wurden, habe ich meine eigenen Sprechgewohnheiten und die meiner Gesprächspartner sehr genau unter die Lupe genommen. Dabei stellte ich fest, wie stark sich meine eigene Wirkung auf andere alleine durch die Veränderung meiner Ausdrucksweise wandelte und welche Auswirkungen dies dann auch noch auf meine innere Haltung hatte. Ganz zu schweigen von den positiven Erfahrungen mit meinen Gesprächspartnern, gerade auch bei sehr unerfreulichen Gesprächsthemen. Das war phänomenal!

> **Mein Tipp:** Nehmen Sie ganz bewusst wahr, wie Sie persönlich mit sich selber sprechen, wenn Sie alleine sind! Das sagt sehr viel über Ihre innere Haltung / Einstellung aus.

Das BAK++-Konzept

Mit diesen Ergebnissen aus vielen Seminaren, Coaching-, Akquise-Gesprächen und selbst aus schwierigsten Verhandlungen und Konfliktgesprächen entwickelte ich das BAK++-Konzept [6]. Die Abkürzung steht für:

B	**Bildhafte** versus abstrakte Wortwahl, denn unser Gehirn „denkt" in Bildern und diese bleiben viel leichter und über längere Zeit haften.
A	**Aktiv** versus passiv. Aktive Worte sind z.B.: Verben im Präsens und Adjektive, die zu Aktivität ermuntern. Nutzen Sie diese häufiger als Substantivkonstruktionen.
K	**Konkret-konstruktiv** versus unkonkret-destruktiv-konjunktiv, denn nur konkrete Worte bringen wirksames und konstruktiv-lösungsorientiertes Handeln hervor!
+	**Positiv** versus negativ, damit Menschen einen entsprechenden Handlungsimpuls bekommen und motiviert sind, aktiv zu werden. Denn auch hier gilt die Hirnpsychologie: Unser Hirn tut sich schwer mit dem abstrakten Begriff „nicht".
+	**Wertschätzend** versus abwertend; denn dies unterstützt die konstruktive Zusammenarbeit zwischen unterschiedlichen Menschen auf besondere Weise.

Der große Nutzen von BAK++ ist, dass Sie aufgrund der eigenen positiv-kooperativen Haltung kaum noch „Angriffsflächen" für Gesprächspartner bieten. Vielmehr laden Sie

Ihr Gegenüber ein, sich aktiv an Lösungen zu beteiligen und eben nicht nur über Probleme zu jammern. Achten Sie doch einmal bei Ihren nächsten Meetings darauf, wie viel Zeit und Energie in die Suche nach „LÖSUNGEN" investiert wird und wie viel Zeit dem Feld „PROBLEME" gewidmet ist.

BAK++-Schlüsselfragen, um neue Denk- und Sprach-Gewohnheiten einzuüben

Wieder mit dem Blick auf Norbert N.: Nachdem er im Coaching gelernt hatte, Sprache bewusster wahrzunehmen, fiel ihm bei sich und seinen Kollegen auf, wie problemorientiert die Wortwahl häufig war. In vielen Alltagssituationen (nicht nur im Beruf) trainiert er nun seine Wahrnehmung und übt täglich, seine Gedanken in Besprechungen, am Telefon und speziell bei Konfliktgesprächen auf die Lösungs-Suche auszurichten.

Dafür unterstützen ihn folgende hilfreiche Schlüsselfragen, neue Denk- und damit auch neue Sprach-Gewohnheiten einzuüben:

Wo wollen wir hin? Was ist unser Ziel?

Der Focus auf die Zukunft und gewünschte Ergebnisse führt dazu, dass wir „nach vorne" denken und nicht „nach hinten" (Statt: Warum? Wer ist schuld?).

Wer hat zur jetzigen (ungünstigen?) Situation welchen Beitrag geleistet?

Und wer kann welchen Beitrag zur Lösung leisten?

Meine Erfahrung ist, dass für Probleme nie nur einzelne Menschen und Situationen verantwortlich sind. Alle sind zu 100 % beteiligt! Deshalb ist meine Empfehlung: Raus aus der „Sündenbock-Vorwurfs-Falle" – rein in die Suche nach Lösungen für die aktuelle Lage. Die Suche nach Schuldigen nützt keinem und bringt den Prozess nicht weiter. Das, was geschehen ist, ist geschehen und vorbei. Die Frage ist doch jetzt eher: Was hilft uns im Blick auf das gemeinsame Ziel? So lässt sich selbst aus Fehlern lernen.

Was ist das „Gute am Schlechten"?

Diese Frage ist besonders dann hilfreich, wenn unerwartet eine ungünstige Entscheidung getroffen wurde, die das ganze Team „zu lähmen" droht. Dies führt dazu, dass sich Menschen neue Perspektiven gerade dann erschließen, wenn etwas sehr niederschmetternd ist.

Was ist mir jetzt als Erstes besonders wichtig?

Was sind meine (momentanen) Bedürfnisse?

Diese Fragen verhelfen zu mehr „Klarheit im Gedanken-Chaos" und bei Überforderungs-Situationen!

Resümee

Nach einigen Wochen stellte Norbert N. überrascht fest, dass sich – beinahe unbemerkt – seine Spontaneität, Leichtigkeit und humorvolle Lebendigkeit in der Kommunikation wieder bemerkbar machte! Und seine Kollegen kamen wieder aktiv zu ihm, um Ideen und neue Projekte vorzustellen. Das Fallbeispiel Norbert N. steht exemplarisch für viele andere Themen, bei denen Stimme und Körpersprache ähnliche dramatische Aus-Wirkungen haben, wie hier beschrieben. Wie Sie aber gerade gelesen haben, lassen sich einfache und leicht umsetzbare Ansatzpunkte zur Veränderung finden – mit immer wieder ganz verblüffenden neuen Wirkungen.

Denn alles, was wir sprachlich von uns geben, ist eine direkte Auswirkung dessen, was in uns an Einstellungen, unbewusster Zielstellung, Überzeugungen, Regeln, Gewohnheiten und Glaubenssätzen lebendig ist. Für eine klare Sprache und tragfähige Stimme braucht es vor allem innere Klarheit und eine gute Portion Selbstreflektion. Eine konkrete Folge ist somit ganz pragmatisch und naheliegend: Sorgen Sie dafür, dass Sie sich – besonders vor wichtigen Terminen – in einen guten inneren und auch klaren Zustand bringen, dann sind die Worte „nur" noch eine logische Folge. (Ein konkretes Hilfsmittel dafür, das „BeWeGe-Prinzip", finden Sie als Übung auf meiner Unterstützungsseite für Sie.)

Mein Angebot: Das weite Feld WIRKUNG ist nahezu ausschließlich im persönlichen Erleben und Kontakt zu verstehen und zu trainieren. Deshalb biete ich Ihnen den „StimmWirkungsCheck" an (für Sie als Leser natürlich kostenfrei), bei dem Sie noch sehr viel mehr über sich und Ihre ganzheitliche Stimmwirkung erfahren. (Einen Hinweis zum Abruf finden Sie auf meiner Unterstützungsseite für Sie.)

Und nun wünsche ich Ihnen viel Freude bei der Anwendung und der Fremd- und Selbstbeobachtung sowie der konkreten Übung rund um den Wirkungs-Kreis bei jeder Form von Alltags-Kommunikation.

---

1   Andrew M. Carton (University of Pennsylvania), Chad Murphy (Oregon State University) & Jonathan R. Clark (Pennsylvania State University) (2014). A (blurry) vision of the future: How leader rhetoric about ultimate goals influences performance [Abstract]. Academy of Management Journal, 57 (6), 1544-1570.
2   Reinhold Ruthe: Typen & Temperamente. Brendow, 2007
3   Seminarkonzept „Wirkung³ - Stimme, Körpersprache & Persönlichkeit"; entwickelt von Joachim Beyer-Wagenbach & Iris Weiß (ab 2006)
4   Marshall B. Rosenberg: Gewaltfreie Kommunikation. Junfermann Verlag, 10. Auflage 2012
5   Das 4-Werte-Modell des Extended DISC-Persönlichkeits-Modell
6   Das BAK++-Konzept: mehr Wirkung erzielen durch eine treffsichere sowie stimmig-passende Wortwahl und einen typgerechten Ausdruck: unveröffentlichter Artikel von J. Beyer-Wagenbach, 2014

Gabriele Braemer

Ob in Führungskräfteentwicklungen, bei Großgruppenveranstaltungen, in Teams oder im Coaching: Ich liebe die interaktive, humorvolle und praxisnahe Auseinandersetzung mit scheinbar ausweglosen Situationen bei Veränderungen. Mein Anliegen ist es, Menschen (wieder) handlungsfähig zu machen und Führungskräfte darin zu unterstützen, ihre Kommunikations- und Handlungskompetenz – insbesondere in unplanbaren Situationen – zu erweitern. Ein toller Workshop allein reicht nicht aus; noch wichtiger ist das, was danach kommt.

Seit über 20 Jahren arbeite ich als Teamentwicklerin, Lehrtrainerin und Coach mit namhaften deutschen und internationalen Unternehmen, ihren Führungskräften und Teams. Die täglichen Herausforderungen einer Führungskraft kenne ich aus eigener Erfahrung, u.a. als Team- und Projektleiterin in der Tourismusbranche.

Meine Spezialität ist es, Führungskräften und Trainern zu einem guten Standing zu verhelfen, mit Leidenschaft effektive Teams zu schmieden, Veränderungsprozesse kreativ auf den Weg zu bringen und mit Fingerspitzengefühl und Humor neue Sichtweisen zu fördern.

Unterstützungsangebote der Autorin für Sie:

 Auf meiner Unterstützungsseite im Internet habe ich für Sie spezielle Materialien zu Ihrer Unterstützung bereitgestellt. Sie finden sie unter:

www.junior-manager.de/gabriele_braemer

Mensch, Klaus, hab dich nicht so!
Schwierige Mitarbeitergespräche führen
Gabriele Braemer

Klaus A., nun endlich neuer Teamleiter aus den eigenen Reihen, hatte das Gesprächsverhalten seines Vorgängers noch nie als förderlich erlebt und möchte nun vieles anders machen. Seiner Meinung nach braucht es mehr Vertrauen und Transparenz im Team, damit Fehler nicht unter den Teppich gekehrt, sondern offen angesprochen und daraus gelernt werden kann.

Doch die erste Gesprächsbilanz ist ernüchternd. Beispielsweise im letzten Meeting, wo er die Gelegenheit genutzt hatte, seiner Mannschaft beherzt vor Augen zu führen, wie es seiner Meinung nach um die Teamleistung bestellt ist: unvollständige Dokumentationen, Schuldzuweisung bei Fehlern, statt sie zu korrigieren, Deadlines, die nicht eingehalten werden …

Mit den anschließenden Reaktionen seiner Teamkollegen hatte er allerdings nicht gerechnet. Besonders peinlich der Moment, als ihn zwei ehemalige gute „Kumpels" zur Seite ziehen und ihm die Meinung sagen: „Mensch, Klaus, wie bist du denn drauf? Jetzt hab dich nicht so, sonst wirst du noch eine Kopie deines Vorgängers …"

Wer an seinen Kollegen vorbeizieht und auf dem Chefsessel landet, hat es oft nicht leicht: Von Neid über Sticheleien bis hin zur Arbeitsverweigerung reichen die Reaktionen der ehemaligen Kollegen. Gerade Nachwuchs-Führungskräfte tun sich anfangs schwer mit derartigen Situationen. Sie müssen sich erst einmal in ihre neue Rolle einfinden und als frischgebackener Vorgesetzter gegenüber Kollegen und Vorgesetzten behaupten.

Ob Ihnen dies als neue Führungskraft gelingt, hängt vor allem von Ihnen selbst ab. Schwierigen Gesprächen liegen oft ähnliche Verhaltensweisen zugrunde, die Ihren Erfolg sicherstellen helfen – und die Sie lernen können!

Was Sie tun können

Schaffen Sie sich innerlich Klarheit über Ihre Rolle

Als Führungskraft füllen Sie ganz unterschiedliche, teilweise widersprüchliche Rollen aus, und an jede sind spezifische Erwartungen geknüpft. Um nicht zum Spielball dieser Erwartungen zu werden, erfordert dies, eine klare Linie zu entwickeln, wie Sie diese Rolle ausfüllen wollen.

Stellen Sie sich folgende Frage: Als WER gehe ich in dieses Gespräch?

- Will ich der Menschenfreund oder gute Kumpel von früher sein, weil es mir in erster Linie darauf ankommt, dass die „Stimmung stimmt"?
- Als der Feuerwehrmann, dem es wichtig ist, dass die „Brandherde" nun endlich gelöscht werden – notfalls auch von mir allein?
- Als der Experte, der vor allem durch seine Fachkompetenz überzeugt?

Mein Tipp: Machen Sie sich klar, wie Sie als Führungskraft wahrgenommen werden wollen und welche Rolle für das jeweilige Gespräch zielführend wäre.

Keine falsche Bescheidenheit – zeigen Sie Flagge

Nehmen Sie die Situation als positive Herausforderung an. Eine innere Ablehnung blockiert Sie nur in Ihrer Fähigkeit, überzeugend zu handeln. Reaktionen wie die der ehemaligen Kollegen sind wie ein Lackmustest: Wie reagiert der ehemalige Kumpel auf unsere Provokation? Verhält er sich als unser Leiter? Oder ist er nach wie vor der Teamkollege?

Beispiel: „Wie sollen wir dich denn jetzt ansprechen?" „Na mit meinem Namen selbstverständlich."

Seien Sie konsequent und beziehen Sie eindeutig Position. Als Leiter müssen Sie nicht von jedem geliebt, sollten aber respektiert werden. Schließlich sind mit der Personalverantwortung i.d.R. auch die Entscheidungen über Gehälter und Beförderungen verknüpft.

Lassen Sie Ihre Mitarbeiter wissen:

- Wofür stehe ich? Was treibt mich an?
- Was möchte ich mit euch erreichen?
- Was könnt ihr von mir erwarten – und was nicht?
- Was erwarte ich von euch?

Mein Tipp: Machen Sie dies Ihren ehemaligen Kollegen unmissverständlich klar. Unangebrachte Bescheidenheit provoziert zurückgebliebene Neider eher zu hintergründigen Attacken.

Den Köder nicht schlucken[1]

Beliebte Varianten von Psychospielchen der Kollegen laufen etwa nach folgendem Muster ab: Einige mimen das „Opfer" nach dem Motto: „Du weißt doch, dass ich die

Anforderungen nicht erfüllen kann." Andere spielen den Retter und tun sich mit vermeintlich freundschaftlichen Ratschlägen hervor: „Pass auf, die vom Marketing reden über dich." Am unangenehmsten sind jedoch die neidischen Kollegen in der Rolle der „Verfolger", die eine feine Spürnase für Fehler entwickeln (wie im obigen Beispiel).

> **Mein Tipp: Grenzen Sie sich ab und steigen Sie nie als Mitspieler in solche Situationen ein. Abschütteln lässt sich der Verfolger allenfalls mit den Worten: „Danke für deine Kritik. Ich bin nicht perfekt und finde es gut, wenn du mich auf Fehler aufmerksam machst!"**

Das Kritikgespräch – bevor es „anbrennt"

Klaus A. kommt am nächsten Tag in seine Abteilung und erlebt, von den anderen unbemerkt, wie sein Mitarbeiter Dieter M. eine Mitarbeiterin aus der Empfangszentrale vor den Augen der anderen Kollegen herunterputzt. Er empfindet dieses Verhalten als unangemessen und peinlich, insbesondere vor dem Hintergrund, dass M. sich als Teamleiter beworben hatte und gerade von einer Fortbildung zum Thema „Konflikte im Projektteam meistern" zurückgekommen ist.

Klaus ist klar, dass er umgehend mit seinem Mitarbeiter über dessen Verhalten reden muss – auch weil es nicht das erste Mal ist, dass M. sich im Ton vergreift. Außerdem verstärken sich bei Klaus die Zweifel, ob der Mitarbeiter wirklich das Zeug zum Teamleiter hat.

Er befürchtet jedoch, dass das Gespräch mit dem rhetorisch begabteren M. schwierig wird. Daher beschränkt er sich zunächst auf Andeutungen und hofft, dass sein Mitarbeiter selbst merkt, was los ist.

Klärende Gespräche über Leistungssteigerung oder Verhaltensveränderung können eine große Chance sein – und gleichzeitig eine echte Herausforderung. Die Situation ist nicht immer eindeutig, und häufig lähmen uns die eigenen „Katastrophen-Fantasien" über die Reaktionen des Mitarbeiters in solchen und auf solche Gespräche – die sich dann aber i.d.R. als unbegründet herausstellen.

Wenn Sie ein klärendes Gespräch zu lange aufschieben, besteht die Gefahr, dass das Problem eskaliert. Und je länger Sie zögern, desto schwerer wird es für Sie und den Mitarbeiter, das Problem sachlich und ohne überzogene Emotionen anzugehen.

Was Sie tun können

Machen Sie den „Reality-Check"

Wie sind Sie nach den letzten „verbalen Entgleisungen" des Mitarbeiters vorgegangen?

- Kennt der Mitarbeiter Ihre Erwartungen? Haben Sie sie konkret ausgesprochen oder waren sie eher unausgesprochen oder gar unbewusst?

- Hatten Sie mit ihm eine konkrete, eindeutige Vereinbarung über eine Verhaltensveränderung getroffen und diese auch dokumentiert?

- Haben Sie ihm anschließend genügend Unterstützung gegeben, z.b. klare Ziele, Informationen, Training, Feedback? Was hat sich dadurch verändert?

Bereiten Sie sich auf das Gespräch vor

Und damit ist nicht nur das Sammeln von Zahlen, Daten, Fakten gemeint. Überdenken Sie auch Ihre Gefühle sowie Ihre Einstellung dem Mitarbeiter gegenüber. Denn auch damit beeinflussen Sie Verlauf und Ergebnis des Gesprächs.

Zur Vorbereitung gehört die Analyse von folgenden vier Punkten[2]:

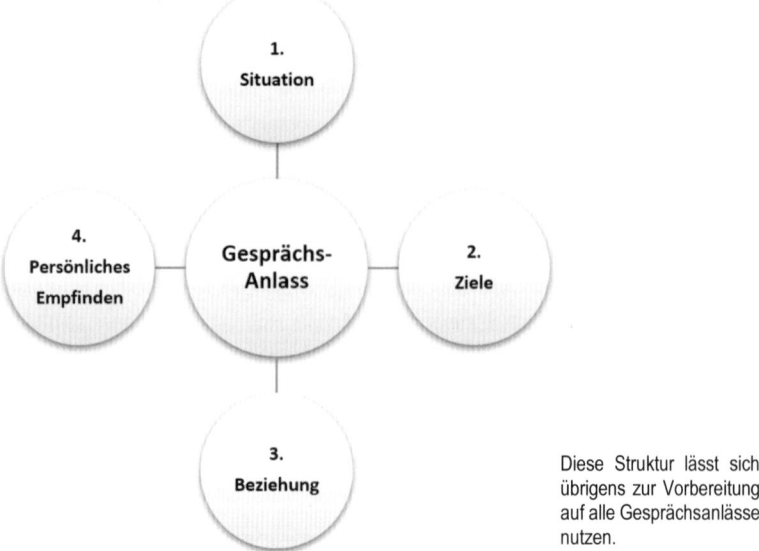

Diese Struktur lässt sich übrigens zur Vorbereitung auf alle Gesprächsanlässe nutzen.

1. Situation: Die Fakten

- Welches Fehlverhalten konnten Sie beobachten? Ein- oder mehrmals? Welche Beispiele können Sie dem Mitarbeiter geben?

- Wo liegt der Kern Ihrer Kritik? Worum geht es *eigentlich*? Geht es noch um unsachgemäßes Verhalten eines Kollegen, über das Sie schon mehrmals mit ihm gesprochen haben? Oder um Ihr enttäuschtes Vertrauen, weil er sich nicht an die getroffenen Vereinbarungen hält?

Mensch, Klaus, hab dich nicht so!

2. Ziele: Was will ich erreichen?

- Was ist Ihnen an der Kritik zentral wichtig, und welche Absichten verbinden Sie damit?
- Worauf kommt es Ihnen in Zukunft vor allem an? Wollen Sie ...
  – dem anderen die Leviten lesen (So nicht!)?
  – ihm zeigen, wer Herr im Haus ist?
  – ihm Ihre Erwartungen an die soziale Kompetenz als Teamleiter aufzeigen?
  – Ihre Zweifel an seiner Beförderung zum Ausdruck bringen?
  – die Ursachen herausfinden?
  – ihm klarmachen, was Sie zukünftig von ihm im Umgang mit Kollegen erwarten?

3. Beziehung: Wie stehen wir zueinander?

- Wie würden Sie die Beziehung zu diesem Mitarbeiter beschreiben: freundschaftlich, professionell-sachlich, angespannt, ...?
- Welche Einstellung haben Sie ihm gegenüber? Wie denken Sie über ihn?
- Wofür schätzen Sie ihn? Was macht ihn aus? Warum ist es gut, ihn im Team zu haben?
- Welche Erwartung hat der Mitarbeiter an sich, andere, an Sie?

4. Persönliches Empfinden: Wie geht es mir damit?

- Wie geht es Ihnen, wenn Sie an die Situation mit diesem Mitarbeiter denken? Sind Sie enttäuscht, ärgerlich, ratlos, hilflos, ...?
- Und was ist <u>Ihnen</u> wichtig?

Gedankliche Vorwegnahme des Gesprächs

Ähnlich wie ein Skiabfahrtsläufer, der vor dem Start die Strecke im Geiste durchfährt und sich dabei auch die besonders gefährlichen Passagen ansieht, nehmen Sie das Gespräch gedanklich vorweg, etwa mit Fragen wie: Wie kann ich meine Kritik vortragen, ohne dass ich den anderen verletze oder in die Abwehr treibe? Wie steige ich ein? Mit welchen Reaktionen muss ich rechnen? Was tue ich dann?

> **Mein Tipp: Machen Sie sich einen Spickzettel und halten Sie stichwortartig fest, was Sie sagen wollen. Gehen Sie im Gespräch offen damit um und sagen Sie dem Mitarbeiter, dass Sie Ihre Gedanken aufgeschrieben haben. Damit er weiß, weshalb Sie hin und wieder auf Ihren Zettel schauen.**

(Weitere Ideen, wie Sie sich vor wichtigen Gesprächen in eine stabile und konstruktive Verfassung bringen können, finden Sie auf meiner Unterstützungsseite.)

Weitere Tipps für eine klare Gesprächsführung

Keine Angst vor ...

Aufschieben oder Vermeiden sind auf die Dauer de-konstruktive Lösungen, da sie zu immer mehr Einengung (Enge = Angst) führen. Sinnvoller ist die entgegengesetzte Bewegung: der tapfere Schritt nach vorne!

- Denken Sie mögliche „worst case"-Fantasien zu Ende. Was ist das Schlimmste, was passieren oder in dieser Situation herauskommen kann? Wie wahrscheinlich ist das? Und wie könnten Sie es doch bewältigen?

- Sprechen Sie mit Menschen Ihres Vertrauens (Freunden, erfahrenen Vorgesetzten, Mentor, Coach) über Ihre Befürchtungen. Viel mehr Führungskräfte, als Sie glauben, haben die gleichen Gefühle und nutzen z.B. Coachings für schwierige Situationen oder um sich bewusst weiterzuentwickeln. Prüfen Sie, ob deren Umgang damit auch für Sie hilfreich sein kann.

Mein Tipp: Lassen Sie sich durch eigene Befürchtungen nicht zu Aktionismus hinreißen und führen Sie kritische Gespräche immer mit genügend Zeit. Und klopfen Sie sich ruhig auf die Schulter, wenn Sie die eigenen Vorbehalte überwinden konnten.

Raus damit[3]

Die Regel heißt: „Je ernster der Sachverhalt, desto schneller zum Thema kommen"[4]. Zu lange Einleitungen erhöhen die Anspannung bei Ihrem Mitarbeiter (und wahrscheinlich auch bei Ihnen), und ein einleitendes anerkennendes Wort in einem solchen Zusammenhang verfehlt häufig seine wohlmeinende Wirkung.

Mein Tipp: Setzen Sie Small Talk und Lob eher zum Ende des Gesprächs ein, damit sich der Mitarbeiter (wieder) entspannen und die anerkennenden Worte somit besser aufnehmen kann.

„Ich" statt „Du" – mit 3 x W

Beziehen Sie sich in Ihrer Kritik ausschließlich auf Ihre Eindrücke, Gefühle, Gedanken und Bedürfnisse. Beschreiben Sie diese sachlich und wertneutral – und ohne dem Empfänger dafür die Verantwortung zuzuschieben, auch nicht „unterschwellig". Ein Satz wie „Ich fühle mich missverstanden" drückt nicht meine Gefühle aus, sondern meine Meinung darüber, was mein Gesprächspartner von mir verstanden haben könnte. Und woher will ich das wissen?

Die drei W helfen Ihnen dabei (und lassen sich gut vorbereiten):

Wahrnehmung (meine Beobachtungen): „Mir ist aufgefallen / Ich habe beobachtet ..."

Wirkung (Auswirkungen und meine Gefühle): „Dadurch war die Kollegin anschließend ..." „Mich hat das geärgert, weil ..." „Ich habe Zweifel, ob Sie ..."

Wunsch (gewünschte oder erwartete Veränderung): „In Zukunft erwarte ich, dass ..."

> **Mein Tipp: Legen Sie nach wichtigen Aussagen eine Gesprächspause ein. Sie verstärken dadurch die Wirkung des Gesagten.**

Dialog statt Monolog

Achten Sie auf ausgewogene Gesprächsanteile (30 Sekunden-Regel). Beleuchten Sie die Situation gemeinsam mit dem Mitarbeiter. Hinterfragen Sie die Äußerungen:

„Gibt es einen konkreten Anlass, warum Sie das glauben?" „Können Sie mir eines oder mehrere Beispiele nennen, wann Sie das so empfinden?"

Indem Sie Fragen stellen und nachhaken, vermeiden Sie Vorwürfe und können den wahren Ursachen für Einstellung und Verhalten des Mitarbeiters auf den Grund gehen. Vielleicht haben sich ja nur einige Missverständnisse angehäuft, die Sie jetzt ausräumen können.

> **Mein Tipp: Auch der zu kritisierende Gesprächspartner hat Erwartungen an das Gespräch. Sie betreffen zum einen das Selbstwertgefühl (er möchte höflich und gerecht behandelt und einbezogen werden) und zum anderen die Arbeitsleistung (er möchte z.B. spüren, wie wichtig er für das Unternehmen ist).**

Achten Sie auf einen „Common ground"

Gibt es eine gemeinsame Gesprächsbasis? Wechselt Ihr Mitarbeiter im Verlauf des Gesprächs vom Kritikverständnis (Ich verstehe, was Sie sagen) zur Kritikeinsicht (Ich sehe ein, dass Ihre Kritik berechtigt ist)? Gehen Sie ansonsten zurück und äußern Sie erneut Ihre Kritikpunkte und deren Auswirkungen. Oder gewinnen Sie neue Einsichten.

Unterscheiden Sie sorgfältig zwischen folgenden Ursachen:

Nicht wissen: Fragen Sie, wie die Lücken geschlossen werden können.

Nicht können: Fragen Sie, was Ihr Mitarbeiter benötigt, um auch in Stress-Situationen wertschätzend und respektvoll zu bleiben.

Nicht wollen: Fragen Sie, unter welchen Voraussetzungen er sein Verhalten ändern würde.

Emotionaler Airbag: „Spitzen" nicht persönlich nehmen

Selbst- und Fremdwahrnehmung sind immer so eine Sache: Wenn Sie das Verhalten oder die Leistung eines Mitarbeiters kritisieren, kann es vorkommen, dass Sie Ihr Gegenüber angreift, z.B. so:

- „Ich kann es Ihnen ja sowieso nie recht machen."
- „Sie lassen mir ja schon aus Prinzip keine Chance."
- „Ich bin halt nicht einer von Ihren Lieblingen."

Um in angespannten Phasen des Gesprächs weiterhin eine wertschätzende Haltung zeigen zu können, lösen Sie Ihren **„emotionalen Airbag"** aus:

> **Tipp 1 „Keep cool":** Nehmen Sie „Spitzen" nicht persönlich, atmen Sie durch und ignorieren Sie die eine oder andere „Verbalattacke" – solange Sie können. Manche Verallgemeinerungen (*„Nie sind Sie ... Immer soll ich ..."*), sarkastischen Einwürfe etc. richten sich weniger an Sie als Person, sondern sind häufig eher eine Reaktion auf Ihre Botschaft – und ein Ausdruck von Hilflosigkeit, Ratlosigkeit oder auch Scham, etwas „falsch" gemacht zu haben.

> **Tipp 2 „Stimmen Sie Ihrem Gesprächspartner zu":** Wenn Sie Ihren Gesprächspartner bestätigen, ist er eher bereit, anschließend über Ihre Antwort nachzudenken. Beispiele: „Ich weiß, was Sie meinen. Wenn mir etwas wichtig ist, bin ich wirklich sehr genau." Oder „Das trifft einerseits zu, andererseits ..."

(Weitere Tipps zum Emotionalen Airbag finden Sie auf meiner Unterstützungsseite.)

Kollegiale Unterstützung (oder Austausch) suchen

Suchen Sie sich außerhalb Ihres Teams kompetente Gesprächspartner Ihres Vertrauens, mit denen Sie kritische Situationen aus unterschiedlichen Perspektiven beleuchten können. Manchmal hilft schon ein führungserfahrener Kollege. Auch externe Unterstützung in Form von Coaching kann hier eine gute Hilfe sein.

(Ein spezielles Coaching-Angebot zur Vorbereitung bzw. Aufarbeitung schwieriger Gespräche exklusiv für Leser dieses Buches finden Sie auf meiner Unterstützungsseite.)

Resümee

Reden, überzeugen, abstimmen, verhandeln, anweisen, korrigieren, berichten, präsentieren – die Kommunikation bestimmt zu großen Teilen Ihren Führungsalltag, und die komplexen Anforderungen ziehen viele – nicht immer einfache – Gesprächsanlässe nach sich. Was alle ernsten Gespräche gemeinsam haben: Es wäre uns lieber, wir könnten sie umgehen. Wir kennen ja die möglichen Reaktionen unseres Gegenübers darauf nicht. Und sie sind auch für uns selbst emotional herausfordernd.

Wie ging es mit Klaus A. weiter? Er hat schließlich das Gespräch mit M. gesucht, denn seine vagen Andeutungen hatten nichts verändert. Geholfen hat Klaus A. eine gründliche Vorbereitung des Gesprächs dabei, sich klarzumachen, worum es ihm in diesem Gespräch überhaupt ging (Verhalten ansprechen, Ursachen herausfinden und seine Erwartungen klarmachen) – und es zu führen. Das Gespräch kam zum richtigen Zeitpunkt. M. hatte bereits im Seminar Rückmeldungen zu seiner „Außenwirkung" bekommen. Das ziemlich ähnliche Feedback von Klaus A. gab ihm zu denken. Es gab den Anstoß, über sein Selbstbild nachzudenken und die Erwartungen an ihn als Teamleiter. Klaus erlebte daraufhin sichtbare Veränderungen. M. wollte nach wie vor Teamleiter werden und hat an sich gearbeitet. Er entschuldigte sich nach dem Gespräch mit Klaus bei der Mitarbeiterin der Empfangszentrale. In verschiedenen Krisensituationen entwickelte er die Fähigkeit, einen kühlen Kopf zu bewahren. Klaus war erleichtert darüber, sein eigenes Unbehagen überwunden und offen mit ihm gesprochen zu haben und zu erleben, welche positiven Wirkungen diese Offenheit haben kann.

Die Beispiele, Ideen und Denkanstöße können Ihnen helfen, knifflige Gesprächssituationen zu meistern. Weitere Hinweise, Tipps zu verschiedenen Gesprächsanlässen sowie Angebote für Ihre persönliche Weiterentwicklung finden Sie auf meiner Unterstützungsseite.

Eins zum Schluss. Effektive Führung ist eine Reise und basiert vor allem auf der eigenen Persönlichkeit und Haltung.[5] Das bedeutet, dass es – neben allen Führungstheorien und Techniken – Ihnen selbst überlassen bleibt, Ihre gesammelten Erfahrungen und Inhalte zu einem eigenen Führungsverständnis zu formen und eine individuelle Haltung als Führungskraft zu entwickeln. Führen mit Hingabe ist eine solche Haltung, die Sie – auch in kritischen Situationen – bewusst einnehmen können. Und wenn Sie Ihre Freude, Ihre Leidenschaft, Ihr Interesse an Führung spüren, wenn Sie Ihre Begabungen und Fähigkeiten erkennen und einsetzen, dann kann Führung zu einer erfüllenden Aufgabe werden. Führen wird dadurch nicht einfacher, aber leichter.

Dafür wünsche ich Ihnen gutes Gelingen!

---

1   Ulrich Dehner und Renate Dehner: Schluss mit diesen Spielchen! Manipulationen im Alltag erkennen und wirksam dagegen vorgehen, Campus Verlag, 2014
2   Friedemann Schulz von Thun, Johannes Ruppel und Roswitha Stratmann: Miteinander reden. Kommunikationspsychologie für Führungskräfte, Rowohlt-Verlag, 2000
3   Marcus Buckingham und Curt Coffman: Erfolgreiche Führung gegen alle Regeln, Campus Verlag, 4. Auflage, 2012
4   Oswald Neuberger: Das Mitarbeitergespräch, Springer Gabler Verlag, 2015
5   In Anlehnung an Ruth Seliger „Das Dschungelbuch der Führung – Ein Navigationssystem für Führungskräfte"

Heike Claussen

Ich bin seit 1996 als Beraterin in Personal- und Organisationsentwicklungsprojekten tätig. Meine Schwerpunkte liegen darin, Menschen in Change-Prozessen wertschätzend, respektvoll und mit Humor zu begleiten. Meine Firma HC Forum (Human Change Management) wurde 2001 gegründet und ist ein Netzwerk von verschiedenen Beratern, die Veränderungen begleiten in Form von Workshops, Trainings und Coachings.

Ich verfüge u.a. über Erfahrungen in der Luftfahrtbranche, Automotive, IT, Lebensmittel, Medizin. Ich moderiere Workshops und coache Führungskräfte in erster Linie im Change Kontext auf dem Buschhof Kattendorf (30 km nördlich von Hamburg) – auf dem ich seit 2001 lebe.

Als ehemalige Leistungssportlerin (Handball) habe ich gelernt, was Teams brauchen, um gut zu funktionieren und Höchstleistungen zu erbringen. Vieles von meinen Erfahrungen aus dem Sport konnte ich 1:1 auf Unternehmensteams übertragen. Die Eigenverantwortung jedes Mitglieds ist z.B. neben technischen und taktischen Fähigkeiten – im Unternehmen die Fachkompetenz – ein Garant für den Erfolg. So lege ich Wert darauf, dass Mitarbeiter eigenverantwortlich arbeiten können und entsprechend geführt werden – bei Weitem keine Selbstverständlichkeit in deutschen Unternehmen heute.

Was mich begeistert, sind Workshops mit rund 30-40 Teilnehmern aus unterschiedlichen Nationen auf unserem Bauerngut Buschhof Kattendorf. Hier entsteht eine unglaubliche Energie und hohe Motivation, etwas Neues zu wagen und Dinge zu bewegen. Überhaupt: Jung und Alt zusammenzubringen, voneinander lernen, neue Wege gehen – da bin ich gern für zu haben …

Unterstützungsangebote der Autorin für Sie:

 Auf meiner Unterstützungsseite im Internet habe ich für Sie spezielle Materialien zu Ihrer Unterstützung bereitgestellt. Sie finden sie unter:

www.junior-manager.de/heike_claussen

Früher haben wir das nie so gemacht!
9 Dinge, die Sie über Change wissen sollten
Heike Claussen

Paul S. ist seit drei Monaten Teamleiter. Es ist seine erste Führungsposition. Er hat den Job bekommen, weil er den zuständigen Chef mit seinen vielen Optimierungsideen für das Team überzeugen konnte. Die Abläufe können aus seiner Sicht viel effizienter organisiert werden: vermehrt Standards einsetzen, Unterschriftenregelungen vereinfachen etc.

Von den Teammitgliedern hat er erwartet, dass sie froh und dankbar sein werden, wenn die bürokratischen Hürden vereinfacht werden. Doch statt sich zu freuen, stößt er z.T. auf heftigen Widerstand. Einige Mitarbeiter verteidigen ihr Tun vehement, andere sagen gar nichts und die Dritten entziehen sich z.B., indem sie zu spät kommen oder aus fadenscheinigen Gründen Teammeetings absagen. Was Paul S. häufig zu hören bekommt, ist: „Früher haben wir das nie so gemacht." Oder „Früher haben wir das immer so gemacht." Je nachdem, was gerade besser passt.

Langsam verliert er die Geduld, weiß auch nicht mehr, was er tun soll. Mit den besten Absichten gestartet, hat er manchmal Schwierigkeiten, die Äußerungen noch ernst zu nehmen. – Und er hat natürlich auch Erwartungen in seinem Chef geweckt – jetzt muss er liefern! Was also tun?

Dies ist ein typisches Szenario eines Change-Management-Prozesses, das nicht nur Nachwuchs-Führungskräfte erleben, das diesen aber oft besonders zusetzt, weil sie meist noch nicht fest im Sattel sitzen und in vielerlei Hinsicht unsicherer reagieren.

Was ist Change-Management?

Change-Management ist die erfolgreiche Umsetzung von Veränderungen in Unternehmen (kleinen und großen, einem Team oder einer Abteilung oder die ganze Organisation betreffend). Es kann sich, wie im o.g. Beispiel, um die Optimierung von Prozessen handeln, es kann aber auch um die Umsetzung einer Strategie, das Erreichen einer Vision oder eine komplette Veränderung von Organisationen gehen. In jedem Fall sind Menschen betroffen, die die sachlich/fachliche Veränderung umsetzen sollen oder müssen. Wir beobachten häufig, dass der Faktor Mensch dabei unterschätzt wird. Was für den einen eine Lappalie ist, ist für den anderen die Lieblingsaufgabe oder er hält gerade diese Aufgabe für unerlässlich für den Bestand des Unternehmens. Die Akzeptanz des Neuen auf Seiten der Mitarbeiter entscheidet über Erfolg oder Misserfolg bei der Umsetzung der Veränderung! Die meisten Projekte scheitern an diesem Punkt, was insbesondere Nachwuchs-Führungskräften Probleme für ihre weitere Karriere bescheren kann!

Der Anfang im Change-Prozess

Ähnlich dem ersten Eindruck, wenn Sie einen Menschen kennenlernen, ist der Anfang in einem Change-Prozess einmalig und nicht zu wiederholen. Hier gibt es 3 Dinge zu berücksichtigen:

1. Warum ist es notwendig und sinnvoll?
2. Wohin wollen Sie?
3. Mit wem als Kernteam?

Warum ist es notwendig? – Der Grund der Veränderung

In einem Veränderungsprozess ist es also sehr wichtig, dass Sie von Anfang an deutlich machen, aus welchem Grund es die Veränderung geben soll. Ihre Aufgabe ist es, den betroffenen Beteiligten die Notwendigkeit und den Sinn der Veränderung zu vermitteln. Seien Sie pragmatisch, nicht zu abgehoben, holen Sie Ihre Mitarbeiter dort ab, wo sie stehen. Hierzu helfen praktische Beispiele, möglichst aus der Welt der Mitarbeiter. Es geht darum, dass jeder versteht, warum die Veränderung ansteht.

Zustimmung dürfen Sie an dieser Stelle noch nicht flächendeckend erwarten, auch wenn scheinbar die Gründe auf der Hand liegen. Es reicht, wenn alle verstanden haben, dass es an der Zeit ist, etwas zu tun. Und: Seien Sie gefasst darauf, dass trotzdem einige Mitarbeiter die Gründe negieren werden. Halten Sie das aus – Sie werden noch viele Gespräche führen. Sie stehen ganz am Anfang!

Wohin wollen Sie? – Die globale Zukunftsperspektive

Als Nächstes geht es um die Zukunftsperspektive. Wohin wollen Sie sich bewegen, was ist die Vision? Am Anfang wird die Vision noch eher unscharf sein, dennoch ist es wichtig, eine Orientierung zu geben. „Wenn du nicht weißt, wohin du willst, ist es auch egal, welche Richtung du einschlägst", heißt es schon bei Alice im Wunderland. D.h. für Sie als Verantwortlichen für den Change-Prozess: Geben Sie die Richtung vor, setzen Sie „Leitplanken", formulieren Sie das große Ziel – auf globaler, „oberflächlicher" Ebene, nicht im Detail. Wenn Sie gefragt werden sollten: „Was heißt das denn jetzt genau?", bleiben Sie standhaft, auch wenn Sie die Antwort geben könnten. Die Details werden später gemeinsam mit den Mitarbeitern erarbeitet – andernfalls heißt es ganz schnell „Wir wurden ja nicht gefragt!". Gehen Sie davon aus, dass für einige Mitarbeiter jeder Grund recht ist, die Veränderung zu verhindern. Kommen Sie zu früh mit Details heraus, liefern Sie diesen auch noch die Argumente dafür.

Versetzen Sie sich in Ihre Mitarbeiter: Wie wären Sie unterwegs, wenn Sie seit 10, 15, 20 Jahren den gleichen Job machen würden und jetzt kommt da einer daher und sagt Ihnen, wie es besser geht?! Die Reaktion kann nur Widerstand sein – schließlich fühlt sich der Mitarbeiter (zu Recht) als Experte in seinem Arbeitsgebiet!

Empathie hilft Ihnen: Versetzen Sie sich immer wieder in die Lage Ihrer Mitarbeiter und überlegen Sie sich, was sie bräuchten, um den nächsten Schritt in die Veränderung gehen zu können!

Und binden Sie frühzeitig den Betriebsrat mit ein. Je eher, desto besser! Ein vertrauensvolles Verhältnis zum Betriebsrat ist immer hilfreich, wenn es um Change geht.

Mit wem als Kernteam? – Schnellstens ein zuverlässiges Change-Team zusammenstellen

Was Sie nun schnellstens tun sollten, ist, ein Change-Team zusammenstellen. Das sogenannte Core-Team ist die Keimzelle der Veränderung. Mit diesem Team werden Sie in den nächsten Wochen und Monaten eng zusammenarbeiten, bis Sie die Veränderung gemeinsam umgesetzt haben. Sie benötigen in diesem Team Menschen, die Ihnen gegenüber loyal und zuverlässig sind. Gerade wenn es schwierig werden sollte, müssen Sie sich darauf verlassen können, dass Ihr Core-Team am Ball bleibt.

Die Teammitglieder sollten von der Veränderung überzeugt und möglichst in Ihrer Abteilung akzeptiert sein. Darüber hinaus sollten sie gute Soft Skills mitbringen, besonders Empathie und Kommunikation sind wichtig. Warum ist das so?

Zusammenfassende Tipps:

Zum Beispiel Paul S.: Wir würden ihn fragen, wie er zu Beginn die Veränderungen kommuniziert hat. Was hat er zu wem gesagt? Was hat gefehlt? Hat er über die Notwendigkeit und den Sinn gesprochen oder nur einfach losgelegt (ein häufiger Fehler von Nachwuchs-Führungskräften!)? Was Ihnen völlig klar ist, muss anderen noch lange nicht so klar sein! (Weitere Dos and Don'ts finden Sie auf meiner Unterstützungsseite für Sie.)

Bei der Entwicklung der Vision kann es helfen, sich zu fragen: Wovon wollen wir weg? Was wollen wir zukünftig verhindern / vermeiden / nicht mehr tun / anders machen? Und: Was wollen wir stattdessen? Wo wollen wir hin? Wie wird es sein?

An dieser Stelle ist es auch hilfreich, sich zu überlegen, was die Mission (Auftrag) des Teams ist. Was ist der Sinn des Teams? Warum gibt es das Team?

Gern auch hier wieder mit einem Vergleich / Bildern arbeiten. Bilder entwickeln in den Menschen Vorstellungskraft und Emotionen. Positive Emotionen können Sie gut gebrauchen, mit negativen Emotionen werden Sie eh konfrontiert.

Was Menschen bei Veränderungsprozessen brauchen

Die Mitarbeiter, die von der Veränderung betroffen sind, ticken alle mehr oder weniger anders. Jeder benötigt etwas anderes, um mitgehen zu können. Und daher ist es gut, wenn das Core-Team in der Lage ist, diese individuellen Bedürfnisse zu erkennen und in der Kommunikation zu berücksichtigen.

Was brauchen Menschen, um in Veränderung gehen zu können? Wie schon gesagt, das ist sehr verschieden. Hier ein paar Beispiele:

- Einige Menschen achten insbesondere stark darauf, welchen Sinn die Veränderung macht. Sie denken häufig in langen Zeiträumen und verfügen über Ausdauer und Hartnäckigkeit. Sie vergleichen heute mit dem, was früher war, und erkennen dabei Ähnlichkeiten und Unterschiede. Diesen Menschen sind folgende Werte wichtig: z.B. Vertrauen, Sicherheit, Gerechtigkeit, Stabilität und Kontinuität.

- Andere dagegen leben mehr im Hier und Jetzt. Sie sind relativ schnell zu motivieren, da sie Veränderung an sich als interessant erleben. Wechsel ist spannend und macht Spaß: bloß nicht immer das Gleiche und nicht zu viel Details, das ist zu langweilig. Ihre Begeisterung für das, was sie tun, ziehen sie in erster Linie aus der Anerkennung, die sie von anderen erhalten. Ihre wichtigen Werte sind z.B.: Aktualität, Freude, Neues, Lob, Reden.

- Die Nächsten sind pragmatisch und realistisch unterwegs. Wenn sie Ziele bekommen, die zu erfüllen sind, geben sie alles dafür, sie mittels klarer Aktionen umzusetzen. Sie fordern von sich und anderen viel, sind schnell und werden auch schnell ungeduldig. Dabei scheuen sie sich nicht, unbequeme Entscheidungen zu treffen, wenn es der Sache dient. Ihre wichtigen Werte sind z.B.: Pragmatismus, Realismus, Druck, (Höchst-)Leistung, Direktheit.

- Und nun noch Menschen, bei denen die Planung im Vordergrund steht. Sie sind eher sachlich unterwegs und argumentieren stichhaltig. Standards werden angewendet, Controlling ist ein gutes Instrument. Sie schätzen die Qualität in der Arbeit hoch und sind bevorzugt im Detail unterwegs. Ihre wichtigen Werte sind z.B.: Gewissenhaftigkeit, Korrektheit, Qualität, Planung, Tiefe / Details.[1]

Es gibt diverse Persönlichkeitsmodelle, die fundiert die Verhaltensweisen von Menschen beschreiben.[2] Dennoch hilft dieser kurze Abriss zu verstehen, dass Menschen unterschiedlich ticken und jeweils andere Argumente und Inhalte benötigen, um die Veränderung zu akzeptieren und aktiv mitzugestalten. Wenn Sie mit Menschen sprechen, sollten Sie das berücksichtigen. Ihre Präsentationen können Sie darauf aufbauen, z.B. indem Sie früher / heute mit dem Geplanten, Zukünftigen vergleichen oder erzählen, was der Sinn von dem Ganzen ist. Berücksichtigen Sie auch, was der Nutzen für das Team, das Individuum ist. Womit werden Sie erfolgreich sein? Warum macht das Ganze Spaß? Wer wird es anerkennen? ...

Zusammenfassende Tipps

Zurück zu Paul S.: Wir würden ihm raten, ein Core-Team zu installieren. Es sollten Menschen in diesem Team sein, die der Veränderung gegenüber aufgeschlossen, also Verbündete sind! Aber auch ein bis zwei Zweifler, damit diese in die ernsthafte Diskussion mit Andersdenkenden kommen und Paul S. die Argumente frühzeitig hört, die auch im Team-Meeting genannt werden. Dann kann er sich darauf vorbereiten und steht vor allem nicht allein vor der Masse, sondern hat Fürsprecher.

Stellen Sie das Core-Team so zusammen, dass Sie möglichst verschiedene Persönlichkeiten an Bord haben: Begeisterte: die andere mitreißen können, Nachhaltige: die Ausdauer haben und am Ball bleiben, Pragmatische: die vorwärts wollen und andere antreiben, Planende: die den Projektplan im Auge haben, auf die Erreichung von Meilensteinen bei der Projektumsetzung achten.

Und: Je nach Art und Umfang der Veränderung sollten Sie darüber nachdenken, ob Sie dem Betriebsrat nicht anbieten sollten, regelmäßiger Gast des Core-Teams zu sein oder sogar Mitglied. Das kann sinnvoll bei Organisationsveränderungen sein.

Widerstände gegen Veränderung

Wie bereits mehrfach erwähnt, ist im Zusammenhang mit Veränderungen mit Widerstand auf Seiten der Betroffenen zu rechnen. Aus meiner Erfahrung heraus kann ich sagen, dass die wenigsten Menschen mit Begeisterung auf die Ankündigung einer Veränderung reagieren, sofern sie selbst betroffen sind. Geht es um die Nachbarabteilung, ist häufig die Reaktion positiv – in dem Sinne „das wurde aber auch Zeit!". Den „Schmutz vor der anderen Haustür" erkennen wir Menschen in der Regel ganz genau, während der eigene eher übersehen wird. Das liegt daran, dass Menschen betriebsblind werden – je länger sie in einem Bereich / Fachgebiet etc. tätig sind, umso mehr.

Daher tut es vielen Teams gut, wenn ein neuer Kollege kommt und anfängt, Fragen zu stellen. Das tut man nämlich nicht mehr, wenn man lange dabei ist. Die Dinge werden als normal erachtet, es gehört halt dazu. Auch wenn Sinnloses dabei ist oder keiner in der Firma die Leistung mehr abfragt, wird fleißig weitergemacht, z.B. irgendwelche Reports, die der vorvorherige Chef einforderte. Das Ganze wird vehement verteidigt, ansonsten müsste man ja zugeben, dass einem das gar nicht aufgefallen ist ... oder die eigene Leistung keiner mehr braucht. Das macht Angst!

Ängste und Befürchtungen sind die Hauptursachen für Widerstand gegen eine Veränderung: Angst, das Neue nicht zu verstehen, nicht mehr mitzukommen, sich zu blamieren, zu langsam zu sein. Angst davor, die Arbeit zu verlieren. Angst, dass das Neue falsch ist und die Firma in den Ruin treibt ... Wenn dann noch Druck dazukommt, steigt die Angst. Innere Konflikte, Hilflosigkeit, Wut verstärken sich. Hinzu kommt, dass ein Mitarbeiter, der von sich das Bild hat, kompetent und erfahren zu sein, nicht plötzlich zugeben kann, dass er Angst hat. Insbesondere wenn der Chef deutlich jünger – oder noch „schlimmer" – eine junge Frau ist.

Das Einzige, was Ihnen hier hilft, ist Geduld, Verständnis zeigen, die Äußerungen ernst nehmen. Fragen Sie sich, was hinter dem abwehrenden Verhalten stehen könnte. Suchen Sie 4-Augen-Gespräche. Stellen Sie Fragen. (Siehe hierzu auch die Infos über den Umgang mit Killerphrasen auf meiner Unterstützungsseite für Sie.) Und zuhören, zuhören, zuhören! Zeigen Sie Ihren Mitarbeitern, dass Sie Interesse an ihnen haben, was auch berechtigt ist, denn von den langjährigen, erfahrenen Mitarbeitern gibt es jede Menge zu lernen! Äußerungen wie „Ich kann mir vorstellen, dass Ihnen die Veränderung nicht ganz geheuer ist" helfen weiter. Wenn der Mitarbeiter Vertrauen fasst und sich Ihnen mitteilt, haben Sie halb gewonnen. Sie können dann gemeinsam überlegen, was zu tun ist. Fragen Sie den Mitarbeiter erst, was ER sich vorstellt, bevor SIE Vorschläge machen!

Zusammenfassende Tipps

In unserem Beispiel von Paul S. geht es nun darum, zu ermitteln, wer und was genau hinter dem Widerstand steht. Welche Ängste könnten es sein? Wie kann er dagegenwirken? Wer ist noch unentschieden? Die Unentschiedenen sind leichter zu überzeugen als die, die komplett dagegen sind. Wozu ist es gut, dass so viel Widerstand da ist? Vielleicht gibt es noch bessere Möglichkeiten?!

Zeigen Sie Empathie, versetzen Sie sich in die Lage Ihrer Mitarbeiter: Wie würde es Ihnen gehen, wenn Sie einer Ihrer Mitarbeiter wären? Was fällt Ihnen dazu ein? Ermitteln Sie die Hintergründe für den Widerstand und stellen Sie Ihre Argumentation darauf ein. Bedenken Sie, dass es hier in erster Linie um Emotionen geht und weniger um Sachliches. Es kann durchaus sein, dass Mitarbeiter sich in ihrer Not selbst widersprechen. Sie müssen an die Emotionen ran!

Und: Vergessen Sie auf gar keinen Fall, die Mitarbeiter zu bestärken, die der Veränderung positiv gegenüberstehen. Suchen Sie den Kontakt und nehmen Sie sich Zeit. Die positive Atmosphäre gibt Ihnen Kraft, weiterzumachen.

Im weiteren Verlauf …

Nachdem Sie also kommuniziert haben, warum überhaupt Veränderung ansteht und in welche Richtung es geht, Sie das Core-Team zusammengestellt haben – sollten Sie Folgendes tun:

1. Priorisierung der anstehenden Schritte: Bewerten Sie die nächsten Schritte nach Bedeutung und Zeit

Die Veränderung hat begonnen, Sie sind auf dem Weg, diverse Aktionen stehen an. Priorisierung ist das Zauberwort. Analysieren Sie die anstehenden Schritte danach, wie viel Einfluss Sie auf die Umsetzung haben und wie diese Sie Ihrem Ziel näher bringen (Ergebnis!). Auch der Zeitfaktor ist interessant. Welche Aktionen können Sie sofort beginnen (hoher Einfluss), die schnell fertig sind? Das sind Ihre Quick Wins, die beweisen, dass Sie auf dem richtigen Weg sind. Erste Erfolge helfen nicht nur dabei, die Mitarbeiter zu überzeugen, sondern bringen auch Bestätigung. Erfolg tut außerdem gut, bringt Freude und Leichtigkeit. Sie haben etwas geschafft!

2. Verbündete gewinnen: „Gewinn- und Verlustrechnung" hilft Klarheit zu bekommen

Sollten auch andere Abteilungen von der Veränderung betroffen sein, können Sie sich überlegen, wer welche Vorteile durch die Veränderung haben wird und welche Nachteile ggf. entstehen. Eine „Gewinn- und Verlustrechnung" hilft dabei, Klarheit zu bekommen, wer ggf. schwerer zu überzeugen sein wird und was Sie anbieten können. Denken Sie daran: Die Veränderung muss Sinn ergeben, sie sollte notwendig sein und Nutzen bringen. Überlegen Sie: Was hat jemand davon, wenn er mitmacht?

3. Ausdauer gefordert: Sie sind der Treiber der Veränderung

Im weiteren Verlauf des Change-Prozesses braucht es Ausdauer. Erinnern Sie sich daran, weshalb Sie das Ganze begonnen haben! Dass es die Bemühungen und Anstrengungen wert ist – gerade wenn Sie das Gefühl haben, Sie treten auf der Stelle. Als Projektleiter sind Sie immer das Vorbild für das Core-Team und der Treiber der Veränderung.

By the way: Wie überzeugt sind Sie selbst von der Veränderung? Manchmal gibt es Situationen, in denen Sie als Führungskraft eine Veränderung umsetzen müssen, hinter der Sie selbst nicht stehen! (Darüber mehr auf meiner Unterstützungsseite für Sie.)

Zusammenfassende Tipps

▌ Hier die Empfehlung für Paul S.: Immer wieder Anerkennung und Lob für die Anstrengungen aussprechen, die die Mitarbeiter auf sich nehmen, weil sie z.B.

in dieser Zeit doppelten Aufwand haben. Eine Veränderung bedeutet immer Aufwand: finanziell, zeitlich und bezogen auf den Umfang der Tätigkeiten, zum Teil laufen Arbeiten doppelt (Projektmeetings, Reisen, ...). Das verdient die Wertschätzung der Führung. Sagen Sie das!

Und: Es kann nicht schaden, z.B. Kaffee und Kuchen zu einem Meeting mitzubringen. Das erscheint Ihnen lächerlich? Ist es nicht, glauben Sie mir.

Ermitteln Sie Quick Wins. Überlegen Sie, welchen Nutzen die Veränderung für wen bringen wird.

Informelle und offizielle Informationskanäle nutzen

Passen Sie auf, was Sie sagen, insbesondere informell. Nichts geht so schnell durch eine Firma wie ein Gerücht. Gerüchte sind informelle Informationen, die auf dem Flur, bei der Kaffeepause, in der Raucherecke, nach einem Meeting etc. entstehen.

Alles was informell gesagt wird, wird geglaubt. Das liegt daran, dass die Gesprächspartner sich meist gut kennen, ein persönliches Verhältnis haben und sich vertrauen. Informelle Gespräche können Sie hervorragend nutzen, um positiven Einfluss zu nehmen. Suchen Sie Kontakt zu Menschen, die gut im Unternehmen vernetzt sind, und geben Sie ihnen Informationen in einem informellen Rahmen, z.B. beim Mittagessen. Sie können sicher sein, dass die Botschaft weitergetragen wird. Der Nachteil ist: Sie können nicht steuern, an wen es weitergegeben wird, daher ist es gut, mehrere Impulse zu setzen.[3]

Allerdings: Ihre offiziellen Informationen, also in einem Team- oder Projektmeeting, müssen mit Ihren informellen Aussagen übereinstimmen. Andernfalls verlieren Sie Ihre Glaubwürdigkeit. Ihre Zweifel und Ihren Unmut können Sie mit Ihrem Coach teilen oder mit einer absolut vertrauenswürdigen Person, die am besten gar nichts mit dem Change zu tun hat. Ansonsten bringen Sie diesen Menschen in die Bredouille – wenn der Initiator, Projektleiter, Chef schon zweifelt ...

Neben den informellen Informationskanälen gilt es auch, die offiziellen zu nutzen. Sorgen Sie dafür, dass in der Mitarbeiterzeitung ein Artikel erscheint, im Intranet über die Veränderung berichtet wird ...

Was in dieser Situation auch helfen kann, ist die Stimme des Kunden. Was sagt Ihr Kunde zu den Veränderungen? Welche positiven Impulse hat er bemerkt? Das kann ein interner oder externer Kunde sein.

Zusammenfassende Tipps:

Nutzen Sie informelle Gespräche zur Untermauerung der Veränderung!
Feiern Sie – auch die kleinen – Erfolge mit Ihrem Team!
Geben Sie nicht auf, bleiben Sie dran!

Früher haben wir das nie so gemacht!

Resümee

Wir leben in einer Zeit permanenter Veränderung

Ich habe es erlebt, dass die Umsetzung von Veränderungen, die von den Betroffenen mit allen Mitteln verhindert wurde, in der Nachschau von genau denselben Personen als das Beste tituliert wurde, was je umgesetzt wurde! Haben Sie dann die Größe zu schweigen und ggf. freundlich zu lächeln. Menschen vergessen und verdrängen ihr Verhalten. Häufig ist ihnen ihre Außenwirkung auch gar nicht bewusst.

Wenn es Ihnen gelingt, den Widerstand als Chance zu verstehen und nicht als Übel, das beseitigt werden muss, werden Sie Ihren Mitarbeitern deutlich aufgeschlossener gegenüberstehen können. Sie erhalten die Möglichkeit, von erfahrenen Mitarbeitern zu lernen. Ihre Argumente müssen Sie immer wieder überdenken – das hilft klarer zu werden. Sie können Ihren eigenen Standpunkt hinterfragen und ggf. korrigieren – um (noch) besser zu werden. Sie sammeln Erfahrungen, die Sie später gut gebrauchen können.

Denn: Wir leben in einer Zeit der permanenten Veränderung. Kaum ist die eine zur Hälfte umgesetzt, kommt schon die nächste um die Ecke. Kontinuierliche Verbesserung ist das Stichwort und es ist Ihre Aufgabe, Ihren Mitarbeitern das beizubringen!

Dass das nicht immer einfach, oft sogar fast unmöglich erscheint, liegt u.a. in der Natur des Menschen begründet und in seiner Abneigung, den sicheren Boden zu verlassen. Dieser Beitrag und die Zusatzinformationen auf meiner Unterstützungsseite können Ihnen dabei helfen. Und wenn Sie einen Sparringspartner zum direkten Austausch brauchen oder es sich um größere Projekte handelt, stehe ich Ihnen auch gerne persönlich mit meiner Erfahrung zur Seite.

---

1   Kaleb Utecht, www.faktormensch.de
2   Einen guten Überblick bietet das Buch von Martina Schimmel-Schloo, Lothar J. Seiwert und Hardy Wagner: Persönlichkeitsmodelle, GABAL Verlag, 2002
3   Leandro Herrero: Viral Change, meetingminds, Memphis St Univ Pr, 2008

Prof. Dr. Hartwig Eckert und Andreas Kambach

Prof. Dr. Hartwig Eckert: Ich bin Sprachwissenschaftler und arbeite heute – nach langjähriger Lehrtätigkeit an den Universitäten Flensburg, Hull und Salford (England) – als Trainer für Stimme, dynamische Kommunikation und Gesprächsführung sowie Persönlichkeitsentwicklung für das Trainingsinstitut TRIPLE A® GmbH. Aufbauend auf eine lange Erfahrung mit Kommunikationsstilen habe ich mit Andreas Kambach das Training „Dynamische Kommunikation" entwickelt und das gleichnamige Buch geschrieben. Ich bin zudem zertifizierter Trainer für die Original-Mikromimik-Trainings nach Dr. Paul Ekman, mit denen Sie die Glaubwürdigkeit Ihrer Gesprächspartner sicherer beurteilen können. Das Thema unseres Beitrags sind die kommunikativen Werkseinstellungen von Menschen sowie die dynamische Kommunikation, die sie auch im Training bei uns praktisch anwenden lernen. In Coachings für Führungskräfte setze ich aktuell auch auf Online-Szenariotrainings und stehe den Lesern dieses Buches deshalb sowohl online als auch persönlich zur Seite.

Andreas Kambach: Ich bin Geschäftsführer des Trainingsinstitutes TRIPLE A® GmbH. Vor 20 Jahren habe ich als Vertriebsleiter festgestellt, dass ich Vertriebsteams mit anderen Methoden zu Höchstleistungen bringe, als in den mir bekannten Seminaren geschult wurden. Als Dozent an der Fachhochschule Kempten/Neu-Ulm und Gründer des Trainingsinstitut TRIPLE A® GmbH konnte ich meine Methoden weiterentwickeln. Heute konzipieren wir Trainingskonzepte und Personalentwicklungsprojekte europaweit mit besonderem Fokus auf Führungskräfte und Vertrieb. Durch Eigenentwicklungen und durch z.B. die Zertifizierung als „Licensed Delivery Center" der Paul Ekman Group, mit der wir die Rechte für die renommierten Glaubwürdigkeitstrainings für den deutschsprachigen Raum erworben haben, können wir unseren Kunden innovative und erfolgswirksame Trainings anbieten. Kontaktieren Sie mich, wenn Sie Interesse an einem Gedankenaustausch haben.

Unterstützungsangebote der Autoren für Sie:

 Auf unserer Unterstützungsseite im Internet haben wir für Sie spezielle Materialien zu Ihrer Unterstützung bereitgestellt. Sie finden sie unter:

www.junior-manager.de/eckert_kambach

Wer für alles die Lösung hat, hat die Probleme nicht verstanden

Wer für alles die Lösung hat, hat die Probleme nicht verstanden
Die Korrelation von Führungsaufgaben, Denkweise und Sprachstrategien
Prof. Dr. Hartwig Eckert, Andreas Kambach

In einem Unternehmen mit einer Belegschaft von ca. 200 Mitarbeitern war Sascha R. ins mittlere Management befördert worden, aufgrund seines Einsatzes, seiner Ambitionen und etlicher Erfolge, die er bei der Lösung von Problemen aufzuweisen hatte. Es war seine erste Führungsposition, und er wollte das in ihn gesetzte Vertrauen durch weitere Erfolge bestätigen. Er hatte sich Qualitätsmanagement als sein Flaggschiff gewählt und in beeindruckend kurzer Zeit sowohl eine ISO-Zertifizierung erhalten als auch durch Einführung einer kontinuierlichen Stichprobenkontrolle die Reklamationsrate gesenkt. Es kränkte ihn, dass ihm für diese Verdienste nicht die entsprechende Anerkennung gezollt wurde. Hier ein Gespräch aus dieser Phase:

Mitarbeiterin: Hätten Sie mal einen Augenblick Zeit für mich?

Sascha R.: Worum geht's denn?

Mitarbeiterin: Um unser Qualitätsmanagement.

Sascha R.: Ja, nehmen Sie Platz. Da sind wir ja neuerdings bestens durch unsere ISO-Zertifizierung aufgestellt. Sie haben sicher schon gesehen, dass ich das als vertrauensbildende Maßnahme ins Netz gestellt habe.

Mitarbeiterin: Ja schon, aber es kommt doch immer wieder zu Beanstandungen durch Kunden. Die würden mir die Zertifizierung um die Ohren hauen, wenn ich damit käme.

Sascha R.: Na ja, Frau Benn, da sollten Sie auch mit Feingefühl reagieren. Deswegen investiere ich ja auch in die Trainings der Soft Skills. Seit ich hier bin, ist die Reklamationsrate um 7 % gesunken. Wenn Sie das auf die nächsten Jahre projizieren, dann sind wir der Rolls Royce in unserer Branche.

Mitarbeiterin: Die sind doch pleitegegangen, nicht?

Sascha R.: Übernommen worden. Das ist nicht dasselbe. Ist aber auch egal. Was kann ich denn heute für Sie tun?

Mitarbeiterin: Also bei uns wirkt die Qualitätskontrolle immer noch obendrauf gesetzt, nicht integriert.

Sascha R.: Aber wir haben doch durch Einführung der kontinuierlichen Stichproben-kontrolle das Qualitätsmanagement in den Produktionsprozess – um Ihren Ausdruck zu benutzen – integriert.

Mitarbeiterin: Ja freilich, aber letztlich ist es immer noch: Produktion – Kontrolle, Pro-duktion – Kontrolle. Mir schwebt die Aufhebung dieser, fast möchte ich sagen, Gegen-sätze vor. Ich sehe die Möglichkeit dazu in Industrie 4.0. Darin sollten wir investieren.

Sascha R.: 4.0 ist ja zunächst einmal eine Idee und kein Produkt.

*Mitarbeiterin: Aber bei totaler Digitalisierung wird der Gegensatz aufgehoben: Der Pro-duktionsprozess durch intelligente Maschinen **ist** Qualitätsmanagement.*

Die Führungskraft als Summe ihrer Sprechakte

Bei näherer Betrachtung des Fallbeispiels fallen folgende Dialogmuster auf:

Defensive statt Führung: Reklamationen waren zu dem Zeitpunkt ein Dorn im Fleisch dieses Unternehmens und fielen in das Ressort der Nachwuchs-Führungskraft. Daher ist die Reaktion auf den Schlüsselbegriff „Qualitätsmanagement" (QM) mit dem Hinweis „gut aufgestellt" und „dass ich das … ins Netz gestellt habe" möglicherweise Signal einer defensiven Strategie. Solche Strategien bergen in sich die Tendenz zu Stagna-tion. Gleichzeitig impliziert das Eigenbild, das diese Führungskraft durch ihr verbales Verhalten von sich entwirft: „Ich bin hier der Problemlöser. Es darf mir nicht passieren, dass sich meine Mitarbeiter über die Grundpfeiler unseres Unternehmens weiterführen-dere Gedanken gemacht haben als ich."

Priorisierung: Die Formulierung „mal einen Augenblick Zeit" passt zu „Uns sind die Büroklammern ausgegangen", aber nicht zu „QM". In dem Augenblick, wo die junge Führungskraft das Thema erkennt, muss sie dem QM einen angemessenen Rahmen geben. Stattdessen kann man aus dem obigen Dialog die impliziten Botschaften lesen: „Ich habe doch alles im Griff, und je schneller Sie wieder mein Büro verlassen, desto eher kann ich mich wieder den aktuell anstehenden Aufgaben widmen." Doch wie hoch ist der Preis, den er für die Wiederaufnahme seiner eigenen Agenda zahlt?

Herunterspielen statt Neugier: In seinen beiden einzigen Fragen verwendet Sascha R. die Partikel „denn". Dieser Partikel wird in Fragen verwendet zum Ausdruck der Ein-stellung des Sprechers. Das reicht z.B. von „Wo tut's denn weh?" (eine Formulierung, die man nicht bei schweren Verletzungen wählt) bis zu ungläubiger Ungeduld: „Wie soll denn das funktionieren?" Im Eröffnungsgambit sind diese Partikel keine gute Strategie. Vergleichen Sie die Formulierungen (a) „Hätten Sie mal einen Augenblick Zeit für mich?" / „Worum geht's denn?" / „Ist aber auch egal. Was kann ich denn heute für Sie tun?" mit der Alternative (b): „Frau Benn, ein ganz wichtiges Thema. Ich erwarte gleich den Anruf eines Kunden. Lassen Sie uns einen Termin vereinbaren."

Rechtfertigung: Die häufigste Konjunktion in diesem Gespräch ist „aber". Worin kann es begründet sein, dass die Mitarbeiterin es vier Mal in dieser kurzen Sequenz benutzt? Es liegt an der Gesprächsführung der jungen Führungskraft. Welche Sprechakte bevorzugt sie? Wir unterscheiden zwischen Sätzen und ihren Funktionen. „Um 6 Uhr wird gegessen!" ist formal ein Aussagesatz. Wenn wir diesen Satz nach seiner Funktion in einem spezifischen Kontext klassifizieren, dann handelt es sich bei ihm als Sprechakt um einen Befehl. Die Sprechakte der Führungskraft im obigen Gespräch sind die der Rechtfertigung, Zurückweisung und Belehrung, die nichts mit Führung zu tun haben. Die Mitarbeiterin sagt: „Die würden mir die Zertifizierung um die Ohren hauen, wenn ich damit käme." Das ist – zugegeben – eine aggressive Formulierung gegen das, was die junge Führungskraft gerade als ihr Flaggschiff vorgestellt hat, und prompt verliert sie die Priorisierung aus den Augen. Die besteht darin, in Verdrängungswettbewerben Entwicklungsmöglichkeiten zu erkennen und Veränderungsprozesse zu fördern. Stattdessen wählt diese Führungskraft Sprechakte, die Stagnation favorisieren: Rechtfertigung („Aber wir haben doch durch Einführung der kontinuierlichen Stichprobenkontrolle das Qualitätsmanagement in den Produktionsprozess ... integriert.") und Belehrung („4.0 ist ja zunächst einmal eine Idee und kein Produkt."). Das zieht sich durch bis zu Nebenkriegsschauplätzen: Belehrung („Übernommen worden. Das ist nicht dasselbe. Ist aber auch egal.") mit der Botschaft: „Selbstverständlich ist es für QM irrelevant, mir ist aber recht behalten so wichtig, dass ich es trotzdem sage."

Die kommunikative Werkseinstellung

Analog zu unserem Fallbeispiel haben wir durch Korpusanalysen Daten von Sprechakten in zahlreichen Verhandlungen und Führungsgesprächen erhoben. Daraus ergab sich die deutlich erhöhte Frequenz von Sprechmustern, die wir unter dem Begriff „kommunikative Werkseinstellung" zusammenfassen. „Werkseinstellung" deshalb, weil wir auf diese Weise in Gesprächen mit Eltern, Geschwistern und in Peergroups geprägt worden sind, ehe wir selbstständig darüber reflektieren konnten. Diese Muster erhalten täglich ihre Verstärkung durch Talkshows und parlamentarische Debatten.

auf Vorwürfe		Zurückweisung
auf Angriffe		Verteidigung
auf Kritik		Rechtfertigungen
auf Argumente	reagiere ich mit	Gegenargumenten
auf Unklarheiten		Belehrungen
auf Probleme		Lösungen
auf Fragen		Antworten

In unserem Beispiel ergeben sich zwei mögliche Interpretationen dieses Verhaltens:

- Sascha R. versteht sich als oberste Instanz zur Lösung der Probleme, die von unten kommen, sowie als Instanz, die Antworten auf die Fragen der anderen zu geben hat, und als jemand, der in dem ständigen intra- und interbetrieblichen Kampf die eigene Position zu rechtfertigen hat. Die Wahl der Sprechmuster wäre dann begründet in dem Bild, das die junge Führungskraft von sich als Führungskraft entworfen hat. Sie setzt sich damit unter starken und überflüssigen Druck, und sie demotiviert kreative Mitarbeiter.

- Die zweite Interpretation ist viel banaler: Die meisten Sprecher kommen nicht aus den tiefen Spurrillen der kommunikativen Werkseinstellung heraus. Wenn diese Sprechmuster gewohnheitsmäßig angenommen werden, kommt es zu erlernten Unfähigkeiten. Analog dazu, wie Menschen, die sich nur mit Rollatoren bewegen, lernen, ihr Gleichgewichtsgefühl zu verlieren, lernen Führungskräfte mit bevorzugt kommunikativer Werkseinstellung, mentale Komplexität zu vermeiden. Die kommunikative Werkseinstellung ist der Rollator zum Abbau mentaler Komplexität und Flexibilität.

Was bedeutet diese Affinität zur kommunikativen Werkseinstellung?

1. Sascha R. identifiziert sich in seiner kommunikativen Praxis mit der Leadership-Ikone eines Rosselenkers, und zwar *in* seinen Statements stärker, als er es je in einem Statement *über* sich selber täte.

2. Eine Führungskraft, die sich trainiert, in der kommunikativen Werkseinstellung besser zu werden, zeichnet sich durch Beharrungsvermögen aus, bleibt bei dem, was sie kennt. Wir alle beherrschen die kommunikative Werkseinstellung perfekt. Unser Lernprozess darin erfährt Tag für Tag eine Bestärkung durch Talkshows und Bundestagsdebatten, die konsequent diese Muster verwenden: Erlernte Unfähigkeit für andere Kommunikationsformen.

3. Simplifizierung der Persönlichkeitsstruktur. Die kommunikative Werkseinstellung funktioniert nach einfachen und vorhersagbaren Mustern: Als Führer der Opposition werfe ich der Regierung Planlosigkeit vor. Jeder von uns könnte ohne die geringste Ahnung des Sachverhalts antworten: „Diesen Vorwurf weise ich auf das Entschiedenste zurück. Das Gegenteil ist der Fall. Und das, meine Damen und Herren, wissen auch die Wählerinnen und Wähler."

4. In der Face-to-Face-Kommunikation verbaut sich die Führungskraft den Kanal zu eingehender Information. Die Sprechmuster **demotivieren die Mitarbeiter, mit Ideen an die Führungskraft heranzutreten**, wenn diese Ideen noch nicht ausgereift sind und noch erkennbare Schwachstellen aufweisen.

5. Die hier beschriebenen Sprechmuster führen zu Stagnation. Beide Parteien graben sich tiefer ein, anstatt dynamische Prozesse zu bevorzugen.

Eine Alternative zur kommunikativen Werkseinstellung: Dynamisch verhandeln mithilfe des konzedierten Territoriums

Die Beharrungstendenz in der kommunikativen Werkseinstellung versperrt den Blick für eine Strategie, die wir entwickelt haben und als „dynamisch verhandeln" bezeichnen. Bei dieser Strategie fokussieren wir nicht auf das Strittige, denn eine solche Fokussierung provoziert Gegenargumente und Rechtfertigungen, also Stagnation. Stattdessen erkennen wir unter der Oberfläche des tatsächlich Gesagten die Tiefenbotschaften der Zugeständnisse. Das nennen wir das *konzedierte Territorium*.

Was hat die Mitarbeiterin in dem obigen Gespräch Sascha R. konzediert, also zugestanden? Die Mitarbeiterin bittet um ein Gespräch beim Chef. Thema: QM. Die ersten konzedierten Territorien sind: Sie ist hochmotiviert. Sie macht sich Gedanken über allgemeine Strategien des Unternehmens. Aufgrund ihrer Erfahrung an der Front, also direkt beim Kunden, wünscht sie sich Veränderungsprozesse. Ein weiteres konzediertes Territorium besteht darin, dass sie ihren Chef einschätzt als offen für neue Ideen und für kompetent, an deren Verwirklichung zu arbeiten. Andernfalls hätte sie sich ja gar nicht an ihn gewandt. Besser kann es für eine Führungskraft nicht laufen. Daher sprechen wir von einer Konzession an ihn.

Die Mitarbeiterin sagt: „Die würden mir die Zertifizierung um die Ohren hauen, wenn ich damit käme." Worin besteht das konzedierte Territorium? Sie benutzt den Konjunktiv, d.h. sie könnte fortfahren: „was ich natürlich nicht getan habe." Konzediertes Territorium: Ich kann das viel besser und habe die Kundenbindung erhöht. Die junge Führungskraft hört nur das explizite „die Zertifizierung um die Ohren hauen" und reagiert so, als wäre das geschehen. Sie reagiert mit kommunikativer Werkseinstellung, indem sie Frau Benn absurderweise Ratschläge gibt, die angemessen wären für jemanden, der das nicht so gut kann wie Frau Benn.

Die Mitarbeiterin macht durch ihre Formulierungen deutlich, dass sie in Industrie 4.0 einen Ausweg aus dem sich wiederholenden Muster von Produktion und Reklamation trotz Kontrolle sieht. Sie ist die Verwirklichung des Traums eines jeden Unternehmens. Sie konzediert: Ich habe die ideale Lösung und brauche die Unterstützung meiner Führungskraft. Besser geht es nicht. Sascha R. hingegen sieht darin Kritik und Vorwürfe, denn er versteht seine Führungsfunktion so, als hätte er ja selber schon solche Überlegungen längst anstellen müssen. Das zeigt sich in seinen Sprechakten: „Da sind wir ja neuerdings bestens durch unsere ISO-Zertifizierung aufgestellt." – „Aber wir haben doch durch Einführung der kontinuierlichen Stichprobenkontrolle das QM in den Produktionsprozess ... integriert."

Nach jedem Gespräch zwischen Mitarbeiterin und Führungskraft, das nach dem Muster der kommunikativen Werkseinstellung verläuft, wird es wahrscheinlicher, dass die Mitarbeiterin draußen verkündet: „Den Gang kannste dir sparen, das bringt eh nix."

Tipps für Alternativ-Formulierungen nach Erkennen des konzedierten Territoriums:

> Sascha R.: „Toll, wie haben Sie es geschafft, den aufgebrachten Kunden bei der Reklamation wieder für uns zu gewinnen?"
>
> Sascha R.: „Sie können uns einen Weg aufzeigen, wie wir die Kosten für das QM inklusive ISO-Zertifizierung einsparen können, und dabei die Reklamationsrate auf 0 % senken? Frau Senkbeil, bitte keine Anrufe mehr zu mir durchstellen. Ich bin im Gespräch mit Frau Benn."
>
> Mitarbeiterin: „Ich sehe die Möglichkeit dazu in Industrie 4.0. Darin sollten wir investieren."
>
> Sascha R.: „Um die Investitionskosten kümmere ich mich. Skizzieren Sie mir bitte Ihre Vision als Idealvorstellung. Über Zeitplan und Realisation können wir danach sprechen, wenn ich es verstanden habe."

(Weitere Informationen dazu und Möglichkeiten, diese Fähigkeiten zu erlernen, haben wir für Sie auf unserer Unterstützungsseite zusammengestellt. Definitionen, Beispiele und Übungen zum Erkennen des konzedierten Territoriums finden sich in: Hartwig Eckert und Andreas Kambach: Dynamisch verhandeln. Entscheiden, was andere entscheiden. Ernst Reinhardt Verlag, 2014.)

Mit welchem Selbstbild treten Führungskräfte ihre Karriere an?

Aus allem, was eine Führungskraft *in* ihren Führungsdiskursen sagt, ergibt sich ein zuverlässiges Bild der Einstellung zu ihrer Position. Was eine Führungskraft *über* sich sagt, muss nicht unbedingt damit übereinstimmen.

Wenn man Menschen im Arbeitsprozess nach ihren kommunikativen Kompetenzen befragt, erhält man Antworten wie: „Wer fragt, der führt." „Kann ich, mach ich." „Den Perspektivenwechsel hat in unserem Unternehmen schon der Azubi drauf, ich allemal." „Nutzerargumentation ist meine zweite Natur." „Aktives Zuhören: Eine ganz große Stärke von mir." Wenn man hingegen ihre tatsächlichen Sprechgewohnheiten statistisch auswertet, dann sind Führungskräfte, und insbesondere die jüngeren, viel häufiger in der kommunikativen Werkseinstellung, als sie es für möglich halten. Sie maximieren ihren Redeanteil statt ihren Informationsgewinn, sie hören nicht durch die expliziten Botschaften hindurch, und sie sehen sich in ihrer Führungsrolle angesiedelt auf der rechten Seite unserer Tabelle zur kommunikativen Werkseinstellung, statt sich in Gesprächen als Unterstützer, Moderator und Förderer zu erweisen. (Zu dem Zusammenhang zwischen Sprechstil und Persönlichkeit siehe: Hartwig Eckert: Sprechen Sie noch oder werden Sie schon verstanden? Persönlichkeitsentwicklung durch Kommunikation. Mit CD. Ernst Reinhardt Verlag, 2013)

Wenn Versimpelung zum Leitmotiv des Führungsstils wird

Lassen Sie uns ein krasses, jedoch anschauliches Beispiel dafür geben, wie Versimpelung zum Leitmotiv des Führungsstils erhoben wird:

Sie haben es geschafft. Jetzt richten Sie Ihren Arbeitsplatz als Nachwuchs-Führungskraft ein. Sie wissen: „Man kann nicht nicht kommunizieren", also gilt es, Botschaften zu senden. Sie erwerben sich im Internet unter „Leadership Posters" das Foto eines Weißkopfadlers, wie er mit scharfen Krallen im Flug einen Fisch erbeutet. Sie hängen das Bild dieses amerikanischen Wappentieres hinter Ihrem Chefsessel auf. Das Motto ist gut erkennbar: „Leadership is action, not position"; mit Betonung auf „action": „Ich bin Macher und bei mir zählen Ergebnisse." Der Adler ist bekannt für Scharfblick (→ Mir entgeht nicht der kleinste Fehler), für spitze Krallen (→ Wer hier nicht spurt, wird aus dem Teich gefischt), aber nicht für Zuhören, Teamarbeit und Führungsqualitäten, denn er ist ein Einzelgänger. So ein Poster hinter sich zu wissen stärkt der jungen Führungskraft den Rücken – oder?

Wir haben dieses Beispiel gewählt, um darauf aufmerksam zu machen, dass es sich lohnt, immer wieder die Frage zu stellen:

> **Mit welchen Vorstellungen des Begriffs „Führungskraft" trete ich an? Warum ist das beschriebene Poster vom Adler, der nichts, aber auch gar nichts mit Führung zu tun hat, seit Jahren als Leadership-Ikone ein Bestseller?**

Mit welchem Bild von sich selber treten Führungskräfte ihre Karriere an? Wir haben dazu die Gespräche der Zielgruppe analysiert und daraus ein Bild konstruiert.

Die vermeintliche Bewältigung der Aufgaben durch Simplifizierung

Lassen Sie uns noch einmal zurückkommen auf die kommunikative Werkseinstellung als eine Manifestation erlernter kommunikativer Unfähigkeiten. Die Paradoxie der Überschrift dieses gesamten Beitrags kann umformuliert werden: „Lieber *ein* Problem lösen, als das Problem nicht bewältigen." Eine solche „Strategie zum Scheitern" ergibt sich nur dann, wenn Nachwuchs-Führungskräfte ihre Aufgabe darin sehen, in einer komplexen Welt alle Probleme zu lösen. Wir haben hier die Korrelation zwischen der Komplexität der modernen Geschäftswelt, der Komplexität der Denkweisen von Führungskräften und den Sprechmustern der Führungskräfte, insbesondere der jungen, behandelt.

Die Effektivität der modernen Führungskraft steigt mit ihrer Fähigkeit, die Komplexität dieser drei Felder zu erkennen und zu beherrschen, denn sie stehen in Abhängigkeit zueinander. „Wenn wir die Welt als ‚zu komplex' erfahren, dann erfahren wir dabei nicht nur die Komplexität der Welt. Wir erfahren gleichzeitig die Diskrepanz zwischen der Komplexität der Welt *und* unserer *eigenen* zu diesem Zeitpunkt."[1] Diese Diskrepanz ist zu keinem Zeitpunkt größer als beim Einstieg in das Führungsgeschäft. Wir haben dargelegt, welche Sprechmuster die Diskrepanz erhöhen und mit welchen man sie verringern kann, denn wie Schopenhauer sagte: „Der Stil ist die Physiognomie des Geistes."

Wir halten ein Plädoyer dafür, die Komplexität des Geistes zu erhöhen durch Trainieren komplexer Sprech- und Zuhörstrategien. So gesehen ist Skepsis und kritische Überprüfung gegenüber Ratschlägen und „den sieben goldenen Regeln der Führungsgespräche" eine gesunde Strategie.[2]

Snakes and Ladders

Viele Ratgeber halten – wie in dem Spiel „Snakes and Ladders" – eine Leiter zum Aufstieg bereit und bergen gleichzeitig die Gefahr, stattdessen hinabzurutschen:

Die Leiter: „Praktizieren Sie aktives Zuhören!" – Die Rutsche: „Danke", sagt die junge Führungskraft, „und dann kommen die Quasselstrippen, Welterklärer, Meckerer, Jammerlappen, und ich soll deren verbalen Müll wertschätzend zusammenfassen?"

Die Leiter: In Silicon Valley wird der Pioniergeist gefeiert mit der amerikanischen Version von mehr Mut zur Niederlage: „Fail often, fail fast!" – Die Rutsche: „Kann ich mir das als junge Führungskraft auch in Deutschland leisten? Oder heißt es nach dem zweiten Mal: ‚Fail somewhere else!'"

Das Buch von Julie Straw et al. „Work of Leaders: Das Führungsmodell" (Wiley, 2015) ist von erfahrenen Autoren verfasst und empirisch untermauert. Lesen wir es jetzt aber mit den Augen einer Nachwuchs-Führungskraft:

Die Leiter: „Auf fundamentaler Ebene bedeutet Umsetzung, *die Vision zu verwirklichen*. Dabei geht es nicht um irgendeine Wirklichkeit, sondern um die *richtige* Wirklichkeit, die aus der Zukunft, die Sie sich vorgestellt haben, eine echte, erreichte Lösung macht." (S. 106) Die ernüchternde Rutsche: „Aha", sagt die junge Führungskraft, „wie beim Lotto: Es kommt nur darauf an, die *richtigen* Sechs anzukreuzen."

Langjährige Führungskräfte mögen sich bei der Entscheidung für z. B. die *richtige* Wirklichkeit auf ihre durch Erfahrung gewonnene Intuition verlassen können. Das ist durchaus eine Vereinfachung des Entscheidungsprozesses. Die junge Führungskraft kann aber nicht auf eigene Erfahrung in dieser Rolle zurückgreifen, und es gibt in jeder Abteilung Mitarbeiter, die es „besser können", „besser wissen", und dies auch gerne kundtun. Führungsaufgaben sind komplexer geworden durch Prozesse der Globalisierung, durch sofortigen Zugang zu unendlich viel Information, bei ständiger Erreichbarkeit, aufgrund der Vielzahl der Mitspieler wie Betriebsrat, Gleichstellungsbeauftragte, Sicherheitsbestimmungen und Mobbingverfahren, aufgrund des Verdrängungswettbewerbs etc. Das Scheitern ist inhärent in der Vorstellung der Führungskraft von sich als der Problemlöser.

Resümee

Die kommunikative Werkseinstellung ist nachweislich das bevorzugte Muster von Sprechakten, ein Muster, das wir alle beherrschen. Was angemessen für Talkshows, Bundestagsdebatten und Stammtische sein mag, ist kontraproduktiv in Führungskraft-Diskursen, denn die Muster der kommunikativen Werkseinstellung fokussieren auf das Ich der jungen Führungskraft („Ich muss recht haben, ich muss Lösungen anbieten, ich muss Vorwürfe / Kritik zurückweisen, ich muss Gegenargumente entkräften."), und auf das noch Strittige. Sie wirken demotivierend auf Mitarbeiter, begünstigen Stagnation und sind somit Zeitfresser. Der Versuch, Probleme zu lösen, ehe man ihre Komplexität verstanden hat, passt nicht zur kommunikativen Kompetenz von Führungskräften.

Der Paradigmenwechsel besteht darin, hinter vermeintlichen Einwänden und Vorwürfen das konzedierte Territorium herauszuhören und abzustecken. Also z.B. hinter „Das können Sie vergessen, die Investition für Ihre Abteilung krieg ich bei unserem Vorstand nie durch!" zu hören: „Mich haben Sie überzeugt, ich würde es ja machen, aber …", und jetzt nicht auf das „aber" anzubeißen, sondern zu fokussieren auf das konzedierte Territorium: „Okay, da Sie und ich uns weitgehend einig sind, lassen Sie uns darüber nachdenken, mit welchen Argumenten ich Sie unterstützen kann, damit wir unseren Vorstand überzeugen können." Das ist der Übergang vom „ich" zum „Sie", vom Recht-haben zum übergeordneten Ziel. Der Weg aus der Stagnation zur dynamischen Gesprächsführung führt über das konzedierte Territorium.

Welche Schlüsse haben wir daraus für unsere Trainings gezogen? Aus lebenslangen Sprechgewohnheiten herauszukommen ist ein steiniger Weg. „Die sieben goldenen Regeln" sind meist der Versuch, komplexe Welten und Aufgaben einfach erscheinen zu lassen. Wir gehen den umgekehrten Weg: Sprechmuster der operationalen (beobachtbaren) Neugier, Tiefenhören (welche Botschaft steckt hinter den Worten?) sowie das Erkennen und Abstecken des konzedierten Territoriums sind Kompetenzen, die trainiert, trainiert und trainiert werden müssen.

---

1 Kegan und Lahey, 2009; „Immunity to Change", S.12, Harvard Business Press
2 Titel wie: „Die sieben Gesprächsförderer" (C. Blickhan 2005) und: „Die sieben Wege zur Effektivität" (S. R. Covey 2005) suggerieren durch den bestimmten Artikel, dass es nicht mehr als diese sieben gibt und der Leser sich nach dieser Lektüre ein für alle Mal zur Ruhe setzen kann. Covey hat den ultimativen Anspruch des Titels „Die sieben Wege zur Effektivität" zurückgenommen mit seinem letzten Titel: „Der 8. Weg: Mit Effektivität zu wahrer Größe." Gerüchte, dass nun auch Gott das elfte Gebot erlassen würde, hat der Vatikan dementiert.

Helga Flamm

Führungskräfteprogramme gemeinsam mit Inhouse-Personalentwicklern oder für offene Akademien zu konzipieren und durchzuführen ist ein Schwerpunkt meiner Arbeit. Mehrere Jahre habe ich ein Bildungszentrum geleitet und dabei viel über Führung im praktischen Tun gelernt.

Theoretischen Hintergrund und methodisches Repertoire habe ich durch mehrjährige qualifizierte Weiterbildungen in Systemischer Organisationsberatung, Personalentwicklung und Gestaltberatung erworben. Die Entwicklung von Menschen und von Organisationen ist mir ein besonderes Anliegen. Meine Arbeit besteht zu ungefähr gleichen Teilen aus Beratung von Organisationen und aus Seminaren. Diese Erfahrungen vor Ort in den Unternehmen und in offenen Seminaren befruchten sich wechselseitig und geben meiner Arbeit eine besondere Qualität.

Meine Themen sind: Leitbild- und Führungsleitbild, Strategie-Entwicklung und Change-Prozesse, Personalentwicklung, Karriereplanung für Führungskräfte, Personalauswahl, Mitarbeiterführung, Zielvereinbarungsgespräche, Teamentwicklung, Kommunikation, Konfliktmediation und Moderation.

Als Coach biete ich Ihnen Unterstützung beim Zusammenstellen eines eigenen Führungskräfte-Entwicklungsprogramms und bin Ihnen eine wirkungsvolle Sparringspartnerin bei Führungsthemen.

Unterstützungsangebote der Autorin für Sie:

Auf meiner Unterstützungsseite im Internet habe ich für Sie spezielle Materialien zu Ihrer Unterstützung bereitgestellt. Sie finden sie unter:

www.junior-manager.de/helga_flamm

Ab morgen Führungskraft – Beruf ohne Ausbildung!?
Mein persönliches Führungskräfte-Entwicklungsprogramm zusammenstellen
Helga Flamm

Marina S. (28 J.) ist nach Abitur und abgeschlossener Berufsausbildung von ihrem mittelständischen Unternehmen übernommen worden und seit 5 Jahren in ihrem Beruf tätig. Sie liebt fachliche Herausforderungen. Mit ihrem Lebenspartner Lukas B. (32 J.) lebt sie seit einigen Jahren glücklich zusammen. Lukas arbeitet in einem Konzern, hat vor 2 Jahren erfolgreich ein Assessment-Center durchlaufen, wurde danach als Teamleiter ausgewählt und hat gerade das betriebsinterne Führungskräfte-Nachwuchsprogramm für die untere Führungsebene abgeschlossen. Marina S. versteht sich seit jeher gut mit ihren Kolleginnen und Kollegen und mit ihrer Teamleitung. Manchmal zerfällt das Team in Untergruppen, die Teamleiterin versteht es jedoch, alle immer wieder zusammenzuführen.

Das mittelständische Unternehmen, in dem Marina S. arbeitet, hat sich bisher gut im Markt behauptet. In innovativen, flexiblen Start-ups ist neue Konkurrenz erwachsen und eine neue Marktdynamik entstanden. Das erfordert grundlegende Veränderungen, um flexibler und schneller zu werden. Marinas bisherige Chefin soll künftig eine Abteilung leiten. So wird Marina S. von ihrem „Chefchef" die Teamleitungsposition angeboten. Viele aus dem Team ermutigen sie; manche, weil sie Vertrauen zu ihr haben und es ihr zutrauen, andere, weil sie keine Teamleitung von extern wollen. Es gibt auch zwei, die selbst gern gefragt worden wären.

Marina S. hatte Lust auf mehr Gestaltungsspielraum und möchte in ihrer Karriere weiterkommen. Es bleiben dennoch viele Fragen und Befürchtungen, die sie mit Lukas diskutiert. Sie merkt aber, dass die Situation in Lukas' Konzern in vielem nicht vergleichbar ist mit ihrem mittelständischen Unternehmen. Nachdem er zum wiederholten Male „Ich an deiner Stelle würde ..." und „Du musst das so machen!" gesagt hat, wird ihr klar, dass sie nicht alles nur mit ihm besprechen kann. Sie beschließt, sich von Anfang an die Unterstützung durch Coaching zu sichern, da es keine Verzahnung von Know-how, Tools, Training, Anwendung und Reflexion in ihrem Unternehmen gibt, was Lukas im Führungskräfteprogramm gehabt hat. Lukas bringt nach einem Telefonat mit einer seiner Trainer die Empfehlung für eine Beraterin mit, die Erfahrung mit dem Schritt in die erste Führungsposition hat. So kommt unser Kontakt zustande und Marina S. sitzt mir zum ersten Mal in meinem Coachingraum gegenüber.

Der Schritt von der Kollegin zur Teamleitung

Mein Einstieg war, Marina S. darauf vorzubereiten, dass der Schritt *von der Kollegin zur Teamleitung* ein wirklich großer ist. Ich sagte zu ihr: „Wenn Sie sich aus der Mitarbeiterebene in die erste Führungsposition begeben, bleibt auf der äußeren Ebene alles gleich: das Gebäude, die Menschen, die Maschinen. Und doch ändert sich alles, denn Sie sind nun in einer anderen Funktion und Rolle. Sie haben Macht über Menschen in dem Sinn, dass Sie Freiräume geben oder beschränken können. Das fängt damit an, dass Sie z.B. den Urlaubsschein unterschreiben können – oder eben nicht! Dieser Switch bringt die bisherige Gestaltung der Beziehungen durcheinander und es dauert, bis sich das Gefüge neu zurechtgeruckelt hat. Und Sie begeben sich weg von Ihrem erlernten Fachgebiet, auf dem Sie Expertin sind, auf das Feld eines neuen Berufs: Führung. Kein Wunder, dass dies Unsicherheit erzeugt, genau in einer Situation, in der Sie gerne (selbst-)sicher und kompetent sein möchten."

Typische Führungstätigkeiten

Als zweiten Schritt trug ich mit Marina S. zusammen, was typischerweise ihre Führungsaufgaben sein würden:

- Die aus den strategischen Zielen des Unternehmens abgeleiteten Ziele des Bereichs mit ihrem Vorgesetzten zu entwickeln, zu erreichen und entsprechend den Mitarbeitenden die Aufgaben zuzuteilen.

- Für eine passende Struktur in der Abteilung zu sorgen und die Veränderungen zu gestalten, die sich aus den Change-Prozessen ableiten.

- Personalführung – und zwar sowohl die einzelnen Mitarbeitenden als auch das Team zu führen.

- Und nicht zu vergessen: sich selbst zu führen.

Für jedes dieser Aufgaben- und Themenfelder benötigt man andere Herangehensweisen und unterschiedliche Kompetenzen. Als Grundlage sollte sich sowohl das Unternehmen als auch jede Führungskraft selbst der Werte, die sie in den täglichen Führungsfragen leiten, bewusst sein. (Auf meiner Unterstützungsseite habe ich ein Führungsleitbild als Beispiel für Sie hinterlegt.)

Interne und externe Unterstützungs- und Lernquellen

Um sich als neue Führungskraft zurechtzufinden und Führung zu lernen, haben Sie verschiedene Möglichkeiten:

- **Innerhalb des Unternehmens** gibt es Orientierung und Unterstützung durch die nächsthöhere(n) Führungsebene(n), durch die gleichgestellte Führungsebene, durch Mentoren und die Personalabteilung / Personalentwicklung.

- **Außerhalb des Unternehmens** durch Seminare und Trainings zu relevanten Führungsthemen, Tagungen, Kongresse und Messen der eigenen Branche und ihrer Berufsverbände, durch Führungszeitschriften und Literatur. Für den eigenen Reflexionsprozess und bei situativen Problemen helfen Sparringspartner wie professionelle Coaches, Freunde und Verwandte mit Führungserfahrung und Netzwerke.

Mein Auftrag als Führungskraft

Anforderungen und Erwartungen des Unternehmens

Führung findet, sehr viel mehr als fachliche Mitarbeit, im Spannungsfeld unterschiedlichster – und miteinander oft im Konflikt stehender – Erwartungen statt. Ich ermutigte Marina S. herauszufinden, welche konkreten Erwartungen an sie in ihrer neuen Führungsposition gestellt würden. Konkret hieß das, ein Gespräch mit ihrem oberen Vorgesetzten vorzubereiten, um zu erfragen, was genau ihr Auftrag sein sollte und welche Erwartungen ihr „Chefchef" an sie hatte. Wichtig war zu wissen, was mittel- und kurzfristige Ziele für den eigenen Bereich sein würden. Marina S. sollte konkret auch nach den strategischen Herausforderungen durch die neuen Start-ups und den dynamischeren Markt fragen und welche Erwartungen in dieser Hinsicht an sie gestellt würden.

> **Mein Tipp:** Finden Sie heraus, welche Erwartungen konkret an Sie und an Ihr Team gestellt werden, woran Sie gemessen werden und was Priorität hat. Hören Sie ebenso auf die Untertöne, also die Botschaften zwischen den Zeilen, und scheuen Sie sich nicht, nachzufragen. Versuchen Sie auch die Herausforderungen Ihrer Vorgesetzten zu verstehen. Das hilft Ihnen, deren Entscheidungen besser nachzuvollziehen und umzusetzen. Nur wenn Sie selbst gut orientiert sind, können Sie Ihrem Team Orientierung geben und haben Standing als Leitung. Diese Informationen brauchen Sie zudem für die Festlegung Ihres persönlichen Ausbildungsplans.

Erwartungen der einzelnen Mitarbeitenden und des Teams

Zum Management der Erwartungen gehört als Zweites, mit den einzelnen Mitarbeitenden ins Gespräch zu gehen, um herauszufinden, welche Wünsche und Vorstellungen sie an die neue Leitung richten, um diese mit dem Auftrag des Unternehmens und den eigenen Vorstellungen abzugleichen. Gerade die bisher gleichgestellten Kollegen und Kolleginnen erwarten von der aufgestiegenen Teamleitung oft Verständnis für Arbeitsbelastungen und wünschen sich eine „Klassensprecherrolle" gegenüber dem höheren Management. Im Coaching-Gespräch wurde Marina S. deutlich, dass sie ab der ersten Minute die Herausforderungen der Sandwich-Position meistern musste. Sie brauchte daher einen klaren Standpunkt, was sie als Führungskraft leitet. (Wie Sie sich die Erwartungen aller Anspruchsgruppen vor Augen führen und handhaben können, finden Sie am Beispiel einer Stakeholder-Analyse auf meiner Unterstützungsseite.)

Ich bereitete Marina S. darauf vor, im ersten selbst durchgeführten Teammeeting in einer „Regierungserklärung", einer Antrittsrede, mit dem gesamten Team über die wechselseitigen Erwartungen zu sprechen. Zur Antrittsrede gehört, die Ziele für die Abteilung deutlich zu machen, auf bevorstehende Veränderungen zu schauen und die wechselseitigen Erwartungen bezogen auf die Leistungen und auf den Umgang miteinander gemeinsam abzugleichen. Hier braucht es eine gute Mischung aus Aufnehmen der Wünsche und Vorstellungen der Mitarbeitenden und Position-Beziehen als Leitung.

Dies sind erste Beispiele dafür, was von Ihnen als Führungskraft erwartet wird und was Sie zu lernen haben: Es gibt Rituale und es gilt, deren Bedeutung zu verstehen. Es gibt direktes Tun, wie z.B. Gespräche führen mit Einzelnen und mit dem Team. Und das Wesentlichste: Sie brauchen ein Verständnis von Führung und eine Vorstellung, wie man sich als Führungskraft positioniert, die Mitarbeitenden für die Ziele gewinnt, Vertrauen aufbaut und welche Werte einen selbst dabei leiten. Mit jedem solchen Schritt gewinnen Sie als neue Führungskraft mehr Sicherheit und Selbstvertrauen in Ihrer neuen Rolle.

Wo bekomme ich Unterstützung?

Die neuen Peers – Unterstützung durch andere Führungskräfte

Die Einbindung in die Führungsebenen erfolgt über die Regelkommunikation. An wen würde Marina S. berichten und an welchen Besprechungen würde sie ab nun qua Amt regelmäßig teilnehmen? Die Teamleitungen bildeten einen Führungskreis mit regelmäßigen Teamleitungsbesprechungen. Das waren ihre neuen Peers, ihre Gleichgestellten. Ich ermutigte sie, die anderen Führungskräfte zu beobachten, vor allem am Anfang Fragen zu stellen und sich Tipps zu holen. Die Herausforderungen und Veränderungen, die für das gesamte Unternehmen anstanden, wurden dort besprochen und von allen gemeinsam angegangen. Natürlich gab es auch Rivalitäten, aber sie würde sich ihren Platz erobern. Und es gab eben auch Gemeinsamkeiten und einen gleichgestellten Rang.

> Mein Tipp: Führung ist ein einsamer Posten. Nutzen Sie die Kontakte zu den anderen Führungskräften auf ihrer Ebene. Nutzen Sie den „Welpenschutz" am Beginn Ihrer Führungstätigkeit und holen Sie sich Tipps von den gleichgestellten Führungskräften. Positionieren Sie sich gleichzeitig nach und nach innerhalb des Führungsteams.

Unterstützung durch Mentorinnen und Mentoren

Führung wird vor allem im direkten Tun in der Praxis erlernt – das braucht jedoch Reflexionsräume, in denen die Einbettung in die Struktur und Kultur des Unternehmens, die eigene Vorgehensweise und heikle Führungssituationen überdacht und Lösungen gefunden werden können. Dabei helfen Mentorinnen und Mentoren. Diese sind höher-rangige erfahrene Führungskräfte, die aus einer anderen Abteilung kommen, also nicht direkte Linienvorgesetzte sind, und eine Patenfunktion übernehmen. Sie unterstützen neue Führungskräfte beim Start und über eine längere Zeit. Als nicht direkte Vorge-setzte sind sie frei darin, ihre Mentees zu begleiten, auch die ungeschriebenen Gesetze des Unternehmens zu vermitteln und auf Stolperfallen beim Führen hinzuweisen. Lukas hatte durch seinen Mentor sehr viel gelernt. In Marinas Betrieb – wie in vielen mittel-ständischen Unternehmen – gab es aber kein Mentoren-Programm.

Nachdem die Unterstützung INNERHALB ihres Unternehmens geklärt war, blieb die Frage: Was gab es AUSSERHALB ihres Unternehmens?

Typische Führungskräfte-Nachwuchsprogramme

„Die Funktion des Managements ist es, Menschen durch gemeinsame Werte, Ziele und Strukturen, durch Aus- und Weiterbildung in die Lage zu versetzen, eine gemeinsame Leistung zu erbringen und auf Veränderungen zu reagieren." (Peter F. Drucker) [1]

Wenn man sich das vor Augen hält, ergibt sich daraus schon, was Sie als Führungskraft wissen und können müssen, also die Zielsetzung für Ihr Ausbildungsprogramm zu einer guten Führungskraft.

Durch Lukas hatte Marina S. schon viel von seinem Führungskräfte-Nachwuchspro-gramm gehört. Das Programm hatte durch Wissensvermittlung, gemeinsame Reflexion und Trainings zu typischen Situationen die ersten Führungsschritte der Teilnehmenden begleitet. Lukas hatte sehr davon profitiert. Darüber hinaus hatten die Teilnehmenden ein Alumni-Netzwerk gebildet und unterstützten sich auch weiterhin gegenseitig. Typi-sche Inhalte solcher Programme sind:

- Führung und Management
- Mitarbeiterführung, Teamkompetenz und Konfliktmanagement
- Gesprächsführung, Kommunikation und Moderation
- Selbstwirksamkeit und Selbstmanagement
- Change-Management – (Mit-)Gestaltung von Veränderungen

(Eine Beschreibung der Inhalte finden Sie auf meiner Unterstützungsseite.)

In mittelständischen Unternehmen gibt es meist kein Führungskräfte-Nachwuchspro-gramm. Führungsfortbildungstage sollten Marina S. darin unterstützen, ihr neues Hand-werk zu erlernen, einen eigenen authentischen Führungsstil zu entwickeln, sich über ihre eigene Haltung und ihre Werte klar zu werden und gleichzeitig Führungsinstrumente kennenzulernen und einzuüben. Durch die Kombination mit dem Coaching bekam sie zudem für zu erwartende schwierige Führungssituationen zeitnahe konkrete Unterstützung.

Landkarte der Kompetenzen

Ich erstellte mit ihr eine *Landkarte ihrer Kompetenzen*. (Ein Beispiel dafür finden Sie auf meiner Unterstützungsseite.) Sie hatte schon Seminare zu **Präsentation** und zu **Projektmanagement** absolviert und damit Sicherheit im Auftreten, Sprechen vor größeren Gruppen und vor allem Prozesskompetenz gewonnen. Mit Lukas hatte sie an einem Kurs zu **Stressmanagement** und einem zu **Selbst- und Zeitmanagement** teilgenommen. Zum Thema **Mitarbeiterjahresgespräche führen** und zu **Arbeitsrecht** gab es eine hausinterne Einführung in ihrem Unternehmen.

Wichtige Themen und wozu sie gebraucht werden

„Führung ist Kommunikation, Kommunikation, Kommunikation", sagte ich zu Marina S. Mehr als bisher würde sie mit den unterschiedlichsten Menschen kommunizieren. Es begann schon mit den Gesprächen mit „Chefchef", mit ihren Mitarbeitenden, mit anderen Abteilungen. **Training der Gesprächsführungskompetenz** wäre daher der erste grundlegende Baustein. In einem solchen Seminar wird moderne Kommunikationstheorie vermittelt. Die Vorbereitung und der typische rote Faden in unterschiedlichen Gesprächen wie Verhandlungen oder Mitarbeitergesprächen wird verdeutlicht und mittels Rollenspielen Gesprächsführung, insbesondere Zweiergespräche, trainiert. Die Balance zwischen den Polen „Verständnis / Entgegenkommen" und „Durchsetzen / Grenze" gut hinzubekommen, ist eine immerwährende Aufgabe für Führungskräfte. Dafür geeignetes Handwerkszeug und Übung zu haben, stärkt die eigene Führungsfähigkeit und den Stand, den eine Leitung im Team hat. Marina S. würde Feedback bekommen und könnte darauf aufbauen.

Als weiteres Basic riet ich ihr, ein Seminar zur **„Moderation von Besprechungen"** zu besuchen, da dabei ganz konkrete Tools vermittelt werden und ein „Quick Win" daraus resultieren würde – alle würden sofort merken, dass es unter ihrer Leitung gut strukturierte, resultatorientierte, kurzweilige und atmosphärisch angenehme Meetings gab. Wer gut moderieren kann, hat Prozesskompetenz in der Steuerung von Gruppenprozessen. Dies unterstützt die Teamentwicklung und ist gleichzeitig eine gute Voraussetzung, wenn man als Leitung Konflikte zwischen verschiedenen Untergruppen im Team moderieren muss.

Daran kann sich ein Seminar zu **„Teamentwicklung als Führungsaufgabe"** anschließen. Ein geeintes, loyales, arbeitsfähiges Team zu haben, ist eine der Grundvoraussetzungen, um Leistung gemeinsam zu erbringen. Für viele Mitarbeitende ist ein angenehmes Arbeitsklima, neben spannenden Fachaufgaben, ein wesentlicher Motivator, um gern zur Arbeit zu kommen. Eine Führungskraft braucht daher Know-how zu Gruppendynamik und Teamentwicklung. (Auf der Unterstützungsseite finden Sie das Beispiel des Polarforschers Sir Ernest Shackleton, der sein Team so zusammenschweißte, dass durch wechselseitige Unterstützung alle die extrem schwierige Expedition überlebten.[2])

Da Marina S. ihr Team in einem gut entwickelten Zustand übernimmt, kann ein Seminar zu **Konfliktmanagement und Konfliktlösungsmöglichkeiten** zu einem etwas späteren Zeitpunkt kommen. Unter schlechteren Voraussetzungen wäre das schon früher nötig. Konflikte treten unweigerlich auf, weil Menschen im Arbeitsleben oft unterschiedliche Interessen haben. Marina S. übernahm ein Team von Mitarbeitenden in sehr unterschiedlichen Lebenslagen, mit privaten Belastungen, unterschiedlich guten fachlichen Kompetenzen und Motivationslagen. Außerdem gibt es immer ungeliebte Aufgaben und Arbeitszeiten. Auch die verschiedenen Persönlichkeiten können sich verstricken. Marina S. würde Kompetenzen erwerben, Konflikte frühzeitig zu erkennen und Lösungsmöglichkeiten zu entwickeln. Auch in solchen Seminaren wird, neben den entsprechenden Theorien, mit Fallbeispielen und Rollenspielen gearbeitet, sodass sich die Gesprächsführungskompetenz vertieft.

Im weiteren Verlauf des Coaching-Prozesses stellte sich heraus, dass ihr Unternehmen ein Inhouse-Seminar zu **Change-Management** eingekauft hatte, um alle Führungsebenen einheitlich für den anstehenden Veränderungsprozess zu rüsten. Dieses große Themenfeld war damit optimal abgedeckt. Veränderungen lösen oft Unsicherheit, Ängste, Verwirrung und Widerstand aus. Jeder fragt sich: Was wird mit mir? Gibt es Verschlechterungen? Wird mein Team auseinandergerissen? Wie ändert sich meine Arbeit? Als Führungskraft braucht es Wissen und Handlungsoptionen zu den Phasen von Veränderungsprozessen und Instrumente für den Umgang mit dem emotionalen Auf und Ab.

Alles, was um die Themen Führung, Leadership, Sich-selbst-Führen, Rollenklarheit, persönlicher Führungsstil und konkrete schwierige Führungssituationen kreiste, wollte Marina S. in dem **kontinuierlichen Coaching-Prozess** mit mir reflektieren und bearbeiten. Lukas hatte das in seinem Nachwuchsprogramm durch dessen Kontinuität integriert gehabt. Das lässt sich in voneinander unabhängigen Seminaren nicht erreichen.

> **Mein Tipp: Wenn Ihr Unternehmen kein Nachwuchsprogramm hat, so stellen Sie sich selbst ein Führungskräfte-Entwicklungsprogramm zusammen. Auf dem frei zugänglichen Weiterbildungsmarkt gibt es zahlreiche Anbieter. Mit einzelnen Seminaren können Sie alle relevanten Themenfelder abdecken. Dort treffen Sie Menschen in ähnlichen beruflichen Situationen und können dadurch Ihr eigenes Unterstützungsnetzwerk erweitern. Denn es geht dabei nicht nur um Ihren Wissenszuwachs, sondern auch um Erfahrungsaustausch und den Aufbau Ihres branchenübergreifenden Netzwerks mit anderen Führungskräften, das für Ihren weiteren beruflichen Werdegang sehr nützlich sein kann.**

(Auf meiner Unterstützungsseite finden Sie weitere Informationen dazu.)

Die Auswahl von Seminaranbietern und Coaches

Marina S. stellte sich zu Recht die Frage: Wie finde ich gute und passende Seminare? Den ersten Schritt – **ihren Lernbedarf und ihr Lernziel klären** – hatte sie schon mit mir gemacht, indem wir aus dem Abgleich der Anforderungen der neuen Position und ihrer vorhandenen Kompetenzen die Felder fanden, wo sie noch Lernbedarf hatte. Der zweite Schritt war die **Klärung des finanziellen Rahmens**. Sie hatte bei Antritt ihrer Leitungsposition mehr Geld und ein Budget für zehn Fortbildungstage und das Coaching bei mir herausverhandelt. (Einen Leitfaden für solche Verhandlungen finden Sie auf meiner Unterstützungsseite.) Das Unternehmen von Marina S. arbeitete traditionell mit bestimmten Weiterbildungsinstituten zusammen, war aber auch offen für neue.

Der Weiterbildungsmarkt ist sehr weit gespreizt, sowohl finanziell als auch inhaltlich. Zertifizierungen von Weiterbildungsanbietern geben einen Hinweis, dass sich das Institut mit dem Thema Qualität auseinandersetzt, sagen jedoch wenig über die Qualität der einzelnen Seminare aus. Kriterien für die Auswahl finden sich in Checklisten, z.B. „Checkliste Anbietervergleich Weiterbildungen" des BIBB – Bundesinstitut für Berufsbildung, „Qualitätskriterien und Checkliste des Netzwerks für berufliche Fortbildung" vom Netzwerk Fortbildung u.a. Bei der Verbraucherzentrale und bei Stiftung Warentest findet man ebenso Artikel, Qualitätskriterien, Leitfäden und Checklisten zur Anbieterauswahl. (Auf meiner Unterstützungsseite gibt es für Sie weitere Infos dazu.)

Aus meiner Kenntnis des regionalen Marktes konnte ich Marina S. einige Anbieter in ihrer Region nennen. Zusätzlich empfahl ich ihr, die Führungskräfte in ihrem Unternehmen zu fragen und eine Recherche im Internet anhand der Checklisten. Auch das Feedback anderer Teilnehmender zu den von ihnen besuchten Fortbildungen ist eine gute Informationsquelle.

> **Mein Tipp:** Klären Sie zuerst Ihr Lernziel, Ihre bevorzugte Lernform (Präsenzkurs, Fernunterricht, E-Learning oder Blended Learning (Mischform aus Präsenz und E-Learning)) und Ihren finanziellen Rahmen. Wenn Sie für diese entscheidenden Schritte Unterstützung brauchen, können Sie sich an regionale Bildungsberatungsstellen, Beratungsstellen der Industrie- und Handelskammer, Handwerkskammer, Ihren Berufsverband oder einen Coach wenden.

Und wie findet man einen Coach?

Coaching ist eine professionelle, ziel- und lösungsorientierte Begleitung von Menschen, vorwiegend im beruflichen Kontext. Ein Coach unterstützt die Selbstwahrnehmung und Selbstreflexion. Schwierige, komplexe Situationen oder Entscheidungen können bearbeitet werden. Kriterien für die Auswahl eines passenden Coaches können sein: eine fundierte Coaching- oder Beraterqualifizierung, Berufs- und Lebenserfahrung, Kenntnis der Branche und des eigenen Anliegens (Führungsthemen, Karriere und berufliche Veränderung, Arbeitsplatzprobleme etc.), Erfahrungen mit der Zielgruppe (erste Führungsebene, Top-Management). Dazu kommt Transparenz in den Rahmenbedingungen:

Erstgespräch, methodisches Vorgehen, Entscheidungsfreiheit, Schätzung der benötigten Anzahl der Sitzungen, Honorar. Coaching erfordert Vertrauen – neben guter Qualifikation muss also auch die Chemie stimmen.

Es gibt in Deutschland über 20 Coaching-Verbände mit unterschiedlichen Qualitätskriterien. Bei Stiftung Warentest finden Sie Checklisten für die Suche des richtigen Coaches. Damit können Sie in den verschiedenen Coaching-Verbands-Datenbanken und im Internet recherchieren. Eine weitere gute Möglichkeit sind Empfehlungen von zufriedenen Kollegen und Freunden.

Resümee

Nach vier Jahren traf ich Marina S. am Rande eines Kongresses. Ich fragte sie, wie es ihr jetzt als Führungskraft geht. „Nach einem Jahr – als ich das Coaching bei Ihnen beendet hatte – war ich deutlich sicherer und in meiner neuen Rolle angekommen. Aber erst jetzt, nach vier Jahren, bin ich wirklich sicher in meiner Führungsrolle und Führungsaufgabe. Jetzt weiß ich genau, was ich will, wohin ich mit meinem Bereich will, welche Werte mich leiten und wie ich etwas anfasse. Erstaunlicherweise treten Schwierigkeiten, die ich zu Anfang hatte, jetzt überhaupt nicht mehr auf, manche kann ich mir heute nicht mehr vorstellen. Aber es tauchen permanent neue Themen und Herausforderungen auf, nie ist Stillstand. Wie Sie zu Anfang gesagt haben: Mit dem Wechsel in die erste Leitungsposition kommt man in ein neues Berufsfeld. Ich habe mein Führungshandwerk jetzt wirklich erlernt."

Wenn Sie, liebe Leserin, lieber Leser, neu in eine Führungsposition kommen, nehmen Sie die Herausforderung an, packen Sie „den Stier bei den Hörnern". Das erforderliche Führungswissen ist erlernbar. Nutzen Sie für den Übergang vom Mitarbeitenden zur Führungskraft die vielfältigen Unterstützungen, die es für Sie innerbetrieblich und außerhalb gibt. Stellen Sie sich, aufbauend auf Ihren Vorkenntnissen, Ihr individuelles Nachwuchs-Ausbildungsprogramm zusammen.

Vergessen Sie aber nicht: Führung wird im praktischen Tun erlernt! Dabei kann Coaching eine wichtige und entscheidende Unterstützung sein. Bei Bedarf berate ich Sie gerne bei der Zusammenstellung Ihres persönlichen Ausbildungsprogramms zur erfolgreichen Führungskraft. Nutzen Sie meine Unterstützungsangebote im Web oder ein persönliches Coaching zu Ihrem neuen Berufsfeld Führung.

Ich wünsche Ihnen viel Erfolg auf Ihrem Weg.

---

1   Peter F. Drucker: Was ist Management? Das Beste aus 50 Jahren, Econ Verlag, 5. Aufl. 2007
2   Margot Morrell, Stephanie Capparell: Shackletons Führungskunst: Was Manager von dem großen Polarforscher lernen können, Rowohlt Verlag, 2003

Marc Grewohl

„BEVOR DER KLIENT SITZT, STEHT DIE DIAGNOSE!", so lautet mein Leitgedanke in der Beratungspraxis. Ich bin Körperdolmetscher für Führungskräfte und Menschen, die mehr über die Persönlichkeit von sich und anderen wissen wollen oder müssen.

Seit mehr als 20 Jahren vertrauen Menschen unterschiedlicher Branchen auf meine Trainings- und Coaching-Erfahrungen. Dabei profitieren sie von meinen Erkenntnissen aus 4.000 physiognomischen Einzelanalysen. Meine Praxiserfahrung als Heilpraktiker, mit dem Schwerpunkt Psychosomatik, fließt dabei in meine Arbeit mit ein.

Im Jahr 2005 gründete ich zusammen mit meinem Geschäftspartner das Unternehmen Studienkopf.de, die Adresse für fachliches Studienmaterial der Psycho-Physiognomik (Körper- und Gesichtssprache), mit von uns entwickelten Produkten und Publikationen zu diesem Thema.[1]

Die Wirksamkeit meiner Methode überzeugt nicht nur Fachleute und Führungskräfte. Seit vielen Jahren bin ich u.a. auch Dozent an der Fachhochschule der Polizei in Sachsen-Anhalt zum Thema „Körpersprache in der Befragung und Vernehmung von Opfern und Tätern".

Neben meiner Arbeit als Coach, Dozent und Heilpraktiker bin ich zertifizierter Redner (Professional Speaker GSA/SHB). Als Keynote-Speaker gebe ich Teilnehmern von Großveranstaltungen praktisches Wissen an die Hand, mit dem sie ihre Menschenkenntnis erweitern können.

Als Körperdolmetscher unterstütze ich u.a. Führungskräfte durch spezielle Persönlichkeitsanalysen.

In Seminaren erleben sie diese Körper- und Gesichtssprache live, um die unterschiedlichen und individuellen Persönlichkeitsmerkmale von sich selbst, ihren Mitarbeitern u.a. Menschen erkennen zu lernen. Der Nutzen: 1. Die Führungskraft bekommt Antworten auf die Frage: „Wer bin ich?" 2. Sie erweitert ihre Menschenkenntnis und ihre Empathie. 3. Sie erkennt, wie sie Mitarbeiter individuell fördern und das interne Klima verbessern kann. 4. Sie erreicht damit mehr Sicherheit in ihren täglichen Entscheidungen.

Unterstützungsangebote des Autors für Sie:

Auf meiner Unterstützungsseite im Internet habe ich für Sie spezielle Materialien zu Ihrer Unterstützung bereitgestellt. Sie finden sie unter:

www.junior-manager.de/marc_grewohl

Jung, dynamisch und ohne Menschenkenntnis!

Jung, dynamisch und ohne Menschenkenntnis!
Aus Gesicht und Körper lesen können
Marc Grewohl

Zum Führungskräftekandidat avancierte Alexander T. vor allem durch seine verlässliche und dynamische Art. Denn sein Chef mag zielstrebige Typen wie ihn, mit dieser energischen Anlage. Vor einem Jahr durfte Alexander deshalb die Abteilung übernehmen. Seine neuen Kollegen waren eingespielt, kannten ihre Aufgabenbereiche und wussten, was zu tun war. Das machte ihm den Start deutlich leichter. Bevor er diesen Posten übernahm, war er als Fachkraft vor allem sich selbst und seinen Projekten verpflichtet. Er arbeitete quasi für sich. Das mochte er. Als Führungskraft wurde das anders: Denn jetzt muss er nicht nur sich, sondern auch den anderen gerecht werden. Seine Entscheidungen betreffen das gesamte Team und sind deutlich weitreichender.

Seit einigen Wochen geht es Alexander gesundheitlich nicht gut. Er hat sich von einem grippalen Infekt nicht richtig erholt und fühlt sich seit Längerem erschöpft, schläft nicht gut und kommt auch deshalb nicht wieder zu Kräften. Auch eine Vitamin- und Mineralstoffkur brachte nicht den erwünschten Erfolg. Von ärztlicher Seite wurde er durchgecheckt: Seine Körper- und Blutwerte sind alle im Normbereich. Demnach müsste er gesund sein. Allerdings fühlt er sich nicht so. Daher will er jetzt einen anderen Weg probieren und bittet mich um einen Beratungstermin. So kommen wir zusammen.

Seine zentrale Frage lautet zunächst: Wie komme ich wieder zu Kräften? Für mich stellt sich jedoch eine andere Frage: Welche möglichen Zusammenhänge gibt es zwischen seiner Art und Weise zu leben und zu arbeiten und seinem derzeitigen Vitalitätsdefizit? Wieso diese Frage so entscheidend ist, machen naturwissenschaftliche Grundlagen deutlich – das Thema in unserem ersten Gespräch.

Vom Äußeren auf das Innere schließen

Der Körper zeigt, was in einem steckt

In der Leichtathletik finden wir in den einzelnen Disziplinen ganz unterschiedliche Sportlertypen. Um in der Weltspitze dabei zu sein, muss ein Sportler beim Kugelstoßen u.a. reichlich Körpermasse mitbringen, um maximale Stoßkraft entwickeln zu können. Der 100-m-Sprinter braucht idealerweise eine Anatomie wie der mehrfache Olympiasieger und Weltmeister Usain Bolt, der mit seinen 1,95 m Körpergröße und 1,10 m langen Beinen nur 41 Schritte auf 100 m benötigt statt 43 bis 46 wie viele seiner Konkurrenten.

Und der Marathonläufer sollte wegen der langen Strecke nicht zu viel Gewicht auf die Waage bringen, um in der Weltspitze dabei sein zu können. Genauso kann man sich vorstellen, wie es wäre, wenn der Kugelstoßer beim Marathon startete, der 100-m-Spezialist beim Kugelstoßen und der Marathonläufer beim 100-m-Sprint. Als trainierte Sportler würden sie sicher eine annehmbare Leistung abliefern. In die Spitzenränge würden sie es eher nicht schaffen. Der österreichische Physiker Werner Gruber ist u.a. wissenschaftlicher Mitarbeiter am Institut für Experimentalphysik der Universität Wien und formulierte es aus seiner Sicht so: „... Zum Sprinter muss man geboren sein – genauso wie zum Kugelstoßer."[2] Was lässt sich aus diesen Beispielen schließen?

Merke: Für bestimmte Leistungen braucht man ein bestimmtes Potenzial. Dieses Potenzial ist am Körper „ablesbar".

Den Körper lesen lernen

Die Biologie sagt, dass sich jedes menschliche Wesen im Mutterleib aus den sogenannten drei Keimblättern heraus entwickelt. Aus dem sogenannten Ektoderm, Entoderm und Mesoderm wachsen die Organe und Organsysteme des Körpers. Je nachdem, welches der Keimblätter dominant ist, zeigen Organe, Körperbau und Gesicht bestimmte Merkmale (siehe Tabelle 1; weitere Details dazu finden Sie zudem auf meiner Unterstützungsseite). Entsprechend dieser drei Keimblätter werden vorerst **drei Grund-Naturelle (Körperbau-Typen)** unterschieden:

A. das feine, zierliche, sensible Naturell

B. das rundliche, füllige, beschauliche Naturell

C. das große, muskulöse, energische Naturell

Zur Erinnerung: Jeder der drei o.g. Sportler darf selbstverständlich frei entscheiden und von sich aus in allen Disziplinen sportlich unterwegs sein. Die Leistungsfähigkeit und Möglichkeit ist allerdings unterschiedlich. Und dieses Prinzip findet sich nicht nur im Sport, sondern auch in Unternehmen. Das bedeutet: Die Körper- und Gesichtsformen der Naturelle weisen auf unterschiedliche Kräfte, Wirkungen und Potenziale hin, die einem Menschen von Natur aus innewohnen. In Unternehmen können wir alle Naturelle sehen und erleben, mit entsprechend unterschiedlichen Wirkungen – auch in den Führungsetagen. Meine Erfahrung zeigt mir: Wenn ein Mensch sein Naturell **nicht** lebt, fühlt er sich **nicht** wohl und auf Dauer droht sogar Krankheit. Lebt er jedoch sein Naturell, fühlt er sich wohl und ist in der Lage zu Bestleistungen.

Für Alexander T. ergibt sich aufgrund seines aktuellen Zustands folgende Frage: „Wo lebe ich seit Längerem mein Naturell und damit meine Anlagen nicht?" Um diese Frage beantworten zu können, mache ich eine Persönlichkeits-Analyse von ihm, in der es u.a. um seine Wesensart und Wirkungskraft, seine Eigenheiten und Bedürfnisse geht. Analog der drei Keimblätter geht es zunächst um folgende drei Grund-Naturelle (siehe Tabelle 1).

Die 3 Grund-Naturelle, ihre Wesensarten und Eigenheiten

Welches Naturell?	Das Feine Naturell	Das Beschauliche N.	Das Energische N.
Woran zu erkennen?	Körperbau klein und zierlich, Arme und Beine schlank, Hände fein und zierlich, feine Gesichtszüge, betonte Oberstirn, feinporige, zarte Haut, sensibler Blick mit flinken Augenbewegungen	Körperbau rundlich und füllig – bei Gesunden proportional stimmig, nicht übergewichtig, Arme und Beine stämmig, Hände fleischig, rundes Gesicht, massiges Körperprofil, dicke, großporige Haut, sachlich-ruhiger Blick	Körperbau gespannt, muskulös, Arme und Beine muskulös, lang, lange sehnige Hände, Gesicht kantig und hager, Gesichtsprofil konvex, kraftvoller Unterkiefer, kernige, feste Haut, fester Blick
Welche körperliche Stärke? (wird jedoch bei zu starker Beanspruchung schnell zur Schwäche)	Sinnesorgane, Gehirn, Rückenmark, Nerven, Haut, d.h. das Nervensystem	Verdauungsorgane, Stoffwechselorgane, Atemtrakt, d.h. das Stoffwechselsystem	Knochen, Muskeln, Bänder, Sehnen, Herz, Gefäße, d.h. das Bewegungssystem
Vorrangige Kraft	Empfinden	Ruhe	Bewegung
Vorrangige Stärken bzgl. persönlicher Eigenheiten und Talente	Empfindungsreich; Wahrnehmungsstark; viele sensible Antennen; Gespür für Stimmungen und Atmosphäre; einfühlsam, sozial fühlend; besonders kreativ, visionär und empathisch.	Bodenständig, praktisch und nutzenorientiert; mit wenig Aufwand zum maximalen Ertrag; ausdauernd in sitzender Tätigkeit; hat einen praktischen Riecher; Gelassenheit.	Enormer Tatantrieb, mit Zug zur schnellen Umsetzung; sachlich, technisch; rasch und ausdauernd in der Umsetzung; bestimmend; großes Durchsetzungsvermögen.
Vorrangige Wirkung	Zurückhaltend-sensibel	Bodenständig-beschaulich	Energisch-gespannt
Vorrangige Bedürfnisse	Kreativität, Ethik, Philosophie, Spiritualität, Visionen, Empathie, innerer Rückzug	Das Naheliegende, Machbarkeit, Pragmatismus, Geselligkeit, Genuss, Beschaulichkeit	Großer Wirkungsradius, Impulse geben, Freiheit. Grenzen neu bestimmen, führen
Lebensmotto	Mehr Menschlichkeit	In der Ruhe liegt die Kraft	TUN
Vorrangige Herausforderungen/ Schwächen	Abgrenzung, da sehr sensibel; innere Ruhe und Gelassenheit finden; konkrete Umsetzung der eigenen Ideen; Robustheit zulassen können.	Sollte Ruhe nicht überbewerten bzw. Dynamik, Sensibilität und die Visionäre nicht unterschätzen und auch zulassen können.	Sollte Ruhe, Beschaulichkeit und Sensibilität nicht unterschätzen und auch zulassen können; Zurücknahme, Geduld, anpassen.
Orientierungsfrage	Hilft das dem Menschen und dient das dem Leben?	Welchen Nutzen habe ich davon, was bringt mir das?	Bringt mich das rascher vorwärts und zum Ziel?
Gemeinsame Aufgabe	Sich der Unterschiede bewusst sein und diese respektieren. Unterschiedliche Anlagen und Bedürfnisse als Ergänzung sehen – dadurch die jeweiligen Potenziale in den Wesensarten und Eigenheiten optimal nutzen.		

Tab. 1: **Die 3 Grund-Naturelle in der Gegenüberstellung.**[3] In der individuellen Analyse zeigen sich oftmals zwei Naturell-Anteile im Vordergrund. Entsprechend kombinieren sich die Persönlichkeitsmerkmale und ergänzen und relativieren so die Aussage der Grund-Naturelle. Zusätzlich sind individuelle Ausdrucksformen zu beachten, um der Besonderheit jedes einzelnen Menschen gerecht zu werden. Mehr über die Naturelle zu wissen, führt zu mehr Verständnis füreinander!

| Fein | Beschaulich | Energisch |

Bild 1: Beispiele für Personen mit Anlagen der 3 Grund-Naturelle[4]

Wenn man seine Anlagen NICHT lebt – und die Folgen

Bereits während ich Alexander T. die oben aufgeführten Zusammenhänge aus der Tabelle näher bringe, läuft bei ihm das „Kopfkino". Er sieht viele Kollegen vor sich und beginnt zu begreifen, warum er sie so erlebt. Da die oben gezeigten drei Grund-Naturelle zunächst der ersten Orientierung dienen und jeder Mensch eine einzigartige Mischung ist, frage ich ihn nach seiner persönlichen Einschätzung: „Wo sehen Sie bei sich die Schwerpunkte?" „Den dynamischen Anteil sehe ich bei mir klar im Vordergrund", antwortet er spontan. Dies ist am großen, schlanken und muskulösen Körperbau gut zu erkennen. Allerdings zeigt sich dieses Naturell nicht allein, sondern zusammen mit einer feinen Komponente, die sich über alle Körperbereiche und das Gesicht zieht. Denn zu den länglichen Körperformen gesellen sich eine zarte Haut und feine Gesichtszüge, die das Kantige abmildern. Dass sich nicht allein ein Naturell im Vordergrund zeigt, spielt für Alexander eine entscheidende Rolle, denn seine Kraft zieht er somit nicht allein aus der dynamischen Lebens- und Arbeitsweise des energischen Naturells, die in seiner Führungsrolle sicher gefragt ist. Im Gegenteil, wenn er auf Dauer nur diesen Anteil lebt, wird er aus seinem Gleichgewicht geraten müssen und nicht mehr an seine Kraftquelle kommen, da er seinen feinen Anteilen zu wenig Raum bietet. Die Folge wäre, dass er nicht die Qualität erbringen kann, die er als Potenzial in sich trägt. Er braucht einen Arbeits- und Lebensmix, in dem sich seine beiden Naturell-Anteile wiederfinden.

> **Mein Tipp:** Die besten Führungsmodelle und Strategien nützen nicht viel, wenn die Naturell-Anlage der Führungskraft unberücksichtigt bleibt. Wagen Sie den Blick in den Spiegel: Welches Naturell sind Sie?

Jung, dynamisch und ohne Menschenkenntnis!

Alexander erkennt: „Das ist es!" Durch seine Führungsrolle und den Druck verlor er im vergangenen Jahr diesen feinen Bereich seiner Persönlichkeit aus dem Blick (s. Tab. 1, Das Feine Naturell). Er hatte die Prioritäten anders gesetzt, um besonders gut zu sein, doch dadurch ist das Gegenteil passiert. Er kam aus seinem inneren Gleichgewicht und wurde krank, weil er sich selbst nicht lebte. Ihm ist klar, wo er nachjustieren muss, um wieder in seine Mitte und zu seiner gewohnten Leistungsfähigkeit zu kommen. Darüber hinaus will er mehr über die Zusammenhänge von äußerer Gestalt und innerem Wesen für seine tägliche Führungsarbeit erfahren. Er wünscht sich Antworten auf die Frage: „Wie kann ich dieses Wissen für die Führung meiner Mitarbeiter nutzen und wie kann ich ihre Naturelle und Eigenarten schneller erkennen und verstehen?"

Individuelle Persönlichkeitsmerkmale erkennen und wertschätzen

Die Physiognomie (also das Äußere) eines Menschen weist auf die in ihm vorhandenen Eigenheiten, Verhaltensweisen und Persönlichkeitsmerkmale hin, kurz gesagt darauf, wie ein Mensch „tickt". Die oben beschriebenen Naturelle sind durch typische Gesichts- und Körperformen gekennzeichnet.

Zu Beginn unseres zweiten Gesprächs gebe ich Alexander ein paar Beispiele von einzelnen, prägnanten Gesichtsbereichen und ihren Bedeutungen. Mit Einverständnis seiner Mitarbeiter sehen wir uns Fotos von ihnen an. Zuerst geht es um zwei Kollegen, die häufiger miteinander zu tun haben. Stefan hat eine rasche geistige Auffassung, plant gerne mehrere Schritte zeitgleich und ist reaktionsschnell, wenn es darum geht, Inhalte umzusetzen. Sebastian ist von seiner Persönlichkeit her eher ein Mitarbeiter, der sich mehr auf einzelne Planungsschritte konzentriert, geistige Ruhe braucht, um aufmerksam sein zu können, und gerne eine Entscheidung über Nacht reifen lässt. Stefan hat ständig das Gefühl, Sebastian mitreißen zu müssen, wobei dieser Stefan oft als drängend empfindet und andere unter Druck setzend. Aus physiognomischer Sicht fällt bei Stefan eine breite Nasenwurzel mit geradem Übergang zur Stirn auf (wie in Bild 2).

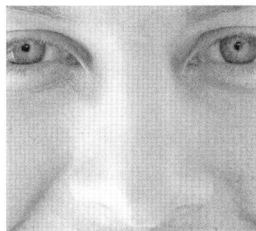

Bild 2

Bild 3

Sebastian hat dagegen eine proportional eher schmale Nasenwurzel mit einer Einbuchtung (wie in Bild 3). Wenn die Kollegen diese unterschiedlichen Anlagen sehen würden, könnten Sie die Unterschiede erkennen und sich in ihrer individuellen Art mehr wertschätzen. Die Folge wäre eine deutlich konstruktivere Zusammenarbeit. Alexander sieht, dass er von den beiden Mitarbeitern nicht Gleiches erwarten darf.

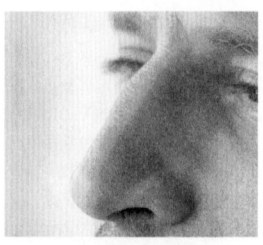

Bild 4   Bild 5

Eine weitere Person aus seinem Team hat eine sehr prägnante, konvexe Nasenform. Die dahinterliegende formgebende Kraft (wie in Bild 4) weist auf selbstbestimmende Persönlichkeitsanteile, die sich z.b. im Führungsanspruch zeigen. Menschen mit dieser Anlage brauchen große Freiheiten in der Selbstgestaltung. Sie finden sich in der Regel sehr gerne in lenkenden Positionen wieder. Während ich dieses Areal beschreibe, schmunzelt Alexander zustimmend und bittet mich, fortzufahren.

Ein anderer Mitarbeiter hat eine proportional zum Gesicht kleine Nase, mit eingebuchtetem Nasenrücken (wie in Bild 5). Mit dieser Anlage kann und will er sich in seiner eigenen Selbstverwirklichung angepasster verhalten. Das ist weder besser noch schlechter, sondern weist auf eine andere Art des Selbstausdrucks hin. Lenken, Leiten und Vorangehen sind hier mehr spontan und von äußeren Eindrücken geprägt. Wenn sich diese beiden Mitarbeiter über die bessere Art und Weise der Projektleitung austauschen, könnte es sein, dass sie aufgrund ihrer unterschiedlichen Anlagen nicht auf einen gemeinsamen Nenner kommen. Voneinander profitieren können sie besonders, wenn sie die physiognomischen Unterschiede und deren Bedeutung kennen würden. So wäre es leichter möglich, die Unterschiede zu verstehen, zu respektieren und als Ergänzung zu erleben – und so echte Wertschätzung füreinander zu schaffen.

> **Mein Tipp: Fragen Sie sich als Führungskraft: Welche unterschiedlichen Anlagen Ihrer Mitarbeiter können sich wie ergänzen und somit für mehr Erfolg sorgen?**

Individuen – nicht Typen – treffen aufeinander

Missverständnisse und Probleme durch unterschiedliche Typen?

Alexander T. versteht jetzt, wie es in einigen Situationen zu Missverständnissen kam. Klarer wird ihm auch: Solange einem die physiognomischen und damit persönlichen Unterschiede nicht bewusst sind, kommt es schnell zu „Kommunikationsunfällen" und zwischenmenschlichen Spannungen. **Denn sehr viele Menschen begehen einen grundlegenden Fehler: Sie schließen von sich auf andere!**

Das fällt Alexander in letzter Zeit sehr auf – übrigens nicht nur an seinen Mitarbeitern, sondern auch an sich selbst. Durch seinen energischen Naturell-Anteil hatte er in den vergangenen Wochen mehrmals sehr ungeduldig auf zwei Mitarbeiter mit feinem, sensiblem Naturell reagiert. In seinen Augen waren sie zu wenig dynamisch und entschlossen, sodass er befürchtete, dass sie die gesetzten Ziele nicht erreichen würden. Das stellte sich jedoch als falsch heraus. Denn das vereinbarte Ziel haben sie dennoch erreicht. Nur nicht so, wie er es selbst gemacht hätte und von ihnen erwartete. Die beiden Mitarbeiter machten es auf ihre eigene, naturell-gemäße Art.

Die Wesensart erkennen hilft in der Kommunikation

In einem Führungskräfte-Meeting erlebte Alexander T. eine weitere erkenntnisreiche Situation. Dort kam es zu einer Auseinandersetzung zwischen ihm und einer weiteren Führungskraft aus einer anderen Abteilung. Von ihrer körperlichen Erscheinung her mit ähnlicher Naturell-Anlage wie er selbst, allerdings deutlich unterschiedlichen Kinn- und Unterkieferausprägungen, gerieten die beiden verbal aneinander. Die gespannte Situation, im Hinblick auf die richtige Strategie für die Markteinführung eines neuen Produktes, drohte zu eskalieren – bis Alexander den Kollegen bewusster wahrnahm. Das Streitgespräch schildert er so:

Alexander T. (sehr vehement): „Wir müssen jetzt in den Markt und uns durchboxen!"
Kollege (fast schüchtern): „Wir sollten eher noch abwarten und genauer analysieren."
Alexander T. (entsetzt): „Genauer analysieren? Wir müssen dringend aktiv werden!"
Kollege (mit leicht gesenktem Kopf): „Wir sollten uns durch die Analyse erst einen besseren Überblick verschaffen."

In dieser Art ging es einige Zeit hin und her. Was meinen Sie? Wer von beiden hatte die **kräftige** Kinn- und Unterkieferausprägung und wer die **feine** Form?[5]

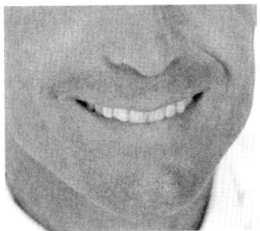

Bild 6   Bild 7

In einem Moment, als Alexander gerade tief Luft holte, um einen neuen, verbalen Angriff zu starten, fiel ihm bei seinem Kollegen eine proportional zum gesamten Gesicht **deutlich feinere** Kinn- und Unterkieferanlage als bei sich selbst, auf. Er hatte inzwischen dessen Bedeutung gelernt. Sie steht für eine vorsichtigere Art der Herangehensweise, um Pläne durchzuführen. Von da an konnte er sich besser in seinen Kollegen einfühlen und wurde auch selbst ruhiger. Das war der Wendepunkt in Richtung eines empathischen, lösungsorientierten Dialogs.

Menschenkenntnis und Kundenkontakt

Alexander T. ist inzwischen begeistert von seiner neuen Menschenkenntnis. „Gibt es noch weitere Einsatzmöglichkeiten?", fragt er. „Ja, natürlich. Ein Unternehmen aus der Hörgeräte-Branche hatte mich für mehrere Mitarbeiterschulungen in ihren Filialen gebucht. Ein Problem: Die Mitarbeiter trauten sich nicht, der älteren, hilfsbedürftigen Oma das teurere Hörgerät zu verkaufen. Mir fiel auf, dass viele Mitarbeiter dem feinen Naturell angehörten. Aus dem sozialen Empfinden dieses Naturells heraus hatten sie große Schwierigkeiten, die hochpreisigen Geräte überhaupt anzubieten. Das änderte sich gravierend, als ich ihnen – naturell-gerecht – bewusstmachen konnte, dass sie der Oma zu einer höheren Lebensqualität verhelfen. Denn die Kundin kann mit dem zwar hochpreisigen, allerdings auch hochwertigeren Hörgerät besser mit ihren Mitmenschen kommunizieren und damit wieder am Leben teilnehmen – wie früher. Die neue Sichtweise führte bei den Mitarbeitern zu einem erleichterten, guten Gefühl beim Verkaufen, zu steigendem Umsatz ... und zu glücklichen Kunden. Die Schulung der Mitarbeiter in Psycho-Physiognomik war die Basis dafür."

Die ersten Schritte zu mehr Menschenkenntnis

Diese Gesichts- und Körpersprache (Psycho-Physiognomik), die Ihnen zu einer besseren Menschenkenntnis verhilft, lernen Sie nicht allein dadurch, dass Sie hier etwas über sie lesen, sondern indem Sie sie in Ihren Alltag aktiv integrieren und innerlich verankern. Dazu braucht es eigene Erlebnisse, wie sich Menschen mit ihren individuellen Ausprägungen in den zahlreichen Alltagssituationen verhalten.

> **Mein Tipp: Achten Sie deshalb eine Woche lang auf die verschiedenen Naturelle bei Ihren Mitmenschen. Konzentrieren Sie sich anfangs nur auf einen der genannten Aspekte – Sie werden staunen, was Sie erkennen können!**

(Weitere Tipps und Downloads dazu, wie z.B. auch eine Checkliste zu Führungsaufgaben aus körpersprachlicher Sicht, finden Sie auf meiner Unterstützungsseite.)

Dieser kurze Einblick in die Welt der Psycho-Physiognomik kann nur einen ersten Eindruck vermitteln. Kein Mensch besteht nur aus Nase oder Kinn. Die Kunst der psychophysiognomischen Analyse besteht darin, die individuellen Ausdrucksbereiche zu einem großen Ganzen wertschätzend zu verbinden. Welche Anlagen verstärken sich? Welche relativieren sich in der Aussage? Diese und weitere Fragen werden in der Analyse ausführlich beantwortet.

> **Mein Tipp: Um genau zu wissen, wie Sie selbst veranlagt sind und welches Wirkungspotenzial in Ihnen steckt, empfehle ich Ihnen die exklusive Persönlichkeits-Analyse für Nachwuchs-Führungskräfte.** (Siehe Unterstützungsseite.)

Resümee

Nur wer sich selbst gut kennt, kann sich selbst gut führen!
Nur wer sich selbst gut führt, kann andere erfolgreich machen!
Nur wer andere erfolgreich macht, ist eine wirklich gute Führungskraft!

Vor dem Schritt, dieses Wissen zu nutzen, steht der Blick in den Spiegel. Führungskräfte, die sich selbst besser kennen, führen überzeugender. Es ist der Weg zur Entwicklung der eigenen authentischen Führungspersönlichkeit – mit Ihrer ganz eigenen und überzeugenden natürlichen Art und Weise. Ihre persönliche Physiognomie gibt Ihnen hierbei wertvolle Hinweise.

Kundenorientierung ist wichtig, Mitarbeiterorientierung ist für Sie als Führungskraft erst einmal wichtiger! Rücken Sie Ihre Mitarbeiter ins Zentrum Ihrer Arbeit. Sie brauchen Ihre Mitarbeiter für den gemeinsamen und damit auch Ihren eigenen Erfolg. Ihre Aufgabe als Führungskraft ist es, dafür zu sorgen, dass Ihre Mitarbeiter eine Basis vorfinden, von der aus sie sich voll entfalten und somit erfolgreich für das Unternehmen arbeiten können. Die Entwicklung einer sehr guten Menschenkenntnis ist deshalb für Sie unverzichtbar und überaus hilfreich.

Der Managementberater Reinhard K. Sprenger[6] vertritt die Meinung, dass die Personalauswahl die wichtigste Managemententscheidung überhaupt sei, da keine andere Entscheidung langfristig einen so hohen Wirkungsgrad habe. Anfangs werden Sie mit den Mitarbeitern leben müssen, die schon da sind. Nutzen Sie deshalb die Möglichkeiten, die Ihnen die Psycho-Physiognomik bietet. Entdecken Sie die besonderen Eigenheiten und Fähigkeiten Ihrer Mitarbeiter und setzen Sie sie so ein, wie es deren Anlagen entspricht. Sie tun den Mitarbeitern und dem Unternehmen einen großen Gefallen damit. Zudem werden Sie hinter den persönlichen Vorhang sehen können und dadurch klarer und sicherer entscheiden. Sehen Sie deshalb zukünftig achtsamer hin und nehmen Sie Ihr Gegenüber in seiner Erscheinung genauer wahr!

Gerne stehe ich Ihnen und Ihren Mitarbeitern persönlich zur Seite und begleite Sie auf Ihrem Weg zu einer erfolgreichen Führungskraft. Ich wünsche Ihnen viel Erfolg!

---

1   Der Studienkopf; Das Begleitheft zum Studienkopf; Die Lehrtafeln; Sonderdruck: 20 Artikel zur Psycho-Physiognomik; u.v.m. unter www.studienkopf.de.
2   http://diepresse.com/home/sport/olympia/1276117/Usain-Bolt_Die-Magie-der-41-Schritte. Markku Datler (Die Presse), 06.08.2012
3   Tab.1: Copyright Marc Grewohl; Die Tabelle dient der ersten Orientierung.
4   Bildquellennachweis: Bild 1-7, ClipDealer.com
5   Auflösung: Bild 6 zeigt die Ausprägung wie bei Alexander T., Bild 7 wie bei seinem Kollegen. Weitere Hinweise zu Analysen finden Sie auf meiner Unterstützungsseite.
6   Reinhard K. Sprenger. Regie: Marian Szymczyk. Hörbuch: Radikal führen, Campus Verlag, 2012

Bildnachweis Porträtfoto Marc Grewohl: Ronald Daedalus Vogel

Ute Held

Als Beraterin, Trainerin und Coach arbeite ich seit 1998 und begleite seit dem zahlreiche Führungskräfte. Meine Arbeit ist geprägt vom Ansatz der Salutogenese und der Überzeugung, dass Arbeit und Leben kein Gegensatz sind!

Warum ich über GESUND FÜHREN schreibe? Offen gestanden: Ich bin Überzeugungstäterin! Der Ansatz der Humanisierung in der Arbeitswelt beeindruckt mich seit meinem Studium der Sozialwissenschaften. Diesem folgten die betriebliche Gesundheitsförderung sowie die grundsätzliche Beteiligung von Mitarbeitenden als Experten ihrer Arbeitsplätze an Analyse und Verbesserung ihrer Arbeitsbedingungen. Diese Ansätze wurden zu meinen Wegbereitern. Die Beteiligung der Mitarbeitenden zeigte auf, wie Führungsverhalten als belastend oder stärkend erlebt wird und wie wenig Feedback Führungskräfte erhalten. Eine Lücke in der betrieblichen Kommunikation wird sichtbar, denn wenn es belastend wird, sprechen die Mitarbeitenden untereinander mehr über die Führungskraft und wenig mit ihr. Durch diese Kommunikationslücke bleiben wertvolle Entwicklungspotenziale sowohl für gesundes Arbeiten als auch für Führungskräfte ungenutzt – weil unerkannt.

Der „Brückenbau" über diese Lücke lässt meinen inneren Motor anspringen. Mich spornt das Nutzbarmachen des Verbindenden sowie der Eigenverantwortung und das Ausloten der Handlungsspielräume für den Betriebsalltag an. Dort liegen die Wurzeln für die gesundheitsförderliche Zusammenarbeit und die Qualität von Arbeitsergebnissen. Bei meiner Arbeit als externe Beobachterin fallen mir diese Dreh- und Angelpunkte im betrieblichen Miteinander deutlich auf. In meiner Arbeit mit Führungskräften benenne ich genau diese Stellen, die für ihre Selbstführung und Zusammenarbeit prägend sind. Dadurch können Führungskräfte diese bewusst wahrnehmen und als Ressource für ihr gesundes Arbeiten gestalten. Resultat: Das ständige Spannungsfeld, in dem Führungskräfte sich bewegen müssen, wird vom schlichten Überlebensmodus zur aktiven Bewältigungsstrategie – wird zur täglichen „Meisterschmiede" guter Führung.

Unterstützungsangebote der Autorin für Sie:

Auf meiner Unterstützungsseite im Internet habe ich für Sie spezielle Materialien zu Ihrer Unterstützung bereitgestellt. Sie finden sie unter:

www.junior-manager.de/ute_held

Wenn Widerstand, Konflikte und Fehlzeiten zunehmen

Wenn Widerstand, Konflikte und Fehlzeiten zunehmen
GESUND FÜHREN als Schlüssel für gelingende Zusammenarbeit
Ute Held

„Arbeit kann Spaß machen oder krank." Arbeit birgt für alle Beteiligten – unabhängig von ihrer hierarchischen Stellung – belastende, stressvolle, aber auch stärkende und freudvolle Potenziale. Mein neues Führungskonzept GESUND FÜHREN, das ich Ihnen hier vorstelle, beachtet dies und nimmt die gesundheitsförderlichen Ressourcen von Arbeit in den Fokus, um sie zu stärken. Das Entwickeln einer Aufmerksamkeit als Führungskraft für dieses Thema ist das Ziel, um dadurch – neben guten Arbeitsergebnissen – auch langfristig Gesundheit zu erhalten, sowohl die der Führungskraft selbst als auch die ihrer Mitarbeitenden.

Kommunikation – Basis für gelingende Führung

Die Arbeitssituation aus der Sicht einer Führungskraft

Die Nachwuchsführungskraft Thomas M. wurde als promovierter Experte für neue Produktionsverfahren vor mehr als einem Jahr direkt aus der Forschung an der Uni in einen metallverarbeitenden Betrieb geholt. Für die dringend notwendige Einführung moderner Standards und die Verbesserung der Produktionsleistung brachte er das aktuellste Wissen mit. Er wurde Leiter der Produktionsstraße und Vorgesetzter von sechs Industriemeistern, die Schichtteams führten. Engagiert stellte er sich den Herausforderungen. Gleich zu Beginn fielen ihm die vielfältigen Verbesserungspotenziale auf, die er nacheinander umsetzen wollte. Auch wöchentliche Teamsitzungen mit den Meistern wurden gleich zu Beginn von ihm eingeführt und von den Meistern begrüßt. Es war eine gute Entwicklung, die vom Geschäftsführer wohlwollend unterstützt wurde.

Doch in den letzten Monaten veränderte sich die Situation. Krankheitsbedingte Ausfälle der Mitarbeiter nahmen auffällig zu. Die Produktion blieb weit unter dem gewünschten Qualitätsniveau und produzierte bedenklich viel Ausschuss. In den wöchentlichen Teambesprechungen fand immer weniger Austausch statt. Thomas M. fühlte sich als Alleinunterhalter. Die Meister setzten die besprochenen Verabredungen in ihren Produktionsteams nicht mehr um. Auch kleine Verbesserungshinweise lösten bereits Widerstände und Konflikte aus. Er stand enorm unter Druck und war ratlos. Seine zunehmende Anspannung wurde zur Dauerbelastung.

Der Geschäftsführer verfolgte die Entwicklungen in der Produktion mit großer Sorge. Sein Ziel, die dringend notwendige Einführung neuer Standards zeitnah umzusetzen, schien nicht mehr erreichbar. Er kannte auch die angestiegenen AU-Tage und sah, dass selbst das hohe Engagement von Thomas M. keine Verbesserung erwirken konnte. Um die Abwärtsspirale in der Produktion zu unterbrechen, engagierte er externe Berater – so kam ich in den Betrieb.

Die Arbeitssituation aus der Sicht der Meister

Wenn man als Führungskraft selbst von den Schwierigkeiten betroffen ist, fällt es schwer, die Sichtweisen der Mitarbeiter in Erfahrung zu bringen. Hierzu kann die Arbeit von externen Beratern wertvolle Dienste leisten. Am Beispiel von Thomas M. wird deutlich, dass die eigene Perspektive nicht für eine vollständige Beurteilung der Situation und zur Entwicklung von nachhaltigen Lösungen ausreicht.

> **Mein Tipp: Mitarbeitende werden von ihren Vorgesetzten beurteilt. Sie haben ein Schutzbedürfnis und können ihre Perspektive offener – weil ungefährdeter – im vertraulichen Rahmen einer externen Beratung schildern.**

Die Perspektive der Mitarbeiter

Die Mitarbeiter enttäuschte, dass mit Thomas M. zum ersten Mal ein Studierter von außen und nicht einer der ihren zum Leiter der Produktion wurde, aber stellten ihre Loyalität nicht infrage. Schwierig wurde es, als auch nach den ersten Teamsitzungen Thomas M. ihnen immer noch nicht wirklich zuhörte. Ihre Standpunkte, Meinungen und Ideen – alles wurde von ihnen gesagt. Doch nichts schien er zu hören und zu verstehen, nichts ließ er gelten. Seine Vorgaben konnten nicht ohne Weiteres umgesetzt werden, da einige technische Eigenheiten von Maschinen und Betrieb nicht in seiner Planung berücksichtigt wurden. Er kam nicht vorbei, um sich den problematischen Ofen anzuschauen, in dem seine Legierungen nicht liefen. Die Meister waren sich einig, dass eine einfache Änderung die gewünschten Erfolge bringen könnte. Doch alle ihre Hinweise liefen ins Leere. Stattdessen fing er mit Filmen und Moderationskarten an, seine Anweisungen wieder und wieder darzustellen – versuchte weiter zu überzeugen. Keine ihrer Antworten, keine Bedenken wurden gehört. Mittlerweile war von Thomas M. das Bild eines Einzelkämpfers entstanden, der nur seinen persönlichen Erfolg suchte. Der Ton verschärfte sich. Die Lage wurde immer angespannter. Seine Korrekturen und Verbesserungshinweise für die Meister in Anwesenheit ihrer Teams wurden mittlerweile als pedantisch und – schlimmer noch – als bloßstellend empfunden. Manchmal suchten sie auch selbst nach passenden Lösungen für den Ofen, was von Thomas M. als Widerspenstigkeit interpretiert wurde. Sie zogen sich von ihm zurück, um sich selbst zu schützen. Der Druck stieg und führte zu Unachtsamkeit bis hin zu kleineren Unfällen. Mitarbeiter fielen häufiger aus und selbst in ihren Reihen kam es zu Erkrankungen, die sie auf die Arbeitssituation zurückführten. Die Meister, die alten Hasen des Betriebs – stets stolz auf die gute Qualität ihrer Produktion –, waren ratlos.

Lücke in der Kommunikation zwischen Führung und Mitarbeitenden

Das Zusammentragen der unterschiedlichen Sichtweisen zeigte mir, wie Thomas M. und die Mitarbeiter kommunizierten und dadurch ihren Rahmen für gemeinsame Zusammenarbeit schafften. Eine „Lücke in der Kommunikation" wurde offensichtlich: Die Meister tauschten sich über das Verhalten ihrer Führungskraft aus, interpretierten die Beweggründe von Thomas M. („Der verfolgt nur eigene Ziele!") und verhielten sich entsprechend. Die Führungskraft selbst erfuhr nichts von dem Bild, das ihre Mitarbeiter von ihr hatten. Sie hatte sich wiederum ihr Bild von ihren Mitarbeitern gemacht („Die verursachen die Probleme – sind im Widerstand gegen mich!") und verhielt sich auch entsprechend.

Die „Lücke in der Kommunikation" ist ein typisches betriebliches Phänomen, das durch den Einsatz von Gesundheitszirkeln beschreibbar wurde.[1] Selbst mit den besten Absichten führt das (nachvollziehbare) Handeln der Beteiligten zu einer Verschlechterung der Situation und der Zusammenarbeit.

Thomas M. befindet sich mittlerweile in einem Stadium, in dem sein hohes Engagement keinen Nutzen mehr bringt – weder für die Arbeit noch für ihn persönlich. Gleichzeitig sind bei seinen – ursprünglich ebenfalls hochmotivierten Mitarbeitern – klare Anzeichen für Resignation und Leistungsabfall zu beobachten.

Zuhören

Der Blick auf die Perspektiven aller Beteiligten wirft ein neues Licht auf die Probleme in der Produktion, ihre Entstehung und mögliche Lösungen. Im betrieblichen Alltag fehlt es oftmals an Routinen und persönlichen Einstellungen, um über diese „Lücke in der Kommunikation" zwischen Führung und Mitarbeitenden konstruktiv und ressourcenorientiert Brücken zu bauen. Genau hier setzt GESUND FÜHREN an. Weiß die Führungskraft um die Auswirkungen der unterschiedlichen betrieblichen Perspektiven, kann sie angemessen handeln – in unserem Beispiel durch „Brückenbauen" mittels ZUHÖREN UM ZU VERSTEHEN.

Besonders junge engagierte Führungskräfte wollen oft mit den besten Absichten schnell die Organisation und Arbeitsabläufe verändern und verbessern. Sie haben ihre Ziele im Blick und beginnen mit den Veränderungen. Sie hören nicht zu, um das Vorhandene zu verstehen, sondern sind nur auf die Verwirklichung ihrer eigenen Ziele und Ideen konzentriert. Anerkennung und Respekt für die Leistungen und Beiträge der Mitarbeitenden fehlen. Die Mitarbeitenden interpretieren dieses Verhalten dann als Ausdruck von Einzelkämpfertum und Egoismus. Die Bereitschaft, sich führen zu lassen, sinkt. Die erste Chance für den langfristigen Aufbau von vertrauensvollen Arbeitsbeziehungen ist vertan. Da die Führungskraft zur Erreichung ihrer Ziele aber von ihren Mitarbeitern abhängig ist, wäre Zuhören, um Menschen und Zusammenhänge zu verstehen, gut investierte Zeit.

> **Mein Tipp für den Anfang: Erkennen Sie als neue Führungskraft zuerst den Wert der Arbeit, die schon ohne Sie geleistet wurde. Überlegen Sie dann, wie Ihre Ideen für diese Menschen und ihre Arbeit eine Verbesserung darstellen. Hören Sie Ihren Mitarbeitern zu! Erkunden Sie, wie Sie dazu einen konstruktiven Beitrag leisten können.**

Für junge Führungskräfte kann die „Lücke in der Kommunikation" gleich zu Beginn ihrer Karriere zu einer – für sie selbst – unguten Weichenstellung werden, wenn ihre Haltung dadurch zu einem grundsätzlichen Misstrauen gegenüber den Mitarbeitenden führt. Wie leicht eine solche einschränkende Haltung entstehen kann, zeigt das Beispiel von Thomas M. deutlich.

Damit daraus keine dauerhaft pauschalisierende und beziehungsbelastende Einstellung der Führungskraft wird, ist ein systemisches Selbstverständnis der Führungskraft, sich als Beteiligter und Mitgestalter der Zusammenarbeit zu sehen, ein guter Anker.

Als Beraterin erkundete ich zunächst in einzelnen vertraulichen Gesprächen die unterschiedlichen Perspektiven von Thomas M. und seinen Mitarbeitern. Dann kam es zu einem gemeinsamen Treffen, bei dem ich den Austausch moderierte. Ich setzte in meiner Rolle als Leiterin des Austausches die Prinzipien von GESUND FÜHREN ein: „Zuhören, um zu verstehen", „Austausch der Perspektiven" und „Beteiligung aller mit ihrem jeweiligen Expertenwissen an der Lösungsfindung für das gemeinsame Problem". Dazu gehörte es auch, die Perspektiven mit der Wahrnehmung der Ressourcen zu bereichern; mitzuteilen, welche Faktoren zum Gelingen beitragen, was die Zusammenarbeit kohärent für den Einzelnen und die Gruppe macht und wie die Arbeit erlebt wird. So ergaben sich Kommunikationsstrukturen, die den „Brückenbau über die Lücke in der Kommunikation" möglich machten.

Durch Zuhören und authentischem Austausch änderten sich die inneren Bilder von Thomas M. und seinen Mitarbeitern. Waren sie zu Beginn meiner Arbeit von Gegnerschaft geprägt, konnte sich nun durch Zuhören und durch Moderation eine veränderte Kommunikation – auch Anerkennung für eine andere Sicht der Dinge – entwickeln. Es entstand ein Verständnis für die Unterschiedlichkeit, das sich auch in der Kommunikation miteinander ausdrückte und nachhaltige Lösungen ermöglichte. Außer der Produktion gewann so auch die Zusammenarbeit an Qualität und sowohl die Stresssituationen für Thomas M. als auch der Krankenstand seiner Mitarbeiter nahmen erfreulich schnell ab.

> Mein Tipp: Um Kommunikationsstrukturen gesundheitsförderlicher zu gestalten, ist am Anfang der externe Blick eines Beraters hilfreich – jemand, der unparteiisch den Spiegel hält und als Brückenbauer fungiert.

Herstellung von Gesundheit im Arbeitsprozess

Um GESUND FÜHREN zu können, muss die Führungskraft wissen, wie Gesundheit von Menschen immer wieder hergestellt wird. Ansätze[2], die Menschen untersuchten, die auch unter schwierigen Bedingungen langfristig gesund blieben, liefern dazu Fakten und Handlungsvorbilder. Von ihnen können wir lernen, welche Faktoren auch im Arbeitsleben für die Bewältigung belastender Situationen und die persönliche Herstellung von Gesundheit zuträglich sind.

Corinna K. traf ich als Teilnehmerin eines Seminars zu GESUND FÜHREN. Sie steckte gerade mitten in der unten geschilderten Situation und nutzte die Seminarinhalte sowie die Beratung zur Lösung ihrer Problemlage.

Corinna K. leitete die Demenzgruppe in einem Altenheim. Die Belastungen der Arbeit waren groß. Neben den vielen Krankheitsausfällen musste auch noch die schlechte wirtschaftliche Lage des Hauses ausgeglichen werden. Auch vom Verkauf war die Rede. Die Stimmung des Teams war auf dem Tiefpunkt – Lähmung und Resignation machen sich breit. Statt sich weiter in einem negativen Arbeitsklima zu bewegen, entschied sie sich, mit ihrem Team die entstandene „Routine" von Resignation und gegenseitigen Vorwürfen zu durchbrechen. Ihr Ziel war, durch Zuhören emotionale Entlastungen zu erwirken, dadurch die gemeinschaftlichen und auch persönlichen Belastungen zu thematisieren, um so Ideen für konstruktive Verhaltensweisen in der schwierigen Situation zu entwickeln. Sie hoffte, die persönlichen Handlungsimpulse aller als Ressource zur Bewältigung der Situation zu stärken, damit Kohärenzgefühl merklich wurde. Sie und die Mitarbeitenden sollten diese Situation gesund bewältigen. Dazu nutzte sie das Konzept der Salutogenese.

Auch im Arbeitsleben gilt: Gesundheit ist kein statischer Zustand, sondern muss immer wieder im Stress und Chaos des Arbeitsalltags hergestellt werden. Die „Herstellung" von Gesundheit lässt sich fördern, indem Arbeitsbedingungen das Kohärenzgefühl stärken. Antonovsky fand bei den Menschen, die auch in schweren Krisenzeiten gesund blieben, eine persönliche Einstellung, die er als **Kohärenzgefühl**[3] bezeichnete. Das Kohärenzgefühl befähigte diese Menschen, belastenden Stress als Herausforderung statt als krankmachende Krise zu erleben und dadurch gesund zu überleben. Das Kohärenzgefühl ist ein Gefühl für Stimmigkeit und Zusammenhang mit dem wir uns immer wieder austarieren können. Es gilt als angeboren und beschreibt eine innere Haltung mit den Komponenten Bedeutsamkeit, Verstehbarkeit und Handhabbarkeit. Diese spiegeln sich in Überzeugungen wie:

- Meine Leben hat für mich eine Bedeutung.
- Meine Leben ist für mich verstehbar – es ist für mich erklärbar.
- Meine Leben ist handhabbar – ich verfüge über Mittel und Wege, um es zu meistern.

Corinna K. setzte ihren Plan, das Kohärenzgefühl in ihrem Team zu stärken, nach dem Ansatz von GESUND FÜHREN um. Zunächst erkundete sie für sich als Führungskraft ihre persönlichen Ressourcen im Arbeitsprozess, um sich selbst zu stärken und eigene Handlungsmöglichkeiten zu klären. Sie arbeitete mit folgenden Fragen:

Was sind für mich zehrende Belastungen? Was sind meine Ressourcen? Was macht meine Arbeit

- **bedeutsam**: Macht die Arbeit für mich Sinn? Welche Bedeutung hat die Arbeit für mich? Warum engagiere ich mich, auch wenn es schwierig wird? Worauf bin ich stolz? Fühle ich mich dem Betrieb / Produkten / Dienstleistungen zugehörig?

- **verstehbar**: Welches Verständnis habe ich von meiner Aufgabe, von dem, was ich tue, und wie passt das mit anderen Bereichen zusammen? Welchen Beitrag leiste ich für das Unternehmen? Weiß ich, wann meine Aufgabe als erfüllt gilt und welche Leistungen gewünscht sind? Sind mir die Ziele bekannt?

- **handhabbar**: Gibt es unterstützende Beziehungen wie z. B. vertrauensvolle Zusammenarbeit, Weiterbildung, ...? Wie ist die Kommunikation – kooperierend und miteinander statt übereinander redend? Habe ich die nötigen Mittel, um meine Arbeit effektiv und effizient zu schaffen?

Ihre Antworten lieferten Corinna K. einen Blick auf das Erleben ihrer Arbeitssituation. Außer den von ihr vorwiegend wahrgenommenen Belastungen gerieten auch Ressourcen und damit Handlungsspielräume für mehr kohärentes Arbeiten ins Blickfeld. Die Fragen nach dem eigenen Kohärenzgefühl konzentrieren Führungskräfte anfangs auf ihre eigene wahrgenommene Arbeitssituation. Sie fordern heraus, sich von „innen nach außen" zu ordnen – für sich selbst zu erkunden, wie es in der Rolle als Führungskraft gelingt, für sich Gesundheit im Arbeitsprozess herzustellen. Corinna K. stieß auf Vergessenes und Vernachlässigtes: „Was mich wirklich bei meinem Job antreibt, ist, wenn ich für die Bewohner etwas tun kann, was ihre Situation erleichtert – was ihnen guttut. Das tue ich jedoch quasi gar nicht mehr. Wenn ich mitpflege und den direkten Kontakt habe, handle ich immer als Chefin und habe ein ganz anderes Denken im Kopf, denn ich kontrolliere, suche Fehler und Qualitätslücken. Da bringe ich mich mit meiner Führungsrolle um mein Vergnügen. Klar überlege ich dann, was ich ändern kann. Auch meine Grenzen wurden mir noch klarer. Es gibt einige Punkte, wo ich mich dann fragte, ob sich mein Engagement da wirklich lohnt und ich nicht nur meine Energie verschleudere. Es war gar nicht so leicht, mich einfach nur selbst im Fokus zu haben, wenn ich an meine Arbeit denke, und nicht nur durch die Brille der Verantwortung für Ergebnisse, Kollegen und Bewohner."

GESUND FÜHREN verlangt folgende Reihenfolge: erst mein Kohärenzgefühl als Führungskraft klären und damit stärken, dann das der Mitarbeitenden. Die Selbstfürsorge ist eine wichtige Ressource und wirkt entlastend auf die Führungsverantwortung. Je besser es gelingt, Ressourcen in die Arbeit zu integrieren, desto stärker wird die Fähigkeit, Belastungen abzubauen und Stress zu bewältigen. Der eigene Stresspegel wird gesenkt, was sich positiv auf die Mitarbeitenden und die Zusammenarbeit auswirkt.

> **Mein Tipp:** Wenn Sie es verstehen, Ihr Arbeiten für sich gesundheitsförderlicher zu gestalten, sorgen Sie damit auch für Ihre Mitarbeitenden!

Ressourcenstärkende und kohärenzfördernde Maßnahmen

Corinna K. erkundete nun das Kohärenzgefühl der Mitarbeitenden:

Wie stellen meine Mitarbeitenden Gesundheit her? Wie beeinflusse ich als Führungskraft durch mein Verhalten den Prozess der „Gesundheitsherstellung" meiner Mitarbeitenden?

Sie bereitete ein Teamtreffen vor, bei dem die Fragen zur Erkundung des Kohärenzgefühls im Mittelpunkt standen. Dabei wurde viel „Dampf abgelassen", danach aber auch über die Dinge gesprochen, die von den Mitarbeitenden in dieser schwierigen Zeit als Ressource empfunden wurden. So konnten sie sich miteinander verständigen, was sie miteinander – trotz der schlechten und zurzeit unabänderlichen Rahmenbedingungen – tun konnten, um gesund zu bleiben und die Arbeitssituation erträglich zu gestalten. (Eine Liste mit ressourcenstärkendem Verhalten stelle ich für Sie auf meiner Unterstützungsseite bereit.)

Das Teamtreffen mit den ungewöhnlichen Fragen irritierte zunächst, denn es führte auf ungewohntes Terrain. „Das war am Anfang keinesfalls gemütlich", beschrieb es Corinna, „doch am Ende gab es wieder ein Licht in unserem Tunnel."

Gute Zusammenarbeit „macht satt und ist nährend" – für Führung und Mitarbeitende. Sie gilt als Ressource mit dem größten gesundheitsförderlichen und gleichzeitig größten belastenden Potenzial. Die Führungskraft gestaltet sie zwar nicht alleine, doch sie kann entscheidende Impulse für den Rahmen der Zusammenarbeit geben.

Achtsamkeit – sich selber GESUND FÜHREN

In einer Organisation ist der klassische Platz der Nachwuchsführungskräfte zwischen Mitarbeitenden und der nächsten Führungsebene. In dieser Position zwischen „Baum und Borke" sind sie gefordert, den „Laden am Laufen" zu halten und Veränderungen umzusetzen. Manches Mal stehen sie für Entscheidungen gerade oder stecken Schelte ein, für Dinge, die sie selber nicht zu entscheiden haben. In diesem ständigen Spannungsfeld kann es leicht passieren, den Kontakt zu sich selbst zu verlieren und in einen Strudel der Erwartungen zu geraten, der vom Kohärenzgefühl wegführt. Es wird schwer, in der eigenen Mitte zu bleiben, und krankmachende Einflüsse nehmen zu. Der Wunsch, die Aufgaben und Erwartungen zu erfüllen, unterstützt ein Denken, das sich mit Vergangenem (*Was hätte ich anders machen sollen? Was lief schief?*) und Zukünftigem (*Was muss ich tun, damit es glatt läuft?*) beschäftigt. Der gegenwärtige Moment wird kaum wahrgenommen. Es entsteht ein inneres „Getrieben-Sein". Die eigene Präsenz, konzentriertes Handeln aus der eigenen Mitte heraus und das eigene Kohärenzgefühl gehen durch diese Gedankenmühle verloren. Hier ist Achtsamkeit eine machtvolle und elegante Lösung.

Ella D. hatte in ihrem Job als Leiterin für Kundenservice, Öffentlichkeitsarbeit und Personal vom ersten Tag an mit einer großen Menge an E-Mails, Anfragen und der Vermischung der unterschiedlichen Bereiche zu kämpfen, die sie in einer Person repräsentierte. Ihr Ziel, als gute Chefin und Vorbild, alle E-Mails des Tages zu bearbeiten, weckte schon beim Öffnen des Mailprogramms ihren Ehrgeiz. In der ersten Zeit zeigte er sich in motivierenden Gedanken („Du schaffst es bald – gib nicht auf!"). Doch je länger dieser Zustand andauerte, desto mehr veränderten sich die Gedanken in negative Abwertungen und damit auch die Gefühle. Das Öffnen des Mailprogramms wurde für Ella D. zum täglichen Beweis persönlicher Unzulänglichkeit. Zusätzlich zum Bearbeiten der E-Mails verbrauchte das Handling ihres inneren Zustands einen Löwenanteil an Energie. Diese „Gedankenmühle" führte in einen Teufelskreis. Als sie begann, sich mit Achtsamkeit zu beschäftigen, wählte sie das Öffnen des Mailprogramms als praktisches Übungsfeld aus. Beim Öffnen der E-Mails konzentrierte sie sich zunächst auf ihre Atmung und begann dann Gedanken, Gefühle und Empfindungen ihres Körpers wahrzunehmen und – trotz entstehender Handlungsimpulse –, statt automatisiert wie früher zu handeln, weiter bewusst zu atmen. Bald entwickelte sie die Fähigkeit zu größerer Gelassenheit gegenüber der Menge an eingehenden E-Mails und gegenüber belastenden Stresssituationen.

Wer jetzt glaubt, dass diese Übungen zu unerträglicher Langsamkeit führen, irrt. Übung erzeugt Routinen, die einen persönlichen Achtsamkeitsmodus entstehen lassen und damit einen Ausstieg aus der Gedankenmühle! (Weitere Infos hierzu finden Sie auf meiner Unterstützungsseite.)

Achtsamkeit als Fähigkeit für (Selbst-)Führung

Führungskompetenz und ihre Entwicklung brauchen Präsenz! Achtsamkeit schult die Fähigkeit, sich selbst in eigenen Denkmustern zu unterbrechen. Dieser Stopp ermöglicht, sich selber im Hier und Jetzt zu sammeln und Handlungsimpulse wahrzunehmen, die einer Gelassenheit entspringen statt einem inneren „Getrieben-Sein". Mit Übung gelingt das sogar bei stark empfundenem Druck. Achtsamkeit kreiert im Alltag Freiräume für das Entwickeln von Führungskompetenzen zu einer guten und gesunden Führungskraft. Die ersten Versuche sollten unter Anweisung gestartet werden.

> Mein Tipp: Durch Achtsamkeit entsteht Präsenz und Wachheit im Tun, Erkennen von eigenen Stressmustern sowie ein tieferes Verständnis für sich selbst, andere und die (Zusammen-)Arbeit. Achtsamkeit macht nicht langsam, sondern klar. – Üben lohnt sich!

Resümee

Die drei Bereiche, die ich Ihnen vorstellte, kennzeichnen GESUND FÜHREN als eine neue Führungsstrategie. Die gegenwärtigen Herausforderungen für Führung sind geprägt von einer Zunahme an Komplexität, Zuständigkeiten, Vernetzung und Veränderungen. Mit alten Bewältigungsstrategien und Rationalisierungsideen gelingt es nicht, der Zunahme der psychischen Belastungen adäquat zu begegnen. Neue Herausforderungen brauchen neue Antworten! GESUND FÜHREN gewinnt an Bedeutung, weil es an den Wurzeln für stressbedingte und psychische Erkrankungen ansetzt, die als Ursache für Arbeitsunfähigkeit zunehmen.

Das Prinzip von Körper-Geist-Seele ist auch in der Arbeitswelt angekommen. Besonders wenn es darum geht, neben guten Arbeitsergebnissen auch die Gesundheit der Leistungsträger zu sichern, werden die Fragen „Wie gehe ich mit mir selber um?" und „Wie gehe ich mit anderen Menschen um?" zur Richtschnur nachhaltigen Handelns als Führungskraft. GESUND FÜHREN als Strategie wirkt, wenn es von Menschen angewandt wird, die das eigene Verhalten als gestaltende Einflussnahme auf Zusammenarbeit begreifen – die „über ihren Tellerrand" hinausblicken und sich für einen achtsamen Umgang mit sich und ihrer Umgebung engagieren.

GESUND FÜHREN stärkt gesundheitsförderliche Ressourcen des Arbeitsprozesses wie Vertrauen, Eigenverantwortung im Handeln, konstruktive Kommunikation, Beteiligung und Fähigkeiten zur Stressbewältigung. Gerade für Nachwuchsführungskräfte bietet GESUND FÜHREN für die Weiterentwicklung persönlicher Führungskompetenzen fundierte Anregungen.

Auf meiner Unterstützerseite finden Sie weitere Anregungen und Informationen zum Thema GESUND FÜHREN. Gerne stehe ich Ihnen für persönliche Fragen zur Verfügung.

---

1   Franz Friczewski: Partizipation im Betrieb: Gesundheitszirkel & Co. In: Gudrun Faller (Hrsg.): Lehrbuch Betriebliche Gesundheitsförderung, Bern, 2010, S. 149-155

2   vgl. Aaron Antonovsky: Salutogenese – Zur Entmystifizierung der Gesundheit, deutsche Ausgabe von Alexa Franke, dgvt-Verlag, 1997. Margherita ZANDER (Hrsg.): Handbuch Resilienzförderung, Springer Verlag, 2011

3   vgl. Jürgen Bengel u.a. (im Auftrag der Bundeszentrale für gesundheitliche Aufklärung): Was erhält Menschen gesund? Antonovskys Modell der Salutogenese , BZgA, Forschung und Praxis der Gesundheitsförderung; Band 6, 2001

Bildnachweis Porträtfoto Ute Held: Lukas Kreuzer

Marion Lockert

Ich bin Führungs- & Persönlichkeitstrainerin, Coach, Ausbilderin, Autorin und Guide für Sinnsucher. Mein Ansatz: lösungs- und ressourcenorientiert, methodisch vielfältig und strukturiert, humorvoll, kreativ und intuitiv. Von Haus aus Pädagogin, begleite ich Menschen und Unternehmen zu sinnvollem Wachstum, konstruktivem Miteinander, Selbst-Bewusstsein, persönlicher Ausstrahlung und Lebens-Freude. Der Führungskräfte-Nachwuchs liegt mir am Herzen, denn er ist mit seinen veränderten Werten und Ansprüchen an Zusammenarbeit und Geführtwerden Anstoß zu Veränderung im Unternehmensalltag zu mehr Verantwortung und ganzheitlicherer Denk- und Handlungsweise. Damit wird er zum Leistungsträger neuer Art und Innovationskraft zu einer neuen Dimension von Führung. Und er hat einen moderneren, bewussteren Anspruch an Selbst-Reflexion und sinnvollem Tun. Mit dem Marion Lockert Institut biete ich Führungskräfte-Förderung im Sinne von „Leading Souls" – ein Ansatz, der die Persönlichkeitsentwicklung von Menschen fokussiert und für Unternehmen fruchtbar macht. Teamentwicklung, die Begleitung von Veränderungsprozessen mit Workshops, Trainings, Systemischen Aufstellungen und Coaching unter besonderer Berücksichtigung von Emotionen und EQ gehören ebenfalls dazu – so verstehe ich Wandel mit Sinn & System. Privatpersonen finden im Marion Lockert Institut zum Beispiel Persönlichkeits- und Archetypencoachings, Aufstellungsarbeit und Jahresgruppen.

Ich bin seit 1988 selbstständig, mit NLP (Lehrtrainer / Lehrcoach DVNLP) seit 1992, seit 1995 mit Aufstellungsarbeit verbunden (Lehrtrainerin für Systemaufstellungen DGfS, zertifizierte „infosyon professional für Business- und Organisationsaufstellungen"). Seit über 20 Jahren arbeite ich mit dem Persönlichkeitsmodell der *Archetypen der Seele* nach Hasselmann/Schmolke. Ich bin autorisierter Archetypencoach und Initiatorin des Forschungskreises „Archetypen der Seele – Spiritualität im Business".

Unterstützungsangebote der Autorin für Sie:

Auf meiner Unterstützungsseite im Internet habe ich für Sie spezielle Materialien zu Ihrer Unterstützung bereitgestellt. Sie finden sie unter:

www.junior-manager.de/marion_lockert1

Von Ungeduldigen, Starrsinnigen, Hochmütigen und Selbstverleugnern
Umgang mit archetypischen Ängsten in der Zusammenarbeit
Marion Lockert

Seit einem Vierteljahr ist Bastian H. Projektleiter eines 10-köpfigen Teams. Von Anfang an ist er voll motiviert und will sich als Führungskraft bewähren. Allerdings hat er sich alles etwas leichter vorgestellt. Es dauert ewig, bis die angeschobenen Projekte richtig laufen. Insbesondere drei Mitarbeiter empfindet er als anstrengend und schwierig.

Die heutige Teamsitzung soll um 10 Uhr starten. Extra ist er früher in die Firma gekommen, weil er vorher noch rasch seine Riesen-to-do-Liste abarbeiten will. Seit 7 Uhr sitzt er am Rechner und dauernd passiert etwas, was ihn rausbringt. Die Agenda für die Sitzung noch verschicken, aber da sind auch noch die „148 Mails", von denen er noch mindestens drei schnell beantworten will! ... Und als er auf die Uhr guckt, ist es zu seinem Schrecken schon viertel nach zehn!

Während er den Flur entlangsprintet, fällt ihm ein, dass ab heute ja die Mentorin dabei sein soll. Beim letzten Feedbackgespräch mit seiner Führungskraft wurde diese Unterstützungsmaßnahme vereinbart, da es Kritik aus seinem Team gab. ‚Mist', denkt Bastian noch und hetzt in den Meetingraum.

Seine drei Projekt-Mitarbeiter sitzen starr da. Auch die Mentorin schweigt. „Begrüßung ist wohl nicht, was?", platzt es aus ihm raus. „Okay, wir sind spät dran. Ich lade mal eben die Agenda runter." Gefühlte Stunden dauert es, bis das Netzwerk das Dokument freigibt. Dann endlich: Fünfzehn Punkte stehen auf der Besprechungsliste. Aus dem Augenwinkel bemerkt er, wie Tülay die Augen verdreht, Jan blass wird und Sabrina sich alle Punkte in ihr Tablet notiert. „Meine Güte, wenn du das jetzt alles noch abschreibst, verlieren wir noch mehr Zeit!", rutscht es Bastian raus." „Hättest du sie vorab geschickt, wäre das unnötig! Ich kann viel besser arbeiten, wenn ich alles klar vor mir habe. Ich schreibe wohl auch besser das Protokoll, dann haben wir es wenigstens rechtzeitig." Bastian ist baff, so eine Dreistigkeit!

„Jan, wie sieht es mit den Angeboten für die neue Projektplanungs-Software aus?", fragt Bastian dann. Jan berichtet zögerlich, dass er 23 Produkte ausfindig gemacht habe, und verteilt eine tabellarische Vergleichsübersicht. ‚Meine Güte', denkt Bastian, ‚wenn wir die alle durchhecheln wollen, sitzen wir morgen früh noch hier.' Jan fragt

zögernd: „Ich habe alle Features mit unseren Anforderungen und Zielen in Beziehung gesetzt und verglichen. Soll ich es erläutern?" „Kannst du nicht einfach sagen, was das Beste ist, bevor wir tausend Details hören müssen?" Jan räuspert sich: „Ich wollte klären, wie ihr darüber denkt, allein möchte ich das nicht entscheiden. Schließlich wollen wir dann ja alle damit arbeiten." Bastian bringt kurzerhand das Thema auf den Punkt: „Wer ist dafür, mit ‚Thinkanddraw' zu arbeiten? Ich habe damit beste Erfahrungen gesammelt." Alle schweigen. „Kein Widerspruch? Also angenommen!" Dass Tülay abermals die Augen verdreht, entgeht ihm dabei nicht.

Ungeduld (Angst vor Versäumnis)

Im Anschluss an die Sitzung schlägt die Mentorin Frau Voigt vor, den Verlauf des Meetings zu reflektieren. Bastian schwant, dass diese Sitzung nicht so brillant gelaufen ist: „Tja, es hätte effektiver sein können. Ich hätte die Agenda vorher senden sollen und Jan ein klareres Briefing geben müssen. Außerdem wirkte mein Team nicht besonders glücklich." „Ich bin froh, dass Sie das bemerkt haben", sagt Frau Voigt. „Wichtiger als Ihre Organisation ist mir deswegen, mit Ihnen über Ihr Selbstmanagement und Führungsverhalten zu sprechen. Sie haben da drei sehr unterschiedliche Mitarbeiter, die sich scheinbar durch Sie nicht optimal unterstützt fühlen. Mein Gefühl sagt mir übrigens, dass Sie sich selbst unter enormen Druck setzen." „Das merkt man?", fragt Bastian und atmet hörbar ein, „Jetzt, wo Sie das so sagen... Üblicherweise fällt es mir nicht so auf, aber meine Freundin beschwert sich schon, dass ich ewig brauche, um nach der Arbeit zur Ruhe zu finden – was es auch nicht besser macht."

„Ja, ich bemerke diese Unruhe in Ihnen", sagt seine Mentorin. „Möchten Sie wissen, woran?" „Klar! Dann kann ich sie vielleicht besser kontrollieren." „Wir werden später darüber sprechen, was vielleicht noch bessere Lösungen wären. Die Anzeichen für mich sind jedenfalls vielfältig", fährt sie fort. „Zum Beispiel kamen Sie zu spät und sehr gehetzt ins Meeting. Kennen Sie das von sich? Als ob die Zeit zwischen den Fingern zerrinnt?" Bastian nickt. „Wahrscheinlich gehen Sie regelmäßig weit über Ihr Limit in Arbeitseinsatz und Zeitkontingent. Wollen Sie noch weitere Beispiele und Vermutungen hören?" – „Na los!"

„Ich stelle mir vor, Sie schreiben lange To-do-Listen und erwarten von sich, alles in kürzester Zeit abzuarbeiten. Sie stehen ständig unter Strom und wollen der Zeit so viel wie möglich abgewinnen, am liebsten hundert Sachen auf einmal erledigen. Und deswegen ist es für Sie schwer erträglich, wenn andere für ihre Ausführungen zu sehr ins Detail gehen, Dinge umständlich formulieren oder tun. Außerdem neigen Sie dazu, Ihren inneren Druck an andere weiterzugeben. Manchmal fühlen Sie sich allerdings auch wie gelähmt und können gar nichts mehr tun. Bis Sie dann plötzlich wieder aufspringen ...". Bastian reißt die Augen auf: „Sind Sie vielleicht im Zweitberuf Hellseherin?" Frau Voigt grinst. „Nicht ganz. Aber ich arbeite mit dem Persönlichkeitsmodell der *Archety-*

pen der Seele®[1]. Sogenannte Urängste sind danach Teil der menschlichen Persönlichkeit. Die *Angst vor Versäumnis*, die sich vor allem in Ungeduld äußert, ist eine davon und scheint Ihre Hauptangst zu sein." „Dass das eine Angst sein soll, hätte ich bisher nicht so gedacht, aber Sie haben recht, der Druck ist immens!", seufzt Bastian.

Die Angst vor Versäumnis in Fremd- und Selbstwahrnehmung

von außen wahrnehmbar	von innen gefühlt
• Hektik, Unruhe	• ständig planend
• nervöse Bewegungen	• pausenlos unter Druck
• oft schnelles Sprechen	• schnell(er) im Denken, risikofreudig
• lange To-do-Listen	• viele Dinge parallel tun
• leicht abgelenkt	• warten ist lästig, Langsamere nerven
• manchmal unwirsch	• oft auf dem Sprung
• effizient, zuweilen auch chaotisch	• immer Zeit sparen wollen

Frage: Haben Sie die Merkmale von *Ungeduld* an sich selbst oder an anderen schon mal beobachtet? Wenn Sie diesen Zustand selbst kennen, wie fühlt er sich an? (Auf meiner Unterstützungsseite finden Sie einen Kurztest der Urängste.)

„Diesen Druck habe ich sicher auch im Meeting weitergegeben." „Stimmt, zum Beispiel hätten Sie sich gleich sparen können, Jan an die Aufgabe zu setzen, wenn Sie es sowieso entscheiden", wird Frau Voigt deutlich. „Und ihm vor allen anderen in die Parade zu fahren, als er ins Detail gehen wollte, hat leider auch sein Angstmuster bedient." Bastian hebt eine Augenbraue: „Wie, andere haben auch Ängste?" „Ja, bei jedem sind zwei der sieben Urängste individuell kombiniert. Eine davon, die sogenannte Nebenangst, ist stärker im privaten und beziehungsnahen Bereich aktiv, die Hauptangst mehr im gesellschaftlichen, beruflichen, ‚öffentlichen' Bereich." „Ach, deswegen fühle ich mich auch im Urlaub völlig anders und kann locker bis 11 frühstücken ..."

Selbstverleugnung (Angst vor Unzulänglichkeit)

„Hat Jan vielleicht die ‚Angst vor Schnelligkeit', so lahm, wie der immer ist?" Frau Voigt lacht: „Nein, Jan hat die *Angst vor Unzulänglichkeit*, also die fast ständige Befürchtung, nicht gut genug zu sein. Das führt dann zu dieser Detailfreude, weil ja nur Genauigkeit zu Perfektion führen kann. Und perfekt muss man sein, um zu ‚genügen'. Perfekt sein heißt übrigens 150 %, denn 100 % ist nicht genug, um seine Angst im Schach zu halten!

Die *Angst vor Unzulänglichkeit* äußert sich in *Selbstverleugnung*, das heißt, dass so jemand sein eigenes Potenzial nicht sieht, es verleugnet – und hinter seinem irre hohen Eigenanspruch immer zurückbleibt. Er fühlt sich dadurch wie ein Hochstapler, der ständig fürchten muss, entlarvt zu werden. Seine Wirkung, Wichtigkeit und Rolle für die anderen unterschätzt er ständig. Um das zu kompensieren, verhält er sich sehr freundlich, liebenswürdig und bescheiden, stellt seine Interessen zurück, um die anderen unbewusst für sich zu gewinnen. Und er erwartet (wieder unbewusst) von anderen das

Gleiche und ist enttäuscht, wenn die dann mehr an sich denken.

Als Sie Jan seine Detailliertheit angekreidet und eine eindeutige Entscheidung verlangt haben, bevor er sich vergewissern konnte, es allen recht gemacht zu haben, drückte das genau die ‚richtigen Knöpfe', um seine Angst zu verstärken!"

Die Angst vor Unzulänglichkeit in Fremd- und Selbstwahrnehmung

von außen wahrnehmbar	von innen gefühlt
• sehr freundlich	• arglos
• bescheiden	• unzulänglich
• perfektionistisch	• genau, detailfreudig
• nachgiebig	• andere sind wichtiger
• schüchtern	• zurückhaltend
• unscheinbar	• kurze Ausflüge in Größenwahn
• ehrgeizig, fleißig	• Hochstaplergefühle

Frage: Kennen Sie das von sich, dass Sie, sobald Sie Menschen ins Gesicht sehen, automatisch lächeln – egal, wie es Ihnen gerade geht? Das ist ein weiteres Merkmal von Selbstverleugnung. Seien Sie gespannt auf die anderen ...

„Spannend! Und die beiden Damen haben sicher auch Ängste?" „Klar! Beobachten Sie bis Freitag, wer von den beiden Ihnen *hochmütig* und wer *starrsinnig* vorkommt."

Hochmut (Angst vor Verletztwerden)

Bei Tülay fällt Bastian ihr häufiges Augenverdrehen auf, die vorwurfsvollen Seufzer sowie diesen Tonfall, der nach „Ich stehe über den Dingen und was ihr da treibt, ist indiskutabel!" klingt – das könnte *Hochmut* sein. Zudem schafft sie es immer wieder, ihn mit ironischen Bemerkungen auf Abstand zu halten. In solchen Phasen erledigt sie dann zwar alles punktgenau und pflichtgemäß, redet jedoch noch eine ganze Zeitlang nur das Nötigste mit ihm. Zugleich ist sie stets diejenige, die sofort mitbekommt, wenn irgendetwas in die falsche Richtung läuft oder jemand sich nicht wohl fühlt oder es nicht gerecht zugeht. Und das ist ja eigentlich auch ein Potenzial. Bastian beschließt, Frau Voigt bei ihrem nächsten Treffen zu fragen, ob denn die Ängste „nur schlecht" seien.

Die Angst vor Verletztwerden in Fremd- und Selbstwahrnehmung

von außen wahrnehmbar	von innen gefühlt
• feinsinnig	• zart
• empfindlich	• stolz
• distanziert	• verwundbar
• abweisend	• zurückgezogen
• selbstgefällig	• schnell gekränkt
• arrogant	• überlegen
• nachtragend	• rachebedürftig

Frage: **Fühlen Sie sich von anderen schnell bedrängt – auch in Bezug auf die rein physischen Abstände?** Menschen mit der *Angst vor Verletztwerden* brauchen größere Territorien, um sich wohl zu fühlen – schon mal beobachtet? Auf meiner Unterstützungsseite finden Sie einen Kurztest der Urängste.

Starrsinn (Angst vor Unberechenbarkeit)

Und Sabrina, ,Die ist doch eine´ denkt Bastian, ,auf die man sich verlassen kann. Sie ist ruhig und strukturiert, allerdings ist sie auch diejenige, die immer Argumente dafür hat, dass Dinge so bleiben sollen, wie sie sind, und schwer zu überzeugen ist, Neuerungen zu erproben.´ Sie ist für Bastians innovative Ideen die stärkste „Bremskraft". Was hat er mit ihr schon diskutieren müssen, und immer hat sie Gegenargumente auf Lager! Am schlimmsten ist es, wenn er sie kurzfristig um Änderungen des „Fahrplans" bittet. „Geht gar nicht!", ist ihre erste Reaktion – und nach einer Stunde geht es plötzlich doch … Praktisch nie bittet sie um Unterstützung, wurschtelt sich eher alleine durch. Sabrina ist auch am längsten im Unternehmen, obwohl sie in ihrer Position unterfordert ist. Ihr IT-Wissen ist immens, aktuell und auf jegliche Eventualität vorbereitet! Sollte das alles mit *Starrsinn* zusammenhängen? Und es bleibt für ihn die Frage, ob man als Führungskraft den Mitarbeitern ihre Ängste abtrainieren kann.

Angst vor Unberechenbarkeit in Fremd- und Selbstwahrnehmung

von außen wahrnehmbar	von innen gefühlt
• bewahrend	• sicherheitsliebend
• kontrolliert	• entschlossen
• sachlich	• neutral
• verbissen	• durchsetzungsstark
• engstirnig	• entscheidungsstark
• unverrückbar	• selbstbestimmt
• rechthaberisch	• autonom

Frage: **Regen Sie sich gerne auf, wenn andere kurzfristig Pläne ändern? Fühlen sich in vertrauten Zusammenhängen gleich entspannter?** *Starrsinn* **ist die Angst, die man selbst nicht spürt, und deshalb schwieriger, sie bei sich zu identifizieren** … (Auch dafür ist der Kurztest auf der Unterstützungsseite für Sie hilfreich – und natürlich auch die Kenntnis der Literatur, siehe unten.[2])

„Und?", fragt Frau Voigt beim nächsten Treffen. „Wer hat nun was?" „Tülay *Hochmut* und Sabrina *Starrsinn*!", platzt Bastian gleich raus. „Volltreffer!", lächelt seine Mentorin. Bastian wundert sich: „Wieso ist *Hochmut* eigentlich eine Angst?" „Ja, das klingt erst mal seltsam. *Hochmut* ergibt sich quasi als Folge aus einer *Angst vor Verletztwerden*. Hochmütige sind besonders zart besaitet: Wittern sie Gefahr, versuchen sie durch Selbst-Überhöhung aus der Schusslinie zu gehen. Das macht sich auch in der Körpersprache bemerkbar. Sie brauchen nämlich mehr Abstand zu anderen und lassen sich nicht gerne spontan berühren. Raubeinigkeit ist ihnen ein Gräuel. Die Feinsinnigkeit von Hochmütigen zeigt sich aber auch als Potenzial: Sie spüren sofort, wenn etwas in der Luft liegt. Viele sogenannte ‚Hochsensible' haben diese Angst."

„Und Sabrina?" „Der Starrsinnige hat meist sehr frühe Erfahrungen damit gemacht, dass plötzliche Veränderungen sein Leben negativ beeinflusst haben", erläutert Frau Voigt. „Aber Leben ist permanente Veränderung – und so entsteht die *Angst vor Unberechenbarkeit*. Der Starrsinnige versucht, durch Bewahrung des Alten von Veränderung verschont zu bleiben. Und wenn sie schon unabwendbar ist, Veränderung durch Planung, Struktur und gute Vorbereitung berechenbar zu machen, das Leben zu kontrollieren – subjektiv, versteht sich. Er rüstet sich durch Starre. Das geschieht, wie übrigens bei allen Ängsten, meist ganz unbewusst." „Oh je, da musste Sabrina unter mir ganz schön leiden, bei all den Neuerungen, die ich schon eingebracht hab!", seufzt Bastian.

Tipps zum konstruktiven Umgang mit den Ängsten

„Ich habe aber in diesen Tagen schon gelernt, meine Teamer mit etwas anderen Augen zu sehen. Und ich habe mich sogar bei Jan entschuldigt, das hat ihn echt entspannt", berichtet er Frau Voigt. „Wie kann ich nun die Ängste wegkriegen, oder wenigstens konstruktiv damit umgehen?"

Archetypische Grundängste haben eine wichtige Funktion

„Wie gesagt, sind die Ängste nach dem Persönlichkeitsmodell der *Archetypen der Seele*® Teil unserer Persönlichkeit. Sie haben jetzt vier von sieben kennengelernt", erläutert Frau Voigt. „Sie loszuwerden ist nicht möglich – und wäre auch kontraproduktiv, denn sie erfüllen eine wichtige Funktion als Katalysator für Ihr individuelles Wachstum. Zudem haben alle Ängste ein sogenanntes ‚befreites Potenzial'. Dies zu wissen ist für Führungskräfte wertvoll und ermöglicht auch, einzelne Menschen mit ihren Verhaltensmustern typgerechter einzusetzen. Ein paar Tipps gefällig?"

Tipps zum Umgang mit der Angst vor Unzulänglichkeit:

Selbstverleugner brauchen von Ihnen als Chef extra viel Lob (auch wenn sie es meist schwer annehmen können), und immer wieder ein gezieltes **Aufzeigen ihrer Potenziale**. Haben sie eine Aufgabe gut gelöst, geben Sie ihnen als Bestätigung gezielt ähnliche Aufgaben, um mehr und mehr Sicherheit aufzubauen. Achten Sie darauf, dass Sie das Lob zunächst unter vier Augen geben. Sonst könnte es einem starken Selbstverleugner peinlich sein. Selbstverleugner blühen bei Bestätigung regelrecht auf! Diese muss aber, damit sie für diesen Menschen annehmbar ist, sich **auf konkrete Dinge beziehen und auf keinen Fall allgemeine Floskel sein**. Also ein **konkretes** Feedback, das von Herzen kommt! Aufträge sollten sehr konkret Ihre Erwartungen an Ziel, Umfang und Detailgrad enthalten, damit klar ist, wann die Aufgabe „gut genug" gelöst ist.

No-Gos im Umgang mit Selbstverleugnern: Schnelle Entscheidungen abverlangen, Kritik vor anderen (ist sowieso ungünstig), Vergleiche mit anderen (machen Selbstverleugner selbst sowieso schon permanent), Konflikte unaufgeklärt lassen.

Sie sind selbst betroffen? Da gibt es einen schönen Trick, um die inneren abwertenden und negativ vergleichenden Stimmen zu beruhigen. Nachdem wieder einmal ein Kommentar der inneren Stimme kommt wie „Aber das kann ich ja sowieso nicht!" oder „Das können die anderen ja viel besser!", fügen Sie einfach hinzu: „Aber das glaube ich nur!" Und bilden von diesem Satz diverse Varianten. Das entlastet und kann Ihre neue Affirmation werden.

Tipps zum Umgang mit der Angst vor Versäumnis:

Ungeduldige haben gerne das Ruder in der Hand, und da sie häufig in der Tat große Organisationstalente sind und wirklich „was wegschaffen", nutzen Sie als deren Führungskraft doch diese Fähigkeiten! Wenn Sie zum Beispiel insgeheim die Deadline etwas vorverlegen – die plötzlich vorhandene „freie" Zeit wird zwar sofort wieder verplant, schafft aber kurzeitig echte Entspannung. (Diesen Trick kann man übrigens auch bei sich selbst anwenden!)

Und in Meetings sollten Sie dem Ungeduldigen mit seinem Part das letzte Drittel der Besprechung zuteilen. Soooo lange warten zu müssen ist zwar eine Qual, aber als Erster dranzukommen macht die Restzeit unerträglich, da man doch in dieser Zeit schon tausend sinnvolle Dinge machen könnte.

No-Gos im Umgang mit Ungeduldigen: Viele Details erzählen, sich wiederholen, unvorbereitet sein in Besprechungen, Ziellosigkeit (bzw. nicht kommunizierte Ziele).

Selbst betroffen? Achten Sie zunächst darauf, Ihre To-do-Listen in wirklich kleine „Chunks", also Denk- und Arbeitseinheiten zu gliedern. Und dann erst mal tief durchatmen und sich bewusst ins Hier und Jetzt bringen. Es ist für Ungeduldige unabdingbar, immer wieder Innehalten zu lernen. Denn Gegenwart ist immer, darin kann man ausruhen. Vor allem aber ist es nur im Jetzt möglich, sich selbst zu spüren und damit wieder zu merken, wann die Erschöpfung bevorsteht, und so sich selbst und auch die anderen nicht über jegliches Maß hinaus anzutreiben. Affirmationen wie zum Beispiel „Die Zeit ist mein Freund!" oder „Du hast alle deine Zeit!" immer wieder leise oder sogar laut zu sich selbst gesprochen können helfen, den Druck rauszunehmen.

(Es gibt natürlich noch weitere Möglichkeiten des Umgangs mit Ungeduld. Sie finden Sie – wo wohl ...?)

Tipps zum Umgang mit der Angst vor Verletztwerden:

Der Hochmütige im Team ist nicht so leicht zu führen. Hochmütige halten **Gefühle für „gefährlich".** Deswegen ist es für einen konstruktiven Umgang hilfreich, wenn Sie als Führungskraft vorsichtig agieren und Hochmütigen im Positiven ihre Besonderheit lassen, sie achten und hervorheben. Und wenn Sie dann von eigenen Gefühlen sprechen und damit nahbar werden, kann der Hochmütige seine Angstfrequenzen senken und auf Kontaktlevel gehen.

No-Gos im Umgang mit Hochmütigen: Laute Geräuschpegel, Unachtsamkeit und Polterigkeit, hemdsärmelige Verbrüderungen, übersehen werden.

Selbst betroffen? Was wie eine Lösung erscheint, verschlimmert das Problem: der Rückzug! Denn wenn sich der oder die Hochmütige weniger äußeren Reizen aussetzt, wird die Übersensibilität immer größer. Deswegen: Rein in die Welt! Und wenn sich jemand „danebenbenimmt", erinnern Sie sich: Was Peter über Paul sagt, sagt mehr über Peter als über Paul. Und dafür helfen ja Ihre großen Stärken, Feinfühligkeit und Mitgefühl. Sie hören die Flöhe husten, und auf Ihre Wahrnehmungen ist Verlass.

(Auf meiner Unterstützungsseite finden Sie übrigens Literaturhinweise, die sehr ausführliche und vertiefende Beschreibungen der archetypischen Urängste enthalten und weitere „Kuren" erläutern.)

Tipps zum Umgang mit der Angst vor Unberechenbarkeit:

Möchte man Starrsinnige bewegen, ist es hilfreich, so zu argumentieren: „Was in Zukunft gleich bleibt, ist ... Und dann wird es ein paar Variationen geben ... " Formulierungen dieser Art richten den Fokus auf das, was vertraut ist, und senken somit die Angstfrequenz. Auch ist es für Sie als Chef wichtig, Bedenken nicht zu bagatellisieren. Denn diese Hinweise zeigen auf, was bisher getragen hat, welche Ressourcen weiter genutzt werden könnten, und bewahrt vor übereilten Veränderungen, die Menschen emotional nicht mitgehen können. Also: Eher langsam, gut vorbereiten und den Starrsinnigen in die Überlegungen mit einbeziehen!

No-Gos im Umgang mit Starrsinnigen: Schnelle, spontane Planänderungen, Überraschungen.

Selbst betroffen? Die Angst vor Unberechenbarkeit kann unter anderem dadurch gemildert werden, dass Sie Ihre innere Starre lösen. Dafür hilft zum Beispiel Wärme und Körperberührung. Ein zartes Reiben der Arme oder Hände wird schon eine leicht beruhigende Wirkung haben. Machen Sie sich bewusst, was trotz allen Wandels bleibt, wie es ist, und welche Vorteile und neue Möglichkeiten er bietet.

Resümee

So sind wir Menschen eben – alle richtig! Also werde, der du bist!

Mit den Ängsten ist ein prägender Teil unserer Persönlichkeitsmerkmale nach den Archetypen der Seele skizziert. Die hier vorgestellten Merkmale Ungeduld, Selbstverleugnung, Hochmut und Starrsinn sind vier von sieben archetypischen Urängsten, von denen jeder Mensch je zwei zu seinem Grundcharakter zählt. *Selbstsabotage* als *Angst vor Lebendigkeit*, das *Märtyrertum* als Kompensation der *Angst vor Wertlosigkeit* und die *Gier* als *Angst vor Mangel* machen das Set komplett! Da gibt es nichts „wegzumachen" – aber sehr wohl zu balancieren.

Durch das obige Beispiel konnten Sie erleben, wie sich „Frau Voigt" als Mentorin und Coach in Unternehmen einsetzt – sie ist mir übrigens nicht nur ähnlich, weil sie meinen Geburtsnamen trägt.

Meine Erkenntnis: Unternehmen bestehen aus Menschen, und Menschen sind menschlich. Ängste und andere Emotionen gehören zum Menschsein dazu, auch im Geschäftsalltag. Und wenn es schwierig wird, sind meist Gefühle „schuld". Wenn also Gefühle ohnehin im Spiel sind, dann nutzen Sie sie doch gleich als Impuls zur positiven Selbstreflexion. Was nützt Ihnen dieses Wissen? Vor allem bekommen Sie durch diese Sichtweise einen anderen Zugang zu sich selbst! Denn auch Sie persönlich „dürfen so sein, wie Sie sind"! Weniger inneres Beschimpfen und Druck, stattdessen ein immer freundlicheres sich selbst Annehmen. Das ist der Weg von Reflexion zu konstruktiver Selbstführung, die Ihnen ein gutes Standing gibt und die Grundvoraussetzung für eine unverstrickte, klarere Führung schafft.

Mit dieser Bewusstseinsreife ermöglichen Sie ein Miteinander, das Authentizität und Individualität für gemeinsam erreichte Ziele nutzbar macht. Denn wenn Menschen spüren, dass ihr Potenzial gesehen und genutzt wird, steigen ihr Engagement, ihre Offenheit gegenüber Perspektivwechseln und die Möglichkeit des Voneinanderlernens.

Am besten wäre natürlich, alle besäßen dieses Wissen – gemeinsame Seminare, in denen dies vermittelt wird, sind ein besonders verbindendes Erlebnis. Aber starten können Sie auch erst einmal mit einem Archetypencoaching für sich selber.

Denn die Archetypen der Seele lassen Sie auf kluge Art neuen Geist und Achtsamkeit in Ihr Leben und ins Business bringen. Viel Freude dabei!

---

1   Varda Hasselmann, Frank Schmolke: Archetypen der Seele, Goldmann - Arkana Verlag, München, völlig überarbeitete 3. Auflage, 2010
2   Varda Hasselmann, Frank Schmolke: Die sieben Archetypen der Angst: Die Urängste des Menschen erkennen, verstehen und behandeln, Goldmann - Arkana Verlag, München, 2009

Marion Lockert

Führungs- & Persönlichkeitstrainerin, Coach, Ausbilderin, Autorin, Emotion Expert, Guide für Sinnsucher. Mein Ansatz: lösungs- und ressourcenorientiert, methodisch vielfältig und strukturiert, humorvoll, kreativ und intuitiv.

Von Haus aus Pädagogin, begleite ich Menschen in Unternehmen zu sinnvollem Wachstum, konstruktivem Miteinander, Selbst-Bewusstsein, Ausstrahlung und Freude – als Führungskräfte-Trainerin, Businessaufstellerin, Coach und Spezialistin für Emotionen. Der Führungskräfte-Nachwuchs liegt mir am Herzen, denn er ist Leistungsträger neuer Art und Innovationskraft zu einer neuen Dimension von Führung. Mit dem Marion Lockert Institut biete ich neben Führungskräfte- und Teamentwicklung die Begleitung von Veränderungsprozessen mit Workshops und Trainings – eben Wandel mit Sinn und System. Privatpersonen finden bei uns beispielsweise Persönlichkeits- und Archetypencoachings, systemische Aufstellungen, Jahresgruppen und mehr.

Fakten: Seit 1988 selbstständig, NLP (Lehrtrainer / Lehrcoach DVNLP), seit 1995 mit Aufstellungsarbeit (Lehrtrainerin für Familien- und Lösungsaufstellungen DGfS, zert. infosyon Professional für Business- und Organisationsaufstellungen) und den „Archetypen der Seele" nach Hasselmann/Schmolke verbunden, autorisierter Archetypencoach. Initiatorin des Forschungskreises „Archetypen der Seele – Spiritualität im Business".

Unterstützungsangebote der Autorin für Sie:

Auf meiner Unterstützungsseite im Internet habe ich für Sie spezielle Materialien zu Ihrer Unterstützung bereitgestellt. Sie finden sie unter:

www.junior-manager.de/marion_lockert2

Sturm im Beziehungswald

Sturm im Beziehungswald
Lösungen mit System
Marion Lockert

Sven S. hat BWL studiert und sich, angefüllt mit frischem Wissen, unglaublich auf den neuen Job gefreut. Klar musste er sich erst mal in die Funktion des Teamleiters einarbeiten und die Strukturen kennenlernen, doch dass die Mitarbeiter bei jeder von ihm vorgeschlagenen und wirklich bitter notwendigen Verbesserung so mauern würden, hätte er nicht erwartet. Er fühlt sich verunsichert. Also klotzt er ran, seit Monaten schon ist er der Erste, der kommt, und der Letzte, der geht, und er ist auch schon heimlich an Samstagen in der Firma gewesen.

Das Experiment mit dem Vorschlag seines Vaters, die Leute einfach mal mehr an die Kandare zu nehmen, hatte übrigens die Situation eher verschlimmert. (Das hatte er sich ja auch gleich gedacht! Sein Verhältnis zu seinem Vater ist sowieso nicht das beste.) Sven ist ziemlich ratlos, immer gestresster und wenig in seiner Kraft. Was ist eigentlich da los, und was nun? Wie kann er sich besser durchsetzen? Sollte er einfach mal einen Rhetorikkurs belegen?

Häufig ist, so zeigt die Erfahrung, das Problem gar nicht das Problem, sondern eher ein „Symptom". Wie bei einem Mobile, bei dem das am stärksten tanzende Teil nicht unbedingt das angestoßene sein muss, geht eine systemische Sichtweise nicht von einer einfachen Ursache-Wirkungs-Konstruktion aus, sondern von einer Verflechtung der Faktoren. Sie sieht Vorkommnisse in komplexen und holistischen Zusammenhängen.

> **Mein Tipp:** Gibt es Schwierigkeiten, lohnt es sich, nicht sofort auf das Symptom zu reagieren. Überlegen Sie stattdessen: Welchen guten Grund könnten die Akteure haben? Und wer profitiert von dem Symptom?

(Mehr „systemische Fragen" zur Erhellung von Vorkommnissen und dem Unterschied zwischen Symptom und Problem finden Sie auf meiner Unterstützungsseite für Sie.)

Was heißt „systemisch"?

So betrachtet nützt es also wenig, eine geschwollene Wange mit Salbe zu behandeln. Die systemische Sichtweise würde hier erkennen, dass die wesentliche Ursache von der entzündeten Zahnwurzel herrührt, und deren Reizung vielleicht sogar von einer Verspannung der Nackenmuskulatur hervorgerufen wurde, die wiederum ... – deutlich?

Es begann in den 70er-Jahren des letzten Jahrhunderts, als im Bereich der Familien-therapie erstmals der Gedanke laut wurde, den Menschen und seine Symptome nicht mehr nur individuell, sondern sein Verhalten als Teil und Spiegel eines systemischen Zusammenhangs zu sehen. In der empirischen Forschung[1] wurde deutlich, dass Prob-leme in immer wieder ähnlichen Konstellationen wurzelten. Daraus konnten bestimmte Regeln, sogenannte „Ordnungen" abgeleitet werden, deren Verletzungen sich in Blo-ckaden und Beeinträchtigungen zeigen. (Eine Literaturliste für die, die es genauer wis-sen wollen, findet sich auf meiner Unterstützungsseite für Sie.)

Mittlerweile ist klar: Wo immer Menschen in festeren Kontexten zusammenkommen, ob in Familien, in Partnerschaften, Teams, in Organisationen, wirken diese Regeln und Ordnungen der systemischen Gruppendynamik, deren Existenz wir als unbewusstes Wissen in uns tragen. Deswegen hängt zum Beispiel ein glatter und erfolgreicher Ein-stieg in ein neues Team und dessen weitere Führung maßgeblich davon ab, ob diese Regeln berücksichtigt werden. (Eine Auflistung der Regeln finden Sie ebenfalls auf mei-ner Unterstützungsseite!)

Dynamiken und Regeln in Systemen

Sind Ihnen diese Dynamiken bewusst, erleichtert es Ihr Wirken und Sie haben die Chance, mehr Klarheit über Ursachen von Spannungen und Reibungsverlusten im Team zu erhalten – und damit konkrete Lösungsansätze zu finden. Kurz gesagt: Sys-temische Kompetenz in unbewussten Dynamiken eines Unternehmens macht stimmi-ges und erfolgreiches Handeln leichter möglich!

Es gibt eine ganze Reihe Symptome, die Rückschlüsse darauf zulassen, dass systemi-sche Dynamiken verletzt wurden, zum Beispiel

- sinkende und niedrige Motivation
- häufig aufflackernder Streit bis hin zu Mobbing
- hohe Krankheitsrate und Fluktuation
- Führungskräfte führen nicht
- Mitarbeiter folgen nicht
- Widerstand gegen Veränderung
- Wirtschaftliche Stagnation trotz guter Produkte / Projekte
- Immer wieder Ärger mit Kunden
- Konflikte und Kompetenzüberschneidungen bei Fusionen und Unternehmensnachfolge

Regel 1: Wer länger da ist, hat Vorrang

So ist, wenn wir noch einmal einen Blick auf Sven werfen, hier die „Verletzung" einer systemischen Regel sichtbar geworden, die Sie wahrscheinlich auch schon „im Gefühl" haben: Die Dauer der Betriebszugehörigkeit bestimmt nämlich zu einem großen Teil das „spezifische Gewicht" eines Mitarbeiters. Werden also die Erfahrungen und das angesammelte Wissen von langjährigen Mitarbeitern nicht erfragt, gewürdigt, genutzt, werden sie sich der neuen, oft auch noch jüngeren Führung offen oder heimlich widersetzen. (Diese Regel wird ja auch im Falle von Entlassungen berücksichtigt: Last in, first out.)

Natürlich ist Svens Drang, sein frisch erworbenes Wissen anzuwenden und seine Fähigkeit, als Neuling ohne Betriebsblindheit Schwachstellen zu entdecken, sowie das Bedürfnis, Anerkennung und Statussicherheit zu gewinnen, sehr verständlich. Will er jedoch seine gute Position im neuen Team finden, tut er gut daran, zunächst „vom letzten Platz aus" zu führen, also zum Beispiel, sich zunächst häufig respektvoll nach bestehenden Praktiken und Traditionen zu erkundigen und diese zu würdigen.

Meine Erfahrung: Bei allen Veränderungsprozessen in Unternehmen ist diese Regel von größter Bedeutung – viele Change-Maßnahmen scheitern an ihrer Missachtung.

Mein Tipp: Machen Sie sich als „neue Führungskraft" bewusst, dass das Unternehmen – wie immer es augenblicklich auch dasteht – auch ohne Sie bis hierher gekommen ist. Können Sie das zuvor Geleistete anerkennen und würdigen? Denn: Spüren die Mitarbeiter, dass die neue Führungskraft die Bemühungen und Leistungen der „Alten" sieht, sind sie gerne bereit, auch neuen Impulsen zu folgen.

Regel 2: Die höhere Hierarchie hat das größere Gewicht

Hier geht es um den Einfluss und die Führungs-Kraft, die jemand in einem Unternehmenssystem hat – und die er von anderen zugestanden bekommt.

Gruppen brauchen ein „Alpha-Tier"

Damit sich Gruppen sicher und geschützt fühlen, ist ein „Alpha-Tier" notwendig – zumindest bis zu einer bestimmten Entwicklungsstufe oder Reifegrad. Sie brauchen also jemanden, der bei „Gefahr" von allen als weisungsbefugt anerkannt ist. Hat sich diese Position geklärt, beruhigen sich die Nerven und die Gruppe ist arbeitsfähig.

Fehlt das „Alpha-Tier", wird jemand aus der Gruppe mit hohem Dominanzstreben unbewusst diesen unbesetzten Stuhl besetzen. Er sichert damit die psychische Stabilität und Funktionsfähigkeit der Gruppe und handelt somit mehr als Teil des Systems als als Individuum. Er ist nun der informelle Führer der Gruppe, dessen Wort bei Entscheidungen gilt. Die offizielle Führungskraft hat damit ihre Autorität eingebüßt.

Führung macht einsam

Führungskräfte sind also immer ein bisschen einsam. Die Führungskraft ist nämlich – gruppendynamisch gesehen – nicht Teil des Teams. Das wird z.B. daraus deutlich, dass ihr nicht alles erzählt wird. Was nicht bedeuten muss, dass keine freundliche, sogar warme und herzliche Atmosphäre herrschen kann. Verbrüderungen sind allerdings nicht angemessen – und auch nicht förderlich. Führungskräfte, die häufiger sehr persönliche Details aus ihrem Leben erzählen, wirken nicht nahbar, sondern befremdlich und bringen die Mitarbeiter oder Kollegen in eine andere, oft schwierige Rolle.

> **Mein Tipp: Fragen Sie sich, was es für Sie bedeutet, Führungskraft zu sein. Sagen Sie emotional JA zu Ihrer Position außerhalb des Teams – ohne sich als etwas „Besseres" zu fühlen?**

Autorität ist nicht gleich autoritär

Wenn jemand über Autorität verfügt, muss er nicht autoritär sein, um wirksam zu werden. Dafür muss die Führungsposition allerdings auch „innerlich" eingenommen werden. Ich kenne viele Führungskräfte, die mir in Seminaren voller Stolz berichteten, sie und ihre Mitarbeiter seien ein tolles Team und alle gleich – und die später erzählten, dass sie in vielem ihre Arbeitsaufträge immer wieder kontrollieren und nacharbeiten müssten. Was passiert da aus systemischer Sicht?

Führung ist eine Sache der inneren Einstellung

Eine Führungskraft muss die Entscheidung treffen, sich bewusst außerhalb und an die Spitze ihres Teams zu stellen. Denn die Position und auch die Verantwortung der Führungskraft ist eine andere als die eines Teamers. Das tritt spätestens zutage, wenn sie eine Kündigung aussprechen muss!

Es gibt einige Gründe, weswegen jemand innerlich seinen Platz als Führungskraft nicht einnimmt. Wenn zum Beispiel „Hierarchie" und „Führung" als „politisch/moralisch unkorrekt" bewertet wird (findet man oft in Non-Profit-Organisationen), lehnen Menschen das Führen häufig ab. Manche möchten nicht wirklich in Führung gehen, weil das Bedürfnis nach Nähe in einem Team stark ist (s.u.). Und es passiert auch, wenn jemand eine unterschwellige Rebellion gegen Autoritäten wie z.B. seine Eltern unbewusst auf die berufliche Ebene überträgt.

Ist also die Führungsposition unbewusst vakant, setzt unweigerlich eine spezifische Gruppendynamik ein, und diese „systemische Verstrickung" lähmt die Produktivität.

Übrigens: Wie sich unschwer sehen lässt, können sich Regel 1 und Regel 2 durchaus widersprechen, schließt das eine das andere nicht aus. Und häufig ergibt sich daraus eine besondere Form der systemischen Verstrickung. Sagt Ihnen das etwas in Bezug auf Svens Fall, der das Gefühl hatte, gegen „sein" Team kämpfen zu müssen?

Regel 3: Geben und Nehmen muss ausgeglichen sein

Die berechtigte Klage über die Gier, die einige Menschen und Unternehmen an den Tag legen und die sich zum Beispiel in wachsenden Lohnkürzungen und Dumpingpreisen zeigt, weckt unseren natürlichen Gerechtigkeitssinn. Filigraner zeigt sich die Verletzung dieser systemischen Regel aber darin, dass in Unternehmen, die ihren Mitarbeitern über lange Zeit unausgeglichene Mehrarbeit abverlangen, die Rate von Krankheit, Betrug und Diebstahl unter den Mitarbeitern steigt. Hier wird eine unbewusste Ausgleichsbewegung sichtbar.

Weniger klar ist vielen jedoch die andere Seite dieser Regel: Auch das Nehmen will gelernt und praktiziert sein! Nicht wenige Menschen tun sich sogar schwer, einen Dank anzunehmen, und weisen ihn mit Sätzen wie: „Ach, nicht dafür!" oder „Kein Problem" (wer hat eigentlich was von Problem gesagt?) von sich. Der Dankende steht dann komisch da, mit seiner Dankes-Gabe, die doch den geringstmöglichen Ausgleich darstellt.

Mein Tipp: Wie leicht fällt es Ihnen, Dank anzunehmen, ohne sich zu rechtfertigen oder kleinzumachen? Sagen Sie einfach: Bitteschön! und freuen Sie sich.

Hat jemand in einer Beziehung lange mehr gegeben als der andere, passiert oft etwas Erstaunliches: Derjenige, der lange über die Maßen genommen hat, geht – und zieht damit Zorn und Schimpf all derjenigen auf sich, die diese systemische Regel nicht kennen. Denn er geht, weil deutlich ist, dass ein Ausgleich unmöglich geworden ist. So wird er in der Beziehung immer der „Unterlegene, Schwächere" sein – und wem Ebenbürtigkeit ein wichtiger Wert ist, wird das nicht aushalten wollen.

Menschen, die sich in Unternehmen also permanent aufopfern, ohne einen Ausgleich zuzulassen (und oft trotzdem heimlich Ungerechtigkeit beklagen und sich als Opfer fühlen), schwächen ihre Position.

(Eine vollständige Liste der systemischen Ordnungen finden Sie auf meiner Unterstützungsseite zum Herunterladen.)

Sie ahnen es schon, Sven ist im Konflikt mit allen drei Regeln. Welchen Stand er in seinem Team hat, wo genau nun ein Ansatzpunkt für eine Lösung sein könnte, was ihm dabei hilft und was nun zu tun ist – wäre es nicht enorm hilfreich, wenn es ein Tool dafür gäbe, all das zu klären? Gibt es!

Mit Systemaufstellungen „Ordnung in Systeme" bringen

Für Klarheit in all diesen Punkten kann eine spezielle Methode sorgen, die sich ebenfalls aus dem Bereich der familiensystemischen Arbeit entwickelt hat: Die sogenannte systemische Organisations- oder Businessaufstellung.

Diese wird mittlerweile seit über 20 Jahren auch im Bereich der Wirtschaft eingesetzt, Evaluationsstudien bescheinigen ihr eine herausragende Wirksamkeit. Auch in einigen Universitäten (Bremen und Ansbach) wird bereits z.B. im Bereich Marketing und Projektmanagement regelmäßig mit Aufstellungen gearbeitet. Dabei ist die Methode mit den Attributen „erstaunlich, unglaublich erhellend und etwas spooky" nicht unpassend beschrieben.

Systemische Aufstellung als Methode

Stellen Sie sich einen großen Raum vor, in dem vielleicht elf Personen auf den ersten Blick wie zufällig herumstehen. Diese Menschen können Personen wie den „Teamleiter Sven", diverse „Mitarbeiter", „die Kunden", aber auch Objekte wie „das Projekt" und „die Motivation" oder „das heimliche Thema" repräsentieren. Folgendes Szenario entspinnt sich:

„Ich kann dem da drüben echt nicht aufs Fell gucken, der macht mich wütend mit seinem selbstbezogenen Aktivismus. Aber auf uns guckt der gar nicht, nix ist dem gut genug", sagt der Mann in Schwarz. „Ich gucke einfach nach draußen und wenn ich könnte, würde ich gehen", bemerkt eine Zweite.

Abb. 1: Typische Szene aus einer Business-Aufstellung. Das erste „Bild" ist aufgestellt, die Repräsentanten fühlen sich ein.

Und der Repräsentant für Sven meint: „Ich habe hier zu nichts einen richtigen Bezug, fühle mich völlig auf verlorenem Posten. Und am meisten vermisse ich eine Rückendeckung. Doch da ist nichts". Schließlich sagt die Frau, die für das Projekt steht: „Haben die denn alle nur mit sich selbst zu tun? Ich bin total klasse und stark und keiner schaut auf mich. Dabei habe ich so eine große Unruhe in den Füßen und frage mich, warum es nicht endlich losgeht!"

So könnte eine typische Szene einer sogenannten „systemischen Business-Aufstellung" klingen. Und spiegelt damit treffsicher die unterschwelligen Beziehungsstrukturen und Befindlichkeiten eines Systems oder Subsystems, zum Beispiel eines Unternehmens oder auch wie hier, Svens Abteilung, wider.

Das Merkwürdige dabei ist allerdings, dass die Repräsentanten (auch Stellvertreter genannt) völlig Fremde sind, die außer der Position / Funktion innerhalb des Organigramms keinerlei Informationen über die realen Menschen besitzen, die sie vertreten.

Repräsentierende Wahrnehmung als Analyseinstrument

Agieren Sie als Repräsentant, werden Sie bei einer Aufstellung automatisch von etwas erfasst, was im Fachjargon „repräsentierende Wahrnehmung" heißt. Das bedeutet, dass einem Menschen auf (heute noch) unerklärliche Weise im Zustand und der Funktion der Stellvertretung Befindlichkeiten, Gefühle, Haltungen bis hin zu Überzeugungen zugänglich werden, die nachweislich nicht die eigenen sind. Und dafür muss man noch nicht einmal über besondere Qualifikationen verfügen. Klingt spooky? Stimmt! Untersuchungen der Universität Witten Herdecke (siehe Literaturliste) haben allerdings die Validität der repräsentierenden Wahrnehmung in einer Studie hoch positiv getestet. So wissen wir zwar nicht, *wie* es funktioniert, aber sicher, *dass* es funktioniert.

Die Kommentare der Stellvertreter, die keinerlei Informationen über die betreffende Firma und andere Details besitzen, sind so treffend, dass mich vor Kurzem ein Abteilungsleiter während seiner Aufstellung verwundert fragte: „Frau Lockert, die haben Sie doch wohl vorher gebrieft, oder?" (Natürlich war das *nicht* so!)

In meinen Seminaren mache ich regelmäßig die Erfahrung, dass es jedem möglich ist, auf diese Weise zu repräsentieren. Auch wenn natürlich Übung die Sensitivität verfeinert, und nebenbei gesagt, das Repräsentieren in Aufstellungen ein wunderbares Trainingsinstrument für Achtsamkeit und Intuition darstellt. Im Gegenteil, die Neutralität der Stellvertreter ist bei einer Aufstellung von großem Nutzen, da sie ja ohne jegliche Voreingenommenheit und Absicht sprechen.

Das Vorgehen

Zu einer Aufstellung kommt häufig eine Person allein, zum Beispiel der Abteilungsleiter, der Geschäftsführer oder auch ein Teamleiter. Die realen Beteiligten können, müssen aber nicht zugegen sein – ein großer Vorteil z.B. bei Konflikten oder als intern, vertraulich oder persönlich geltenden Fragen.

Nachdem in einem Vor-Interview mit dem Kunden die Aufstellungsleiterin das Thema präzise fokussiert hat, wird in der Aufstellung zunächst der Ist-Zustand abgebildet. Dazu schlägt die Aufstellungsleiterin vor, welche Personen oder Elemente aus systemischer Sicht für die Fragestellung relevant scheinen.

Vom Symptom zum Problem

Der Auftraggeber wählt dann die neutralen Repräsentanten für die realen Beteiligten aus und positioniert sie nach Gefühl im Raum. So wird das unbewusste innere Bild nach außen visualisiert. Da immer auch ein Repräsentant für die eigene Person mit im Raum steht, kann der Aufstellende das Szenario von außen wie ein Bühnengeschehen betrachten. Schon allein dadurch entstehen starke Aha-Effekte. Denn es zeigen sich durch die Aussagen der Stellvertreter schnell die Knackpunkte – man kommt von der Vermutung über Symptome zum wahren Kern des Problems.

Von der Analyse zur Lösung

Es bleibt nicht bei der Analyse stehen. Durch Neupositionierungen der Systemelemente beginnt eine Veränderungsarbeit. Ziel ist es, Lösungen zu kreieren und zu visualisieren, die für alle Systemfaktoren annehmbar und bestärkend sind. So werden Ressourcen wieder fruchtbar und die Aufmerksamkeit kann wieder auf die produktive Erfüllung der Aufgaben fallen. Mithilfe der Aussagen der Stellvertreter und daraus entwickelten Ritualen und Handlungsvollzügen werden schließlich Blockaden gelöst, letzte Ressentiments geschlichtet und neue Kräfte freigesetzt.

Lösungen testen

Ebenso ist es möglich, Lösungswege vorab auf Stimmigkeit und Wirksamkeit zu überprüfen. Stellt man also eine mögliche Lösung per Repräsentant in das System, geben die Stellvertreter sofort Auskunft über dessen Wirkung. Schneller und klarer geht es nicht. Und enorm häufig kam ein Auftraggeber danach und berichtete: „Fast 100 % wie in der Aufstellung ist es dann auch wirklich gelaufen!"

Im Falle von Sven zeigte sich, dass die Mitarbeiter sich nicht gesehen und nicht wertgeschätzt fühlten. Gut, das haben wir uns ja schon gedacht. Dass sie aber außerdem noch völlig solidarisch mit Svens Vorgänger waren, der auf undurchsichtige Weise entlassen wurde, hat schon überrascht. So etwas verzeihen Mitarbeiter schwer, und auch wenn es ihnen oft gar nicht bewusst ist, mauern sie deswegen bei dem Neuen, selbst wenn der sich große Mühe gibt. So bestand ein Teil der Lösung darin, dass Sven sich ausdrücklich bei den Mitarbeitern über ihn erkundigte und ihn damit einbezogen hat. Sven bekannte sich kritisch zu seiner Selbstbezogenheit und würdigte die Leistung der Mitarbeiter – zunächst „virtuell" als Ritual in der Aufstellung.

Eine weitere Erkenntnis lag für Sven im Sichtbarwerden seines Selbstverständnisses von Führung und dem Annehmen männlicher Kraft aus seinem Familiensystem. Sie erinnern sich an die „mangelnde Rückendeckung"? So anschaulich vor Augen geführt, erlaubte sich Sven, seine Enttäuschung über das „als Sohn Zukurzgekommensein" zu spüren. Er entschied sich danach für ein persönliches Coaching und später zu einer Familien- bzw. Lösungsaufstellung, um auch dieses Problem zu verändern und einen guten Zugang zu seinen Ressourcen zu finden.

Dinge „in Ordnung" bringen

Das neue Bild, das in der Aufstellung entstand, mit Sven an seinem Platz der Verantwortung und den Mitarbeitern in der Reihenfolge der Betriebszugehörigkeit, brachte alle in ihre Kraft, in Blickkontakt und guten Bezug zueinander. So war erstmals Kapazität frei, sich uneingeschränkt dem Projekt zuzuwenden. Ein dreiviertel Jahr nach der Aufstellung überraschten ihn seine Mitarbeiter mit einer riesigen Geburtstagstorte!

Resümee

Mittlerweile greifen immer mehr Unternehmen zu dieser Form der Problemlösung, denn die wissenschaftlichen Evaluationsstudien[2] überzeugen genauso wie die fantastischen Ergebnisse in der Praxis.

Mut bringt Lösung

Die Aufstellungsarbeit ist eben ein probates Mittel, um Bremskärfte, Konflikte, Stagnationen, Demotivation oder Entscheidungsfolgen zu analysieren, Lösungswege im Vorfeld systemisch zu prüfen und auf den Weg zu bringen. Selbstständige, Unternehmer und Führungskräfte sollten wissen: Stimmt es menschlich, stimmt auch die Produktivität! Sind die Dinge „in Ordnung", kann ein Sturm dem Beziehungswald wenig anhaben. Dafür lohnt es sich, mutig hinter die Kulissen zu schauen.

Mit systemischer Kompetenz die Nase vorn

Gut also, systemische Grundlagen in Ihrem Führungsportfolio zu haben. Mit dieser Kompetenz können Sie punkten. Schon allein die Kenntnis der systemischen Regeln hilft, denn dieses Wissen gewährleistet größere Klarheit, gestärkte Nachhaltigkeit und stimmigere Entscheidungen für die Zukunft.

Aufstellungen eröffnen Horizonte

Business-Aufstellungen bieten auch die Chance, menschliche Verhaltensweisen – die der anderen und die eigenen – grundsätzlich besser zu erfassen. Nicht nur verstandesgemäß, sondern auch emotional. Und eine Familien- oder Lösungsaufstellung lässt Sie die Komplexität des Lebens und die Tragfähigkeit von Beziehungen tiefer spüren und begreifen und stärkt Ihnen den Rücken.

(Auch Einzelaufstellungen sind da bereits eine wertvolle Erfahrung. Ein systemisches Schnupper-Coaching, das ich Ihnen gerne gratis anbiete, möge Ihnen den Weg zu mehr Erkenntnis leichter machen. Mehr dazu siehe meine Unterstützungsseite.)

So gibt Ihnen ein geordnetes „System" Standing und Plattform für Ihr eigenes Fortkommen und ein Mehr an Handlungsfreiheit und innerer Kraft. Dann ist alles „gut aufgestellt" – probieren Sie es aus!

---

1   zunächst vor allem von Virginia Satir, später von Moreno und Bert Hellinger, erstmals in: Weber, Gunthard, Zweierlei Glück – Die systemische Psychotherapie Bert Hellingers, Erstauflage 1995
2   siehe z.B. Schlötter, Dr. Peter und auch Höppner, Gerd, siehe auch http://familienaufstellung.org/Studien. Präzise Literaturangaben und weitere Titel finden Sie auf meiner Unterstützungsseite für Sie.

Astrid Mangold

Ich habe 18 Jahre im Bereich Marketing und Vertrieb in der Pharmaindustrie gearbeitet und Führungs-
erfahrungen auf unterschiedlichen Führungsebenen gesammelt. Seit 20 Jahren bin ich als Begleiterin
von Unternehmen in unterschiedlichen Einsatzbereichen tätig: Als Unternehmenscoach biete ich wirt-
schaftspsychologische Beratungen, Trainings und Coaching sowie (softwaregestützte) Fördermittelbe-
ratungen an. Als LQ®-Wirtschaftspsychologin arbeite ich als Dozentin für die Bereiche Human Res-
sources, Personalmanagement, Bewerbercoaching, BWL für unterschiedliche Weiterbildungsinstitute
und halte u.a. Fachvorträge zu verschiedensten Themen. Zertifizierte Demographie-Beraterin, zertifizierte Auditorin für Psych BGM und zertifizierte Beraterin für die Offensive Mittelstand gehören ebenfalls
zu meinen Kompetenzfeldern.
Als Inhaberin der Agentur für BTC – Beratung. Trainings. Coachings. arbeite ich nach den ethischen
Grundsätzen des Berufskodex für die Weiterbildung des Forum Werteorientierung in der Weiterbildung
e.V. (FWW). Seite 2010 bin ich als Fachexpertin für ISO 9001 in den Bereichen Führungskräfteentwick-
lung, Wirtschaft und Gesundheitswesen berufen worden und QM-Beraterin in der Weiterbildung. In folgenden (Berufs-)Verbänden und Netzwerken bin ich Mitglied: Verband für Personalmanager, Berater
und Coaches; Trainertreffen Deutschland; Wertenetzwerk e.V.; BDV. Und ich bin Vorsitzende im Ausschuss der Zertifizierungsstelle für Managementsysteme, Produkt- und Personenzertifizierungen der
APV-Zertifizierungs GmbH Kassel.
Seit mehr als 20 Jahren beschäftige ich mich damit, wie Führungskräfte mit Mitarbeitern besser umgehen können und bilde inzwischen Beziehungsmanager (Der BZM®) aus, die in Unternehmen als Prä-
ventionsbeauftragte u.ä. tätig sind. Auf unterschiedlichen Führungsebenen habe ich dafür das Bezie-
hungsmanagement-Modell, das ich Ihnen hier als Problemlösungshilfe vorstelle, erfolgreich eingesetzt.
Die Erfahrungen haben gezeigt, dass die Anwender ihre Probleme damit sehr schnell lösen und zielori-
entierter weiterarbeiten konnten und ein wertschätzender Umgang miteinander möglich ist.

Unterstützungsangebote der Autorin für Sie:

Auf meiner Unterstützungsseite im Internet habe ich für Sie spezielle
Materialien zu Ihrer Unterstützung bereitgestellt. Sie finden Sie unter:

www.junior-manager.de/astrid_mangold

„Zickenkrieg" im Büro
Wenn Emotionen die Lösung von Problemen blockieren
Astrid Mangold

Bernd K. ist seit ca. zwei Monaten als Nachwuchs-Führungskraft Leiter der Service-Abteilung eines mittelständischen Unternehmens in der Gesundheitsbranche. Zwei seiner Mitarbeiterinnen sitzen sich seit Jahren in einem Büroraum direkt Schreibtisch an Schreibtisch gegenüber. Beide haben eine Ablage, die für beide zweckdienlich an einer bestimmten Stelle steht. Wir nennen die beiden Kolleginnen mal Angelika M. und Belinda O.

Eines Morgens kommt Angelika M. in das Büro und ist von Belinda O. ziemlich genervt. Normalerweise reden die beiden sehr viel miteinander. Es hat sich auch privat eine Freundschaft entwickelt. Seit diesem Morgen ist es anders! Nur das Nötigste wird gesprochen, privat kein einziger Satz mehr. Nach kurzer Zeit macht das Verhalten auch andere Kollegen stutzig, weil beide auch in den Pausen immer zusammen gesessen haben, inzwischen jedoch getrennt. Die anderen Kollegen wollen sich jedoch nicht einmischen und Bernd K. bekommt nichts mit. Diese Situation hält über Wochen an.

Irgendwann beschwert sich Belinda O. bei Bernd K., dass Angelika M. ihre Ablage so gestellt habe, dass sie sie nicht mehr sehen könne. Sie wirft der Kollegin vor, sie wolle alles verdeckt halten, nur um keinen Kontakt zu ihr haben zu müssen. Auch würde sie kein Wort mehr mit ihr reden. Sie fühle sich von ihr ausgegrenzt.

Bernd K. findet die Äußerung etwas überzogen und will von ihr wissen, weshalb sie glaubt, dass sich an der Ablage etwas verändert hat und wieso Angelika M. nicht mehr mit ihr redet. Seiner Meinung nach hat sich an den Ablagen nichts verändert. Belinda O. meint, der Vorgesetzte würde sich täuschen und sie habe das Gefühl, dass die Kollegin ihr aus dem Weg gehe und sie nicht mehr achte.

Bernd fragt sie genervt, ob sie denn bereits versucht habe mit Angelika M. zu sprechen?

Was ist passiert? Bernd K. hat unterstellt, dass das Empfinden der Mitarbeiterin nicht stimmen kann. Ein fataler Fehler, der übrigens immer wieder von Führungskräften gemacht wird, weil sie durch den lästigen „Kleinkram" und „Zickenkrieg" genervt sind und kein wirkliches Problem erkennen können oder glauben, dass sich solche Situationen von alleine regeln.

In unserem Fall hat Bernd K. als Vorgesetzter nicht erkannt, dass Belinda O. sich in einer enormen emotionalen Belastungssituation befindet und sehr unglücklich über diesen Zustand ist. Sie braucht Unterstützung und Hilfe bei der Lösung ihres Problems. Durch so ein Verhalten der Führungskraft fühlen sich Mitarbeiter nicht ernst genommen und werden mit einer Situation im Stich gelassen, die sie selbst oft nicht mehr klären können. Das kann zu fatalen Folgen führen und sich mehr und mehr zu einem wirklichen Problem aufschaukeln. Der Grund: Der Vorgesetzte hat zu spät oder gar nicht reagiert – und kann das Problem irgendwann selbst auch nicht mehr lösen.

Wie könnte ein förderlicheres Verhalten eines Vorgesetzten in einer solchen Situation aussehen? Bernd K. könnte z.B. Belinda O. aufmerksam zuhören (Wahrnehmung). Er lässt sich am besten zunächst die Situation von ihr genau beschreiben. Damit er diese Informationen wahrnehmen kann, muss er genau zuhören und darf nicht sein eigenes „Weltbild" in seine Wahrnehmung einfließen lassen. Häufig passiert es uns, das, wenn uns jemand etwas erzählt, wir sofort an gleiche oder ähnliche Situationen denken und unbewusst Vergleiche ziehen und die Situation ganz schnell in eine uns vertraute „Schublade" schieben. Ab diesem Moment wird nicht mehr wirklich zugehört und so erfassen wir nicht mehr, um was es bei unserem Gegenüber wirklich geht, wenn der Fall ganz anders geartet ist.

Bewertend-bedeutende und beschreibende Sprache erkennen

In seiner Position als Führungskraft bedeutet dies für Bernd K.: Er muss lernen, das tatsächlich Gesprochene zu hören und die Situation nicht vorschnell mit seinen eigenen Erfahrungen zu vermischen, also nicht zu interpretieren, was zu einer Verfälschung führen würde. Hierbei ist es wichtig, zwischen den Aussagen und ihren Bedeutungen zu unterscheiden. Gerade wenn jemand in einer emotional angespannten Lage ist, wird er Dinge eher weniger gut **beschreibend** darstellen können. Er wird stattdessen den Sachverhalt eher **bedeutend**, also für sich bewertend und verurteilend ausdrücken.

Schauen wir uns an, was den Unterschied von bewertend-bedeutender und beschreibender Sprache ausmacht.

Die Rose ist rot!

Dies ist eine Aussage, die **beschreibend** ist, denn sie beschreibt das, was die meisten Menschen wahrnehmen (sehen) können. Die Farbe Rot, egal, ob Dunkel- oder Hellrot, ist zunächst einmal für alle allgemein gültig, denn wir haben in der Regel alle das Farbspektrum gelernt und können es (bis auf wenige Ausnahmen) auch alle sehen. Texte, wie zum Beispiel Arbeitsplatzbeschreibungen, Anweisungen von Vorgesetzen, sind immer beschreibend zu formulieren. Und genau hier liegt auch oft die Schwierigkeit, Dinge zu formulieren. Oft wird statt in der für alle weitgehend verständlichen beschreibenden Sprache in einer mehr „bedeutenden" Sprache formuliert.

> Merke: <u>Beschreibende</u> Formulierungen haben eine allgemeine Gültigkeit. Sie betreffen alle und werden i.d.R. problemlos verstanden!

Die Rose ist schön!

Dies ist eine Aussage, die **bedeutend oder bewertend** ist. Die Aussage stellt eine persönliche Bewertung dar. Andere müssen die Rose ja nicht auch schön finden. Formulierungen in bedeutender oder bewertender Sprache beinhalten persönliche Auslegungen eines Sachverhalts. Sie sind individuell, bewertend oder bedeutend.

Das rotwangige apfelessende Kind ist gesund!

Was soll uns dieses Beispiel sagen, welche Erfahrungen habe ich hierbei? Wir sehen ein rotwangiges Kind einen Apfel essen und schließen daraus, dass es gesund ist. Dies ist ein Beispiel aus der persönlichen Erfahrungswelt, bzw. Interpretation, weil früher geglaubt wurde, dass, wenn man ein Kind mit roten Wangen sieht, das einen Apfel isst, es auch gesund sein müsse. Das Bild wird auch in der Werbung verwendet, obwohl die Schlussfolgerung so nicht stimmt.

> **Mein Tipp: Sobald Sie Formulierungen mit bedeutenden oder bewertenden Sätzen anwenden, muss Ihnen klar sein, dass diese Formulierung von Ihrem Gegenüber nicht genauso empfunden werden muss.**

Wir wenden das gerade Gelesene auf unser Beispiel an:

Belinda O.: „Angelika M. redet nicht mehr mit mir!"

Diese Aussage hat sie bei ihrem Vorgesetzen Bernd K. getroffen. Belinda O. unterscheidet scheinbar nicht mehr zwischen privat und beruflich. Die Aufgabe des Vorgesetzten wäre es jetzt, sie zu fragen, wie genau sie diese Aussage meint. Ihre Antwort:

Belinda O.: „Angelika redet nur was nötig ist mit mir und grenzt mich aus!"

Durch diese Aussage erfährt der Vorgesetze, dass also doch noch miteinander geredet wird, aber nicht wirklich viel mehr. Zudem interpretiert Belinda O. das Gesagte bewertend und unterstellt, dass eine Ausgrenzungsabsicht besteht. Sie gibt dem Vorfall also eine Bewertung und generalisiert einseitig!

> **Mein Tipp: Zielführend ist bei der Kommunikation, was wir tatsächlich wahrnehmen können, denn Wahrnehmung findet immer in der Gegenwart statt. Sie sollte beschreibend und nicht bewertend sein, wenn es um die Problemlösung von zwei Parteien geht, egal wie viele Personen sich in den Parteien befinden. Fragen Sie deshalb nach, um zu verstehen, was wirklich vorgefallen ist.**

Deduktives Denken schafft Abstand und Überblick

Als Führungskraft sollte Bernd K. deduktiv denken, das heißt, er sollte lernen, von allgemeinen Aussagen auf das Einzelne zu schließen, also den tatsächlichen Sachverhalt zu erfassen, um einen Weg zu einer wirklichen Lösung zu finden.

Das bedeutet: Aussagen beziehen sich sowohl auf das Ausmaß der Aussagenwahrnehmung (Vollständigkeit, nötige Genauigkeit, Interpretation) als auch auf die darauf aufbauenden Schlussfolgerungen. Welche Schlüsse gezogen werden, hängt nicht nur von der Logik, sondern auch von den persönlichen Weltbildern ab und vor allem von den Erfahrungen, die Sie gemacht haben und die mit dem jeweiligen Fall assoziiert werden. Dieser Vergleich mit dem eigenen bereits Erlebten (abgespeichertes Wissen und Erfahrungen) geschieht unbewusst in sehr schneller Geschwindigkeit.

> **Mein Tipp:** Lernen Sie als Führungskraft tatsächlich vorliegende Sachverhalte zu erkennen und von den bewertenden Interpretationen einer Situation zu unterscheiden.

Merkmalsdenken und Reihenfolgedenken führt zur Lösung

Wir nutzen in Problemsituationen auch das Merkmalsdenken und Reihenfolgedenken, um blockierende Gefühle beiseite zu lassen und um uns auf die Lösungssuche zu begeben. Wie geht das? Um beide Parteien aus ihrer einengenden emotionalen Lage zu „befreien", fangen wir erst einmal damit an, die Dinge aufzuschreiben, die für beide Seiten wichtig sind.

Allein durch diesen einfachen Prozess gelangen beide Kontrahenten automatisch in das „aktive Denken" und können sich von ihren Emotionen nach und nach lösen. Wir sprechen bei diesem Denkprozess vom „Merkmalsdenken". Bei dieser Vorgehensweise erfährt der Moderator (Führungskraft) auch, welche Bedeutungen die genannten Merkmale für die beteiligten Personen haben. Die Bedeutungen, die beide Parteien dem Vorfall gegeben haben, können in Form der Notizen auf sehr einfache Weise sichtbar gemacht werden.

Sobald vom Moderator für beide Seiten die Gefühle, Werte oder Aussagen notiert wurden, legen beide Seiten dann die Prioritätenliste mit Unterstützung des Moderators an, der diese Liste anfertigt. Er setzt also das Aufgeschriebene in eine Reihenfolge, um zu sehen, ob diese auch umkehrbar, austauschbar oder ersetzbar ist, und um zu verstehen, was beiden wichtig ist. Durch dieses Vorgehen schaffen wir einen klaren strukturierten Ablauf und schalten die Emotionen nach und nach aus, denn beide befinden sich jetzt auf einer mehr sachlichen Denk-Ebene.

„Zickenkrieg" im Büro

Das Beziehungsmanagement-Modell (BZM®)[1]

Mit dem Vorherigen haben wir Grundlagen geschaffen. Nun möchte ich Ihnen ein Modell vorstellen, mit dem Sie Probleme, wie das eingangs beschriebene, aber auch andere aus dem Kontext „Mitarbeiter und Beziehungen", besser erfassen und lösen können. Durch die Anwendung des Modells erhält man mehr Klarheit über die Konflikt-Prozesse in Beziehungen oder Teams. Die Sichtweisen der beteiligten Parteien auf einen Konflikt können kenntlich gemacht werden. Es werden vorhandene Ressourcen für die Konfliktlösung deutlich, weil klarer formuliert wird, was die Beteiligten sich wünschen und / oder erwarten. Und es wird verhindert, dass man ständig wieder in die Emotionen zurückfällt.

Das Modell liefert durch einen 5-Schritte-Prozess eine klare Arbeitsstruktur, die in den Bereichen Zielarbeit, Ressourcen und Konflikte eingesetzt werden kann, um Entscheidungen zu treffen.

Schritt 1 (P1, P3): Die Einstiegsfrage

Wie fühlen Sie sich in der Beziehung zu …?

Bernd K. legt zuerst fest, wer auf dem Arbeitsbogen (siehe Abb.1) die Pos. 1 und wer die Pos. 3 besetzt. Dann fragt er beide Mitarbeiterinnen, ob sie bereit sind, die 5 Schritte des BZM mit ihm als Moderator durchzuführen. Ziel ist es, eine Lösung für das Problem zu finden.

Bernd K. befragt in unserem Beispiel zunächst die Mitarbeiterin Belinda O. (Pos.1): „Wie fühlen Sie sich in der Beziehung zur Ihrer Kollegin Angelika M.?" Er notiert als Moderator ihre Antworten in Stichworten auf der linken Seite neben P 1.

Danach befragt er Angelika M. (Pos.3): „Wie fühlen Sie sich in der Beziehung zur Ihrer Kollegin Belinda O.?" Ihre Aussagen werden rechts neben P 3 auch in Stichworten notiert.

Es ist nicht entscheidend, wie viele Worte aufgeschrieben werden. Wichtig ist nur, dass beide Zeit haben, also ohne zeitlichen Druck antworten können.

Derjenigen, die gerade redet, muss zugehört werden – ohne Unterbrechung, Kommentare oder Diskussionen durch die Zuhörer! Auch der Moderator darf hierbei keine Äußerungen, Anmerkungen oder Hilfestellung geben. Er nimmt eine neutrale Position ein. Lediglich Verständnisfragen sind aber erlaubt. Das Aushalten von Stille gehört dazu!

Die Durchführung kann entweder mit einem Arbeitsbogen am Tisch durchgeführt werden oder am Flipchart, sodass alle sehen können, was der Moderator aufgrund der Antworten beider Kolleginnen notiert. Die Notizen können durch diejenige, die gerade am Reden ist, auch berichtigt werden, wenn ein Eintrag nicht dem entspricht, was sie gemeint hat.

Schritt 2 (P2, P4): Lösungsideen

Was würden Sie sich selbst raten, um die Situation zu lösen?

Dann lässt der Moderator die nächste Frage bearbeiten. Belinda O. wird gefragt, was sie sich selbst raten würde, um das Problem zu lösen.

Fällt ihr nichts ein, kann sie aber auch gefragt werden, was eine ihr „vertraute Person" ihr raten würde, um das Problem zu lösen. Das kann sie natürlich nur hypothetisch machen, da die „vertraute Person" ja nicht anwesend ist.

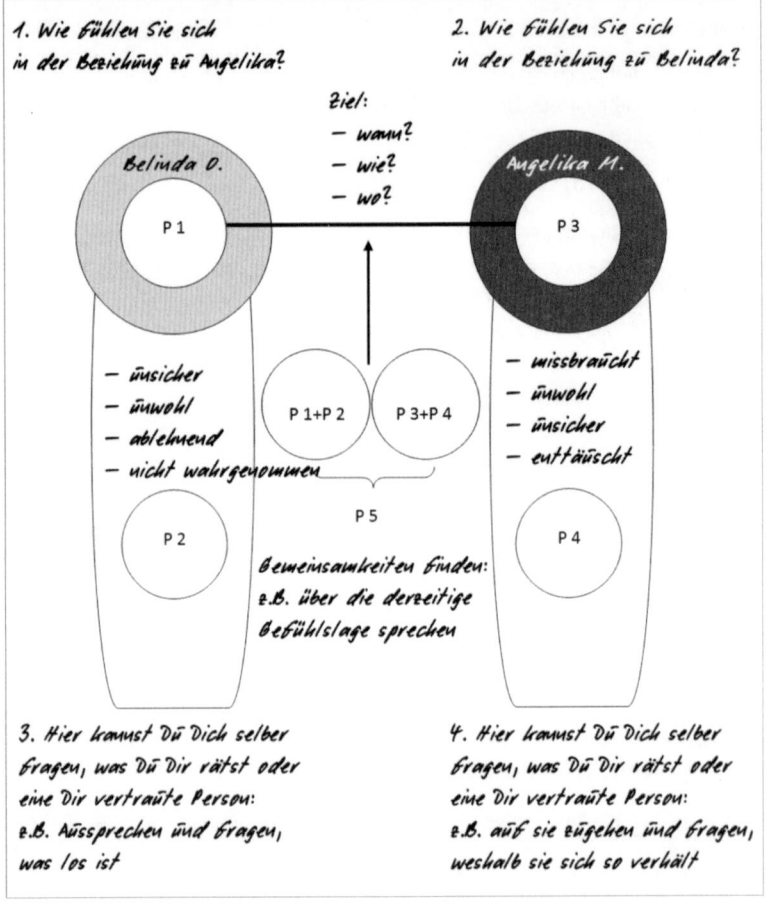

Abb.1: Das BZM -Modell in der Anwendung[2]
(Auf meiner Unterstützungsseite finden Sie eine Vorlage des BZM-Bogens zum Download.)

Vorteilhaft wäre es, wenn sich Belinda O. in einen dissoziierten Zustand bringt. Sie kann sich und die Situation dann dabei ohne blockierende Gefühle von „außen" betrachten. Dies erfordert, dass sie sehr ehrlich zu sich selbst ist und ggf. auch eingesteht, dass von ihrer eigenen Seite etwas schiefgelaufen ist. Das schafft sehr gute Ansatzpunkte für eine Konfliktlösung, macht aber auf jeden Fall die Situation transparenter. (Was Sie tun können, um einen dissoziierten Zustand bei den beteiligten Konfliktparteien herzustellen, finden Sie auf meiner Unterstützungsseite für Sie.)

Genauso verfährt der Moderator mit Angelika M. und trägt die Ergebnisse in Stichworten neben dem entsprechenden Punkt auf dem Arbeitsbogen ein.

Die Erfahrung hat gezeigt, dass erstaunlicherweise die Gefühle der betroffenen Personen zueinander ähnlich oder sogar gleich beschrieben werden, wie zum Beispiel: „Ich bin enttäuscht!", „Ich fühle mich nicht ernst genommen!", „Ich fühle mich verletzt!", „Ich fühle mich ausgenutzt!" etc.

Schritt 3 (P5): Gemeinsamkeiten finden

Wenn sich beide Mitarbeiterinnen nun die Ergebnisse der bisherigen Analyse anschauen, können sie vielleicht schon Gemeinsamkeiten entdecken. Stellen Sie als Moderator die Frage: „Können Sie vielleicht Gemeinsamkeiten entdecken?"

Diese Gemeinsamkeiten werden unter Position 5 eingetragen. Beide Seiten entscheiden, was in die Pos. 5 eingetragen werden soll. Dort kann zum Beispiel stehen: Wir reden wieder mit einander, sprechen über unsere Gefühle, weshalb wir uns verletzt fühlen, etc.

Schritt 4: Prioritäten setzen

Um die weitere Vorgehensweise zu klären, ist es wichtig, Prioritäten zu setzen: Was lösen wir zuerst? Dafür bringt der Moderator beide Personen wieder ins Gespräch und lässt sie miteinander darüber diskutieren.

Schritt 5: Zielvereinbarungen aushandeln

Direkt im Anschluss an die Festlegung der Prioritäten wird eine Zielvereinbarung mit den Betroffenen getroffen, die Aussagen enthält zu den Fragen: Wer, wo, wie, wann etwas tun soll. In diesem Schritt kommen sich beide bereits näher, da sie ja gemeinsam ein Ziel haben, egal wie dieses Ziel aussieht.

Beide sollten sich über den Beginn der Maßnahmen einigen und sich auch schon Gedanken für das nächste Gespräch bzw. Treffen machen, wenn ein solches vereinbart wurde. Jeder sollte sich überlegen: Was kann ich dazu beitragen, die Beziehung zu ändern / zu verbessern.

Dies ist der 5-Schritte-BMZ®-Fahrplan, der immer gleich abläuft.

Anwendungsbeispiel: Selbstbeteiligung

Im Unternehmen haben sich die beiden Mitarbeiter Elisabeth L. und Rita I. auf eine Stelle als Führungskraft beworben, ohne dass das beide voneinander wussten. Sie sind in der gleichen Abteilung. Beide sind bereits seit fünf Jahren im Unternehmen tätig. Beide haben die gleichen Qualifikationen. Bisher haben beide sehr harmonisch in der gleichen Abteilung zusammengearbeitet. Rita I. wird schließlich zur Führungskraft befördert, während Elisabeth L. leer ausgeht, jedoch in der gleichen Abteilung wie bisher bleibt. Die Situation wird für Rita I. als neue Führungskraft sehr schwierig, da Elisabeth L. meint, I. würde ihre Aufgabe nicht richtig erfüllen. Es gibt ab dieser Zeit immer wieder Probleme zwischen den beiden. L. kann ihre ehemalige Kollegin einfach nicht als Vorgesetze akzeptieren. Natürlich hat diese mittlerweile gespürt, dass sie von ihrer ehemaligen Kollegin nicht akzeptiert wird und dass dadurch das Teamklima gestört wird. Da Rita I. nun Vorgesetzte ist, liegt es an ihr, die Situation zu klären, um wieder eine vernünftige Arbeitsbeziehung herzustellen und die Zusammenarbeit im Team nicht weiter zu belasten.

Bei diesem Beispiel hat es die neue Führungskraft Rita I. besonders schwer, weil sie am Prozess selbst beteiligt ist. Sie steckt in einem Konflikt, denn sie möchte auf der einen Seite das kollegiale und vertraute Miteinander nicht aufgeben, muss aber auf der anderen Seite als Führungskraft eine gewisse Distanz wahren, um objektive Entscheidungen treffen zu können.

Die Schwierigkeit in diesem Beispiel ist, dass Rita I. als Vorgesetzte jetzt ihre Emotionen außer Acht lassen muss, um das Problem professionell zu lösen. Mithilfe der BZM-Methode kann sie aus der emotionalen Verwicklung aussteigen, indem sie sich mithilfe des Arbeitsbogens die entsprechenden Fragen selbst stellt, wie sie sich z.B. in der Beziehung zur ehemaligen Kollegin Elisabeth L. fühlt, usw. Dadurch „schickt" sie sich selbst in den aktiven Denkprozess und kann ihre Gefühle „ausschalten".

Sie können die BZM-Methode also auch alleine durchführen, da bei dieser Variante nicht zwingend eine zweite Person oder eine Gruppe dabei sein muss. Man füllt dann den Bogen alleine aus und überlegt sich, wie die anderen denken könnten. Auch das hilft schon, sich zu klären und den Kopf etwas freier und die eigenen Gefühle in den Griff zu bekommen.

Es werden andere Probleme sichtbar gemacht

Häufig wird bei Anwendung der BZM-Methode auch schon länger vorausgegangener Beziehungsstress sichtbar. Dieser Stress muss nicht immer etwas mit einer der beiden beteiligten Konflikt-Parteien zu tun haben. Wie oft kommt es vor, dass jemand seinen Stress mit dem Ehepartner in den Beruf trägt und dann bekommt ihn der Nächste ab und weiß gar nicht, was das eigentlich soll. Wenn er dann den bei ihm dadurch entstandenen Stress als Ventilfunktion an die Kollegen weitergibt, haben wir plötzlich Probleme, die keine wirklich nachvollziehbaren Gründe haben. Das BMZ-Modell kann helfen, diese aufzudecken und den Stress-Domino-Effekt zu beenden.

Es ist aber auch möglich, dass durch die Anwendung der BZM plötzlich gänzlich andere Probleme sichtbar werden, für die die BZM auch als Lösungstool geeignet ist. Das Sichtbarmachen dieser anderen Probleme bietet dann die Möglichkeit, diese Ursachen anzugehen. Ohne die BZM wäre es vielleicht nicht so schnell oder überhaupt nicht deutlich geworden, wo der eigentliche Problemherd liegt.

Resümee

Die Bedürfnisse anderer zu erkennen und darauf eingehen zu können, also emotional souverän und intelligent handeln zu können, ist eine erfolgsentscheidende Fähigkeit von guten Führungskräften, die nachweislich positive Unternehmensergebnisse fördert.

Die BZM-Methode ist eine einfache und wirksame Methode, um eine bessere Übersicht über die Beziehungsebene zu bekommen und Problemlösungen zu finden, die sonst im Chaos der Gefühle nicht erkannt werden würden. Der Ablauf ist einfach und immer derselbe.

Das hier vorgestellte Modell hilft Ihnen dabei, komplexe und komplizierte Situationen mit und bei Ihren Mitarbeitern zu klären und zu bereinigen. Sie erhalten dadurch eine transparente Klarheit in einem ansonsten chaotischen Gefühlschaos und Hinweise für die erforderlichen Maßnahmen zur Bereinigung.

Die BZM-Methode ist auch sehr hilfreich für eine nachhaltige Entscheidungsfindung und trägt somit zur Verbesserung des Arbeitsalltags bei. Damit ist sie ein effektives und sehr nützliches Instrument – nicht nur für Nachwuchs-Führungskräfte.

Ich wünsche Ihnen beim Einsatz der Methode viel Erfolg.

Bitte nutzen Sie auch die für Sie bereitgestellten Materialien auf meiner Unterstützungsseite. Und falls nötig, stehe ich Ihnen auch persönlich gerne unterstützend zur Seite.

---

1   Methode aus der Ausbildung zum BZM®
2   Grafik: Gaby Stibal-LQ®-Management

Sandra Masemann

Qualifikationen: Diplom-Pädagogin, Grundausbildung Spiel- und Theaterpädaogik (BUT), NLP-Practitioner (DVNLP), Systemische Strukturaufstellungen nach Vargas von Kibéd & Sparrer, Team Management System®-Trainerin und Beraterin.

Ich bin seit 2005 als Trainerin, Beraterin und Coach tätig. Meine Trainingsschwerpunkte sind: Erfolgreicher Umgang mit Fehlern, erfolgreiche Kommunikation, Präsenztraining, Teamtraining, Improvisations- und Kreativitätstraining, Moderation von Prozessen und Veranstaltungen. Ich gestalte Lern- und Ausbildungsprozesse in Unternehmen & Organisationen, moderiere und inszeniere Großveranstaltungen. Kreativ, ungewöhnlich, spannend, überraschend und sehr lehrreich sind Adjektive, mit denen andere meine Veranstaltungen beschreiben. Als Fachbuchautorin habe ich mir in der Weiterbildung einen Namen gemacht und stehe für neue Methoden und Trainingsansätze. Meine Passion: „Mutig und mit Freude Neues wagen, begleiten und gestalten!"

Immer wieder erlebe ich in meiner Arbeit, dass der „Umgang mit Fehlern" entscheidend dafür ist, ob Prozesse einen positiven Ausgang nehmen oder steckenbleiben. Zugleich erfahre ich als Improvisationstheaterspielerin, wie produktiv ein mutiger und leichter Umgang mit Fehlern sein kann. (Auszüge aus meiner persönlichen „Fehlerbiografie" finden Sie auf meiner Unterstützungsseite.) Ich arbeitete mich als Trainerin tief in die Materie rund ums Fehlermachen ein und unterstütze seit einigen Jahren Menschen und Unternehmen darin, sich diesem Tabu-Thema zu stellen. Ich halte öffentliche Vorträge, gebe Kurzworkshops und Trainings sowie Coachings u.a. für Nachwuchsführungskräfte. Inhaltliche Schwerpunkte und Formate finden Sie auf der Unterstützungsseite. Zudem sind bereits Veröffentlichungen von mir zu diesem Thema erschienen. Seit 2013 bin ich zusätzlich selbst als Führungskraft tätig und erlebte die spannenden Herausforderungen einer Nachwuchsführungskraft am eigenen Leib. Ich möchte Sie mit meinem Beitrag unterstützen und Ihnen Mut machen, die Herausforderungen anzunehmen, die sich unweigerlich auf Ihrem Weg befinden. Auch der Umgang mit Fehlern gehört dazu.

Unterstützungsangebote der Autorin für Sie:

 Auf meiner Unterstützungsseite im Internet habe ich für Sie spezielle Materialien zu Ihrer Unterstützung bereitgestellt. Sie finden sie unter:

www.junior-manager.de/sandra_masemann

Fehler willkommen?!
Tipps für den erfolgreichen Umgang mit Fehlern
Sandra Masemann

„Den größten Fehler, den man im Leben machen kann, ist, immer Angst zu haben, einen Fehler zu machen." Dietrich Bonhoeffer

Fehler sind absolut menschlich und in komplexen Systemen ein immanenter Bestandteil, einfach unvermeidbar. Ohne den Mut zum Fehler oder gar zum Scheitern ist keine Innovation möglich. Und trotzdem: In deutschen Unternehmen werden Fehler ungern zugegeben. Wenn eine Vertuschung nicht mehr möglich ist, neigen viele dazu, den Fehler von sich zu weisen und Schuldige zu suchen. Typische Aussprüche von Managern deutscher Unternehmen: „Ich habe den Fehler eines Kollegen nicht früh genug erkannt." „Es wurden Fehler gemacht."[1]

ES ANDERS ZU MACHEN, dazu möchte ich Sie mit diesem Artikel ermuntern. Ausgehend von einem realen Fall gebe ich Ihnen hilfreiche Denkansätze, Strategien und praktische Tipps an die Hand.

Als Sabine K. das erste Mal ins Coaching kommt, tritt mir eine blasse, angespannte Person entgegen, die Stirn von Sorgenfalten zerfurcht, der Kiefer fest, die Lippen aufeinandergepresst. Ich versuche vergeblich, ihren weit entfernten Blick einzufangen. „Ich bin eine absolute Versagerin und hätte niemals diese Stelle annehmen dürfen!", sind ihre ersten, vor Bitterkeit triefenden Worte, auf meine Frage für den Grund ihres Kommens. „Gut. Ich bestätige Ihnen dieses schriftlich mit Brief und Siegel. Sie können es gleich Ihrem Vorgesetzten vorlegen. Damit wären wir fertig, und Sie schulden mir 180,00 €." Sabine K. entgleiten für einen kurzen Moment die Gesichtszüge, sie schnappt nach Luft. Kampfeswillig blickt sie mir in die Augen, den Mund bereits geöffnet, um mir ein Arsenal an Wörtern entgegenzuschleudern. „So leicht kommen Sie mir nicht davon. Ich bezahle Sie nicht für dumme Bemerkungen! Ich möchte meinen Job gut machen und vor allem will ich wieder lachen können! Helfen Sie mir gefälligst!" Stille – Ausatmen – mit Blicken prüfen wir einander. Vor meinem inneren Auge taucht das Bild zweier duellierender Cowboys auf. Eine andere Seite von ihr kommt zum Vorschein: Kraftvoll, energetisch und herausfordernd. Wer zuckt zuerst? Ich muss schmunzeln und plötzlich löst sich der Knoten. „Das ist ein Arbeitsauftrag, den ich gerne annehme – herzlich willkommen!" Sabines Mundwinkel bewegen sich widerstrebend zum Himmel und nahezu gleichzeitig beginnen wir loszuprusten. Der Beginn einer wunderbaren Zusammenarbeit.

Was hatte Sabine K. so hart gegen sich selbst werden lassen? Anhand zweier exemplarischer Fehlersituationen aus ihrem Führungsalltag werde ich Ihnen Strategien und Herangehensweisen für einen erfolgreichen Umgang mit Fehlern aufzeigen.

Fehlerkultur – wie ein erfolgreicher Umgang mit Fehlern von Mitarbeitern gelingen kann

Sabine K. wird als externe Bewerberin und Quereinsteigerin neue Nachwuchs-Führungskraft in einem noch jungen Unternehmen. Es befindet sich im Aufbau, viele Strukturen auf der arbeitsorganisatorischen Ebene müssen erst geschaffen werden und es muss sich neu auf dem Markt positionieren. Kerngeschäft ist die Projektarbeit mit unterschiedlichsten Zielgruppen. Aus finanziellen Gründen ist das Unternehmen gezwungen, viele Projekte auf hohem Niveau zur gleichen Zeit umzusetzen. Hierfür greift es auf eine große Anzahl freier Mitarbeiter zurück. Fehler sind vorprogrammiert, unvermeidbar und passieren!

Kurz vor Sabine K. wurde ein ihr unterstellter Mitarbeiter eingestellt, der für den Aufbau von Arbeitsorganisationsstrukturen und administrativen Backoffice-Arbeiten in der Projektabwicklung zuständig ist. Die Geschäftsführung, die mit dem Kollegen freundschaftlich verbunden ist, lobt seine Leistungsfähigkeit und seinen Fleiß. Sabine K. überträgt ihm zahlreiche Aufgabe in der Projektabwicklung, speziell das Controlling der Finanzen, um selbst mehr Freiraum für Projektakquise und konzeptionelle Arbeit zu haben.

Es läuft scheinbar prima! Auch der Mitarbeiter äußert auf Nachfragen von Sabine K., dass alles im Plan ist und er die ihm übertragenen Aufgaben erfolgreich löst. Als sie aber stichprobenartig das Finanzcontrolling in einigen Projekten überprüft, glaubt sie ihren Augen nicht zu trauen. Bezahlte Rechnungen und das im Controlling dafür vorgesehene Budget stimmen vielfach nicht überein. Es wurde deutlich mehr Geld ausgegeben, als im Plan vorgesehen. Gar nicht auszudenken, welche wirtschaftlichen Folgen es hätte, wäre Sabine K. noch später dahinter gekommen. Sie ist fassungslos! Ihr Blutdruck steigt und Ärger kommt in ihr hoch. „Wie kann mein Mitarbeiter solche offensichtlichen Fehler begehen? Wie kann es sein, dass er eigenmächtig, ohne Absprache mit mir, vom Plan abweicht? Warum hat er mich nicht informiert, stattdessen wichtige Informationen verschleiert?" Sabine K. ist drauf und dran, den Kollegen sofort zur Rede zu stellen. Stattdessen läuft sie eine Runde um den Block, zum Zorn auf den Mitarbeiter gesellt sich Selbstaggression. „Warum habe ich es nicht früher bemerkt? Wie konnte ich so blind vertrauen? Ich bin schuld – ich habe als Führungskraft versagt! ..."

Um zu verstehen, warum ein Mitarbeiter Probleme oder Fehler verschweigt, hilft es, den Blick weiter zu richten, die verschiedenen Systemebenen zu trennen: Kultur – Unternehmen – Individuum. Wie wird in unserer Kultur mit Fehlern umgegangen, welche Fehlerkultur herrscht im Unternehmen und welche Bewältigungskompetenzen bringen Mitarbeiter für ein konstruktives Fehlermanagement mit?

Der Arbeits- und Organisationspsychologe Michael Freese untersuchte, wie verschiedene Kulturen mit Fehlern umgehen. Er fand heraus, dass Kulturen, in denen es wichtig ist, Unsicherheiten zu vermeiden, die klare Normen und Regeln haben, besonders gut in der Vermeidung von Fehlern sind. Schwerer fällt es in diesen Kulturen dagegen, Fehler zu machen, Innovationen voranzutreiben und Fehler schnell aufzudecken, um konstruktiv nach Lösungen zu suchen.

Wir Deutschen sind besonders gut in der Fehlervermeidung – Produkte „Made in Germany" gelten nach wie vor als besonders zuverlässig und qualitativ hochwertig. Auch unser Bildungssystem ist darauf ausgerichtet, Fehler und Misserfolge zu vermeiden oder mit schlechten Noten zu ahnden. Von Kindesbeinen an lernen wir: Fehler zu machen ist schlecht. Dies setzt sich auch im Arbeitsleben fort – die Fehlertoleranz ist gering, es werden schnell Schuldige gesucht und nicht selten bloßgestellt. Nach dem Motto „Der hat es einfach nicht drauf!" kommt es zu Abwertungen, bis hin zu Ausgrenzungen, die bis in die Isolation führen können. Kein Wunder, dass die Angst, Fehler zu begehen, groß ist und das Eingestehen schwer fällt. Für Betroffene erscheint es zunächst leichter, Fehler unter den vermeintlichen „Teppich zu kehren".

„Gerade in individualistisch orientierten Gesellschaften stellt Scheitern eine Bedrohung des Selbstwerts dar... Je mehr Leistung zum Kriterium für die soziale Rolle und das Selbstbild wird, desto gravierender ist das Versagen."[2] Es entsteht ein sozialer Rechtfertigungsdruck, bei dem es darum geht, vor anderen das Gesicht zu wahren.[3]

Was bedeutet das im Fall von Sabines Mitarbeiter? Schlicht und einfach: Er hatte Angst vor dem Versagen und ihm fehlte das Vertrauen, um Hilfe zu bitten. Irgendwie wollte er es selbst wieder in den Griff bekommen, ohne dass jemand anderes Wind von der Sache bekommt. (Auf meiner Unterstützungsseite finden Sie ein passendes Selbstcoaching-Tool: Innere Blockierer entmachten – nützliche Gedanken entwickeln.)

Sabine spricht den Mitarbeiter schließlich auf die entdeckten Ungereimtheiten an. Keine Chance, er macht dicht, leugnet zunächst und negiert die Probleme. Er findet Ausflüchte und Begründungen, dass die Budgetierung unangemessen gewesen sei, die einzelnen Projektbausteine aufwendiger und somit zwangsläufig teurer geworden wären. Die von Sabine K. angebotene Hilfe lehnt er ab. Er wisse schon selbst, wie er die Kuh vom Eis bekäme! Was tun? Selbst neu im Unternehmen, möchte sie ungern Probleme aus ihrem Verantwortungsbereich der Unternehmensführung melden.

Konkrete Tipps, um Mitarbeiter zu unterstützen

Sie als Führungskraft können mit Ihrem Verhalten Mitarbeiter aktiv darin unterstützen, konstruktiv mit Fehlern umzugehen.

❙ Mein Tipp: Suchen Sie nicht nach Schuldigen.

„Wer war das? Wer ist schuld?" Diese Fragen sind Gift für ein erfolgreiches Fehlermanagement. Vermeiden Sie Schuldzuweisungen, Bestrafungen oder andere negative

Konsequenzen. Niemand macht absichtlich Fehler, sie passieren, weil etwas „fehlte". Die Aufgabe war zu komplex, die Zielformulierung zu unklar, die Instrumente ungeeignet, die Kompetenz des Mitarbeiters war nicht ausreichend usw. Klar es ist ärgerlich, wenn Dinge schieflaufen – das Verharren in der Schuldfrage und damit in der Vergangenheit hilft jedoch nicht weiter! Richten Sie stattdessen den Fokus auf die Zukunft – auf die gemeinsame Lösung des Problems.

Mein Tipp: Geben Sie konkrete Hilfestellung für die Mitarbeiter in Fehlersituationen.

Je nach Fall braucht es Hilfestellungen auf drei verschiedenen Ebenen:

- Emotionale Entlastung des Betroffenen. Trennen Sie Verhalten und Person. Bauen Sie ein Klima des Vertrauens auf, indem Mitarbeiter sich trauen, Hintergründe und Ursachen ihres Verhaltens anzusprechen.

- Bieten Sie in der akuten Problembewältigung praktische Unterstützung und sorgen Sie für Schadensbegrenzung. Lassen Sie Mitarbeiter nicht allein mit ihrem Problem – nach dem Motto: „Sie haben sich die Suppe eingebrockt und müssen Sie auch auslöffeln!" Zentrale Frage ist: Was kann wer und wie genau tun, um Fehlerauswirkungen zu minimieren?

- Sorgen Sie für eine Reflexion über den Fehler und erarbeiten Sie mit dem Mitarbeiter oder dem gesamten Team künftige Strategien für den Umgang mit ähnlichen Problemsituationen. Nichts ist frustrierender als einen Fehler zu begehen und nicht zu wissen, was man beim nächsten Mal anders machen könnte.

Mein Tipp: Keine Akzeptanz für das Verschleiern und Verbergen von Fehlern.

Das Verschleiern und Verbergen von Fehlern, darf auf keinen Fall akzeptiert werden. Es untergräbt eine offene Fehlerkultur und die damit verbundenen Werte. Zudem können unentdeckte Fehler zu unkalkulierbaren Folgeschäden führen, die bei einem frühzeitigen Umgang damit hätten vermieden werden können. Auch das Lernen aus gescheiterten Aktionen wird verhindert. Sorgen Sie für das Gegenteil: Nutzen Sie geeignete Instrumente für eine schnelle Früherkennung, wie z. B. das „Vier-Augen-Prinzip" bei wichtigen Prozessen.

Mein Tipp: Sprechen Sie Mitarbeiter auf Fehler klar und deutlich an.

Fehler kosten Geld und sollten deshalb nicht beliebig oft wiederholt werden. Fehlerkommunikation und die offene Diskussion über Fehler muss deshalb Routine werden. Schaffen Sie Strukturen, die das ermöglichen. Sprechen Sie in Teamsitzungen über eigene Pannen und Fehler. Seien Sie Vorreiter darin, offen und wertschätzend über vermeintliche eigene Schwächen zu kommunizieren. So erzeugen Sie ein Klima des

Vertrauens und Mitarbeiter gewinnen Mut, über ihre Fehler zu sprechen. Als Führungskraft sind Sie ein wichtiges Role-Model, Sie sind ein wichtiges Vorbild, an dem sich Ihre Mitarbeiter orientieren. Suchen Sie im Team nach geeigneten Lösungen. Definieren Sie Fehlerkommunikation als festen Bestandteil des kontinuierlichen Verbesserungsprozesses (KVP).

❙ Mein Tipp: Finden Sie eine geeignete Dokumentation.

Finden Sie nützliche Instrumente zur Dokumentation. Eine mögliche Variante ist eine Fehlerplattform im Intranet des Unternehmens. Sie ist der Ort, an dem über typische Fehler und Pannen innerhalb des Unternehmens berichtet wird und im Anschluss erfolgte lösungsorientierte Maßnahmen aufgeführt werden. Die Fallgeber treten als Experten für diesen Fehler auf, sie können andere unterstützen, ihn nicht erneut zu begehen, und konkrete praxistaugliche Tipps geben.

❙ Mein Tipp: Betreiben Sie Schadensbegrenzung - rasch und konsequent.

Vermeiden Sie möglichst schnell negative Fehlerkonsequenzen. Ziel sollte sein, Fehlerfolgen und daraus eventuell resultierende Fehlerkaskaden zu vermeiden. Hilfreiche Fragen sind: Welche Folgen hat der Fehler? Welcher Schaden ist entstanden? Wer muss informiert werden? Welche Information muss richtiggestellt werden?[4]

Sabine K. informiert ihren Vorgesetzten. Sie räumt ein, dem Mitarbeiter zu viel Freiraum und Steuerungskompetenz gegeben zu haben und ihrer Führungsverantwortung nicht angemessen nachgekommen zu sein. Es wird ein engeres Projektcontrolling vereinbart und sie soll mit ausgewählten Mitarbeitern Einsparpotenziale erarbeiten.

Darüber hinaus finden Gespräche zwischen Sabine K. und dem Mitarbeiter statt. Ziele sind die transparente Aufarbeitung der Hintergründe und die Suche nach Lösungen für künftige Situationen. Doch allein das Fehler-Eingeständnis des Mitarbeiters erweist sich als harter Brocken. Sie konfrontiert ihn mit den langfristigen Folgen der Tabuisierung von Fehlern und benennt auch ihren Anteil bei der Genese des Problems. Sie betont gegenseitiges Vertrauen als Notwendigkeit für eine weitere Zusammenarbeit.

Nach diversen Mitarbeitergesprächen bricht endlich der Bann: „Mir fällt es einfach schwer, Sie als meine Vorgesetzte zu akzeptieren. Ich kann doch als Mann nicht wegen jeder Kleinigkeit bei Ihnen antanzen und um Hilfe bitten. Sie haben den Finger genau in die Wunde gelegt. Ich wusste nicht, wie ich die Budgetgrenzen gegenüber den Forderungen der Projektmitarbeiter standfest vertreten sollte. Ständig standen Sie vor meiner Tür und wollten neu verhandeln." Und dann liefert er selbst die Lösung: Die Verhandlungen über Budgetgrenzen in laufenden Projekten finden künftig nur noch mit Sabine K. statt. Im Gegenzug übernimmt er andere Arbeitspakete von ihr.

Der Blick auf sich selbst – Tipps für den Umgang mit eigenen Fehlern

Doch auch Sabine ist nicht frei von Fehlern. Aufgrund einer kurzfristig notwendigen Operation fällt sie ungeplant für drei Wochen aus. Auf die Schnelle übergibt sie die nötigsten Infos an Vorgesetzte und Kollegen, um brennende Themen und notwendige Handlungsschritte in Projekten anzugehen. Einen wirklichen Stellvertreter für sie gibt es nicht, viele Informationen sind nicht für alle zugänglich. Ihr passiert dabei ein entscheidender Fehler: Sie vergisst, die Frist einer wichtigen Marketingmaßnahme für ein geplantes Projekt mitzuteilen. Es müssen noch weitere Kunden geworben werden, damit sich die Durchführung finanziell rechnet. Als ihr nachts im Krankenhaus nach einem unruhigen Schlaf der Fehler auffällt, ist es zu spät. Die Frist für die geplante und kostengünstige Werbekampagne ist verstrichen, eine Verschiebung des Projektstarts nicht mehr möglich und die Finanzmittel sind bereits verplant. Hellwach und voller Wut auf sich selbst sitzt sie in ihrem Krankenhausbett. An Schlaf ist nicht mehr zu denken. „Wie konnte mir das nur passieren? Wie dumm kann man sein!! Ausgerechnet dieser Fehler!!!"

Wir selbst sind überzeugt, richtigzuliegen – selbst wenn wir falschliegen!

Kognitionsforscher fanden heraus, dass uns beim Denken und Erinnern viele Fehler unterlaufen. Wir schätzen unsere Handlungen und unser Urteilsvermögen falsch ein! Viele unserer Verzerrungen / Irrtümer nehmen wir selbst nicht wahr. Wir leugnen Irrtümer, um unser Selbstbewusstsein zu schützen, und stärken so das Gefühl, Einfluss zu haben. Tendenziell suchen wir eher Rückhalt, anstatt unsere Überzeugungen kritisch zu prüfen.[5] Selbst wenn wir ahnen oder bereits wissen, dass wir falschliegen und dabei sind, einen Fehler zu begehen, halten wir häufig daran fest. Wir rennen „sehenden Auges ins Unglück".

Auch Sabine K. erging es nicht anders. Im Hamsterrad der hohen Belastungen als Führungskraft nahm sie sich nicht die nötige Zeit des Innehaltens und Reflektierens, die sorgfältige Planung ihrer Arbeitsprozesse kam zu kurz. Statt mit klarem Kopf die Arbeit zu organisieren, stürzte sie sich von einer Aufgabe in die nächste und verlor zunehmend den Überblick. Auch wenn ein Teil in ihr um das erhöhte Risiko von Fehlern wusste, verstärkte sich ihr Tunnelblick. Sie machte einfach weiter wie bisher und sagte sich: „Du machst alles richtig – du hast keine andere Wahl!" Jetzt, im Krankenhaus, hadert sie schwer mit sich. Als die Sonne aufgeht, hat sie erfolgreiche Selbstsabotage betrieben und nahezu alle pauschalen Selbstvorwürfe ausgesprochen.

Hilfreiche Strategien, um mit eigenen Fehlern umzugehen:

Möglicherweise waren Sie selbst auch schon in einer ähnlichen Situation oder Ihnen graut davor. Was können Sie tun, um sich zu wappnen? (Auf meiner Unterstützungsseite finden Sie zwei Selbstcoaching-Tools dazu.)

Ich bin kein Versager – ich habe versagt! Misserfolge sind vor allem deshalb so schwer zu ertragen, weil sie unser Selbstbild angreifen. Gelingt es uns, die Ursache in unserer Handlung zu sehen, die wir beim nächsten Mal aktiv ändern können, können wir unser Selbstbild aufrechterhalten und handlungsfähig bleiben. Führen Sie sich Ihre Erfolge vor Augen und geben Sie so dem Misserfolg nicht die Dominanz in Ihrer Persönlichkeit, die ihm tatsächlich auch nicht zusteht.

Lenken Sie sich ab – gewinnen Sie Abstand. Nach einem vermeintlichen Fehler ist es wichtig, sich selbst wieder in einen ressourcevollen Zustand zu bringen. Solange wir emotional festhängen, sind wir mit der Aufmerksamkeit nicht im Jetzt und nur begrenzt handlungsfähig. Negative Gedanken blockieren unsere Energie und lassen uns schlecht schlafen. Es hilft, sich abzulenken, sich etwas Gutes zu tun, was auch immer das ist (Sport treiben, einen Schokoriegel essen, ins Kino gehen oder mit einem lieben Menschen Zeit verbringen). Gewinnen Sie Abstand zum Problem, sorgen Sie wieder für freie Sicht. Um den Fehler kümmern Sie sich, wenn der Kopf wieder klar ist.

Lernen Sie aus Ihren Fehlern – entwickeln Sie Kompetenz zur Meta-Kognition. Die kritische Reflexion über Fehler ist notwendig, um aus ihnen zu lernen. Betreiben Sie für sich persönlich eine systematische Fehleranalyse, um Strategien zu entwickeln, um Fehler künftig zu vermeiden: Meta-Kognition meint hierbei, sich aus der Distanz zu fragen: „Warum habe ich das falsch gemacht, wie ist das passiert? Was genau hat gefehlt? Was habe ich nicht bedacht? Was könnte ich künftig anders machen?" Ärgern Sie sich nicht zu lange über verpatzte Chancen, Misserfolge oder falsche Entscheidungen. Nutzen Sie sie lieber als individuelle Lernchancen. Erzielen Sie Profit daraus – quasi als innerpersönliche Weiterbildung.

Setzen Sie den vermeintlichen Fehler in einen anderen Rahmen / Kontext (Reframing). Ob ein Fehler ein Fehler ist, hängt davon ab, in welchem Kontext wir ihn betrachten. Möglicherweise ist der Fehler in dem einen Projekt genau der Ansatzpunkt für die Lösung eines Problems in einem anderen. Oder er ist ein Anzeiger für ein noch größeres dahinter liegendes Problem, welches ohne ihn unentdeckt geblieben wäre. Stellen Sie sich die Frage: Was ist das Gute daran? Wofür könnte genau dieser Fehler gut sein? Sehr nützlich kann es auch sein, den zeitlichen Rahmen zu verändern. Stellen Sie sich die Frage: Wie werde ich in 5 Tagen über diesen Fehler denken, in 5 Wochen oder in 5 Jahren? Nicht selten verwandelt sich der empfundene „Fehler-Elefant" in eine „Fehler-Mücke" und verliert neben anderen Dingen des Lebens an Bedeutung.

Suchen Sie sich Lernfelder zum Scheitern – üben Sie, Fehler zu machen. Gerade weil es so unangenehm ist, versuchen wir Fehler um jeden Preis zu vermeiden. Doch wie sollen wir Kompetenzen im Umgang mit Fehlern lernen, wenn wir es nicht üben? Perfektionisten tun sich hiermit besonders schwer. Zum Üben gibt es viele Möglichkeiten! Suchen Sie sich Lernfelder gerne auch außerhalb Ihrer Arbeit, in denen ein Misslingen nicht allzu tragisch ist. Tun Sie Dinge, die Sie nicht beherrschen, lernen Sie zu stolpern, wie es Kinder beim Laufenlernen tun und dann lächelnd wieder aufstehen.

Einige Anregungen dazu: Lernen Sie ein Instrument, eine neue Sportart oder Sprache, kochen Sie ohne Rezept, spielen Sie Improvisationstheater, singen Sie im Chor, ohne Noten zu beherrschen usw.

Entwickeln Sie Humor – lernen Sie, über Ihre Fehler zu lachen. Humor hilft! Der Psychologe Joachim Stoeber ließ in einer Studie Perfektionisten über ihre Fehler Buch führen. Am besten konnten diejenigen Niederlagen wegstecken, denen es u.a. gelang, diese mit Humor zu sehen.[6] Schaffen wir es, über eigene Fehler zu lachen, nimmt es die Dramatik und sorgt für Leichtigkeit. Wir treten in eine Distanz zu uns selbst, können uns wieder liebevoller und verständnisvoller begegnen. Und es macht uns sympathischer, was es wiederum anderen leichter macht, uns zu helfen.

Paradoxe Interventionen – sich am eigenen Schopf aus dem Sumpf ziehen. Ob ein von uns begangener Fehler sich positiv oder negativ auswirkt, hängt zu einem großen Teil von eigenen Interpretationen ab. Sie sind der Schlüssel, um zufrieden damit weiterleben zu können. Eine gezielte paradoxe Intervention kann da Wunder bewirken. (Auf meiner Unterstützungsseite finden Sie einen Vorschlag dazu.)

Sabine K. bittet per SMS ihren Partner um ein Gespräch. Sie erzählt von ihrem Fehler und schon währenddessen wird ihr etwas leichter ums Herz. Der Kopf wird frei für Lösungsorientierung und Schadensbegrenzung. Jetzt ist schnelles Handeln gefragt. Sie informiert die wesentlichen Personen im Unternehmen und bittet um eine Telefonkonferenz noch am selben Tag. Sie spricht offen von ihrem Fehler und dem daraus resultierenden wirtschaftlichen Schaden. Es hagelt Vorwürfe und die Folgen werden mit schwarzen Pinselstrichen an die Wand gemalt! Doch Sabine bleibt standhaft, sie will nicht das Handtuch werfen! „Ich weiß, dass ich den Fehler nicht rückgängig machen kann, und es tut mir unendlich leid! Die Folgen können wir nur gemeinsam mit vereinten Kräften auffangen. Wir brauchen all unsere Ideen und unser Know-how. Lassen Sie uns die Ärmel hochkrempeln, nach vorne blicken und das Beste daraus machen!"

Einige Tage später fällt die Entscheidung: Das Projekt wird durchgeführt, auf eine öffentliche Werbekampagne wird verzichtet, stattdessen wird die gesamte Marketingaktivität auf zwei Key-Accounts fokussiert. Speziell auf sie zugeschnitten werden individuelle Projektvarianten erarbeitet. Das Unternehmen geht ein hohes, aber aus Sicht der Beteiligten gerade noch vertretbares Risiko ein. Die nötige Manpower wird gewonnen, indem zwei andere Projekte verschoben werden. Am Ende wird ein Key-Account gewonnen, der andere nicht. Ein herber Schlag für das Unternehmen. Später zeigt sich jedoch der tiefere Gewinn: Begeistert von der passgenauen Projektplanung und Durchführung kommt der Key-Account mit einer Anfrage für eine langfristige, großangelegte Zusammenarbeit. Sabine K. wird als Verantwortliche ausgewählt. Sie stellt ein geeignetes Projektteam zusammen und freut sich mit allen auf die neue Herausforderung. Durch das sie in regelmäßigen Abständen begleitende Coaching ist ihr mittlerweile klar: Fehler passieren immer wieder, ihr und auch Mitarbeitern. Doch sie selbst hat es in der Hand, das Beste daraus zu machen.

Resümee

Erinnern Sie sich noch an das Desaster mit dem „Elchtest" der A-Klasse Ende der Neunziger? In den Medien waren Bilder von umstürzenden Autos zu sehen, bespickt mit schadenfrohen Kommentaren. Das Unternehmen reagierte schnell. „Stark ist, wer keine Fehler macht. Noch stärker, wer aus ihnen lernt", war der Slogan der Werbekampagne, die auf das Elchtest-Debakel folgte. Der Rest ist Geschichte: Die A-Klasse wurde ein voller Erfolg und der kleine Elch über die Jahre hinweg zu einer Art Maskottchen des Modells – ob als Aufkleber am Heck oder als Stofftier am Rückspiegel."[7]

Die Etablierung einer offenen Fehlerkultur, die einlädt, über Fehler zu sprechen und aus ihnen zu lernen, ist ein entscheidender Erfolgsfaktor für Unternehmen, denn Scheitern und Erfolg sind die Kehrseiten einer Medaille: Das eine gibt es nicht ohne das andere.

„Wenn also in einer Unternehmenskultur Scheitern als Möglichkeit und als Realität nicht verdrängt und tabuisiert wird, werden Risikobereitschaft gestärkt, Lust am Forschen geweckt, Abenteuer- und Entdeckerfreude gefördert, Andersartigkeit erträglich und der Raum für Vielfalt möglich."[8] Dies ermöglicht Innovationen, in einer globalisierten und sich rasch wandelnden Welt der Nährboden für zukünftige Unternehmenserfolge!

Sie als Nachwuchs-Führungskraft haben hier eine Schlüsselposition. Nutzen Sie diese Chance! Stellen Sie sich mutig eigenen Fehlern und nutzen Sie die Lernpotenziale, die in Ihnen stecken. Gerne unterstütze ich Sie darin in Form von Coaching, Vorträgen, Workshops oder Trainings (z.B. ein kostenloses 20-Minuten-Telefoncoaching – mehr dazu finden Sie auf meiner Unterstützungsseite).

---

1 Michael Freese – Wirtschaftspsychologe an der Leuphana Universität in Lüneburg in: Stefanie Schramm & Claudia Wüstenhagen: Die Kunst des Scheiterns S. 18 in ZEIT WISSEN, 04/2013

2 O. Morgenstern – Psychologe und Fehlerforscher in: S. Schramm & C. Wüstenhagen: Die Kunst des Scheiterns S. 14 in ZEIT WISSEN, 04/2013; O. Morgenroth & J. Schaller „Misserfolg und Scheitern aus psychologischer Sicht" (S.9ff.) in: Scheitern: Die Schattenseite des Daseins, Erich Schmidt Verlag, 2009

3 Vgl. Olaf Morgenroth & Johannes Schaller: „Misserfolg und Scheitern aus psychologischer Sicht" (S.9-30) in: Scheitern: Die Schattenseite des Daseins, Erich Schmidt Verlag 2009

4 Vgl. Dr. Andreas Blaeser-Benfer: Fehlerkultur im Innovationsprozess In: Faktenblatt 6/2010, RKW Rationalisierungs- und Innovationszentrum der Deutschen Wirtschaft e.V.

5 Vgl. Anna Gielas: „Irren ist nützlich" in Gehirn und Geist 5/2011, S. 15

6 Vgl. Joachim Stoeber & Dirk Janssen: Perfectionism and coping with daily failures: Positive reframing helps achieve satisfaction at the end of the day, http://www.ncbi.nlm.nih.gov/pubmed/21424944

7 „A-Klasse vom Umfaller zum Aufsteiger", Frankfurter Rundschau, 20. Oktober 2012

8 B. Stechhammer: Unternehmen brauchen eine Kultur des Scheiterns, S. 194 in: Pechlaner, Stechhammer, Hinterhuber (Hrsg.): Scheitern: Die Schattenseite unternehmerischen Handelns. Erich Schmidt Verlag, Berlin, 2010

Stephan Röder und Birgit Peterzelka

Einen menschlich-wertschätzenden Umgang und wirtschaftlichen Erfolg gut miteinander zu verbinden – auf diesem Weg begleiten wir unsere Kunden seit 1993 mit Schwung, Kompetenz und vielfältiger Erfahrung.

Ob in Genossenschaftsbanken, Handel, Handwerk, Industrie, Gesundheitswesen oder öffentlichem Dienst – überall ist Wertschätzung die Voraussetzung für Wertschöpfung. Mit unseren Kunden entwickeln wir individuelle, passgenaue Konzepte zur Führungskräfte- und Teamentwicklung, für Unternehmensleitbilder und Führungsgrundsätze, bei der Lösung von Konflikten und der Verbesserung von Kommunikation und Zusammenarbeit, bei Unternehmensfusionen oder der Weitergabe von Unternehmen an die nächste Generation.

Wir freuen uns immer wieder neu auf die Zusammenarbeit mit Menschen – und diese Begeisterung teilen wir mit unseren Kunden. Denn Kommunikation, die für Klarheit in der Sache und die Stärkung der Beziehung sorgt, ist unserer Überzeugung nach der richtige Weg zum Erfolg.

Unsere Arbeitsfelder und Angebote für Sie: Supervision und Coaching; Organisationsaufstellungen; Workshops für Unternehmensleitungen; Teambildung und -entwicklung; Entwicklung und Umsetzung einer werteorientierten Unternehmenskultur; Begleitung in Entwicklungs- und Entscheidungsprozessen; Vorträge zu Werteorientierung, Führung, Teamdynamik, Motivation, …

Unterstützungsangebote der Autoren für Sie:

Auf unserer Unterstützungsseite im Internet haben wir für Sie spezielle Materialien zu Ihrer Unterstützung bereitgestellt. Sie finden sie unter:

www.junior-manager.de/peterzelka_roeder

Zwischen Anpassung und eigenem Weg
Mit Werten führen
Stephan Röder und Birgit Peterzelka

Richard D. ist seit einem Jahr Teamleiter. Durch eine Umstrukturierung wurde das Vorgängerteam geteilt und er ist nun Teamleiterkollege seines früheren Teamleiters, der jetzt die Hälfte des ursprünglichen Teams führt. Für Richard waren sowohl die Führungs- als auch die Sachaufgaben neu. Dass sein Teamleiterkollege sich in den ersten Monaten noch direkt in fachlichen Fragen um einzelne Mitarbeiter aus seinem neuen Team gekümmert hat, stört ihn deshalb nicht – ganz im Gegenteil. Er schätzt ihn sowohl fachlich als auch menschlich und ist sich bewusst, dass ohne seine Hilfe sein Start in der neuen Aufgabe wesentlich schwerer gewesen wäre.

Seit einiger Zeit spürt er allerdings eine Unruhe und Unsicherheit bei den betroffenen Mitarbeitern. Diese kommen zu Richard und wissen nicht, wie sie mit den Arbeitsanweisungen des Nachbarteamleiters umgehen sollen. Was hat Priorität? Was hat der Kollege überhaupt zu sagen? Gleichzeitig merkt Richard selbst, dass es ihm immer weniger passt, dass sein Kollege in seinen Verantwortungsbereich „hineinregiert". Er fühlt sich in einem Dilemma: Einerseits ist er dankbar für die Unterstützung und Entlastung seines Teamleiterkollegen im letzten Jahr – und er wird seine Hilfe auch weiter brauchen. Andererseits spürt er, dass dessen Verhalten seine Autorität als Teamleiter untergräbt und für Unruhe in seinem Verantwortungsbereich sorgt.

Sich anpassen oder möglicherweise einen Konflikt riskieren – in diesem Dilemma erleben sich Nachwuchs-Führungskräfte immer wieder und dieses Dilemma trifft auf viele ihrer Führungsfragen zu wie z.B.: Wie übernehme ich Führung und bleibe doch Teil des Teams? Wie führe ich mit Vertrauen und bleibe doch nüchtern und realistisch?

Wir laden Sie ein, sich nicht auf ein „entweder - oder" zu versteifen, sondern sich auf den Weg des „sowohl als auch" einzulassen.

Und wir ermutigen Sie, sich bei der Suche nach Antworten Ihre Werte bewusst zu machen. Wir stellen Ihnen dazu ein sehr wirksames Denk- und Handlungsmodell vor. Dieses Modell heißt Werte- und Entwicklungsquadrat.[1] Es hilft Ihnen, klar zu denken, wertschätzend zu handeln und die Richtung zu kennen, in der Sie sich weiterentwickeln sollen.[2]

Wenn Vertrauen ins Gegenteil umschlägt

Nehmen Sie als Beispiel den Wert Vertrauen – ein wichtiges Buch der Führungsliteratur trägt den Titel: „Vertrauen führt!"[3] Im Alltag erleben wir oft, dass Menschen überzeugt sind, dass es außer Vertrauen und seinem Gegenteil, dem Misstrauen, keine Alternative gibt. Entweder jemand hat Vertrauen oder er ist misstrauisch. Und diejenigen, die misstrauisch sind – sie nennen sich gerne Realisten – werfen denen, die vertrauen vor, dass sie blauäugig seien und damit schon noch auf die Nase fallen würden.

Immer wieder erleben wir, dass Führungskräfte viel Vertrauen in die Mitarbeiter investierten, dann enttäuscht wurden und danach genau in das Gegenteil wechselten und mit der Bemerkung „Bitte, ihr habt es nicht anders gewollt" in Zukunft alles kontrollieren. Das Gleiche gilt auch, wenn Vertrauen in das Unternehmen enttäuscht wurde und jetzt ein grundsätzliches Misstrauen an dessen Stelle tritt.

Hier läuft einiges schief, obwohl doch keiner böse Absichten hatte, sondern, wie im letzten Beispiel, sogar das Gute, also „Vertrauen" wollte! Aber gut gemeint ist eben nicht gut gemacht, manchmal ist es das genaue Gegenteil.

Das Wertequadrat

Um Ordnung zu schaffen und sich besser zurechtzufinden, neigt der Mensch dazu, die Welt aufzuteilen in Gut und Böse, Richtig und Falsch. Wir nennen das den „Hollywood view", denn in klassischen Hollywoodfilmen gibt es einen Helden, der für das Gute kämpft – mit ihm identifizieren wir uns gern. Und dann gibt es den Schurken, der für das Böse steht. Die Realität ist unserer Überzeugung nach nicht schwarz-weiß, sondern bunt. Jeder Mensch ist eine Mischung aus unterschiedlichen Antriebskräften. Je klarer ich das sehe, umso angemessener und damit wertschätzender gehe ich mit mir und mit anderen um. Das ist der erste Denkschritt. Wenn Sie in Ihre Führungsaufgabe hineinwachsen wollen und nach einer tragfähigen Basis für professionelles Führungsverhalten suchen, ist das Werte- und Entwicklungsquadrat, das wir Ihnen hier vorstellen, ein wirkungsvolles Instrument.

Die Wertepaare

Ausgangspunkt ist dabei das klassische Gegensatzpaar „Vertrauen - Misstrauen". Der zweite Denkschritt ist, sich klarzumachen, dass übertriebenes „Vertrauen" zu „Leichtsinn" oder „Blauäugigkeit" führt. Immer wenn uns etwas wichtig ist – wie in diesem Beispiel „Vertrauen" – dann neigen wir dazu, diesen Wert stark zu betonen, damit zu übertreiben und durch die Übertreibung zu entwerten. Um das zu verhindern, brauchen wir das richtige Maß an „Vertrauen". Wie aber finden wir das? Indem wir in einem dritten Denkschritt den „Geschwisterwert" suchen, der zum „Vertrauen" in einer **positiven Spannung** steht und verhindert, dass wir „Vertrauen" übertreiben.

Wie finden wir diesen Geschwisterwert? Einerseits, indem wir das genaue Gegenteil der Übertreibung des ersten Wertes suchen, andererseits, indem wir den guten Kern im Gegenteil des ersten Wertes entdecken. Was also ist das Gegenteil von „Leichtsinn" oder „Blauäugigkeit" und der gute Kern im „Misstrauen"? Unsere Vorschläge sind: „Nüchternheit", „Verantwortung", „Interesse".

Grafisch lassen sich die Geschwisterwerte mit ihren Übertreibungen als Wertequadrat darstellen:

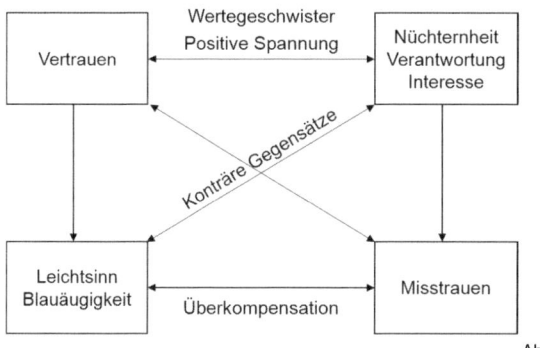

Abb. 1

Diese vier Begriffe (Begriffsfelder) stehen in einem besonderen Verhältnis zueinander. „Vertrauen" braucht „Nüchternheit" als Geschwisterwert, um nicht zu „Blauäugigkeit" zu werden. „Nüchternheit" und „Verantwortungsbewusstsein" braucht „Vertrauen" als Geschwisterwert, um nicht zu „Misstrauen" zu werden.

Wenn jemand einen Wert (hier „Vertrauen") übertrieben und ohne den Geschwisterwert lebt, neigt er bei Enttäuschungen dazu, von einem Extrem ins andere zu verfallen, nach dem Motto „Mehr hilft mehr", und so aus Verantwortungsbewusstsein noch mehr ins Misstrauen zu rutschen und noch mehr zu kontrollieren, weil es ja offensichtlich bisher noch nicht gereicht hat.

Übungen zum Denken in Geschwisterwerte-Paaren

Wir laden Sie ein, diese Denkweise gleich an zwei Beispielen zu üben:

Übung 1: Immer wieder gibt es bei diesem Wertepaar Konflikte zwischen Abteilungen. Der Einkauf wirft der Fachabteilung Verschwendung vor und diese nennt den Einkauf geizig. Dabei wollen beide Seiten etwas Positives: Der Einkauf will Kosten sparen, die Fachabteilung ist eher großzügig, weil sie die beste Qualität will.

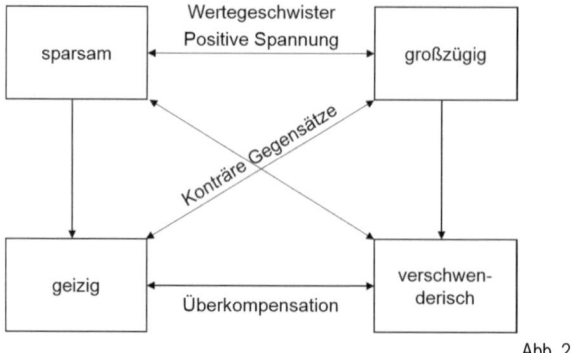

Abb. 2

Übung 2: Um sich in das Denken in Geschwisterwerten einzuüben, bitten wir Sie, einmal zu jedem Wert Ihres Unternehmensleitbilds dieses Wertequadrat zu machen. Wenn Ihr Unternehmen kein Leitbild hat, nehmen Sie die Werte, auf die Sie in der Zusammenarbeit Wert legen.

Wertequadrat entwickeln

Eine weitere Übung[4] ist, dass Sie aufschreiben, welche Werte / Eigenschaften Sie als gute Führungskraft (!) auszeichnen sollten. Dann nehmen Sie sich jeden dieser Werte vor und entwickeln dazu das Wertequadrat. (Beispiele für Wertequadrate finden Sie auf unserer Unterstützungsseite für Sie.)

> **Ein wichtiger Schritt beim Übergang in eine Führungsaufgabe ist, dass Sie die Realität anschauen und ernst nehmen, so wie sie ist: nicht schwarz-weiß, sondern vielfältig. Um einen Wert wirklich zu leben, brauchen Sie den dazugehörigen „Geschwisterwert", sonst besteht die große Gefahr, dass Sie in die entwertende Übertreibung und im schlimmsten Fall von einem Extrem ins andere rutschen.**

Das Wertequadrat im Umgang mit Mitarbeitern und Kollegen einsetzen

Der nächste Schritt ist, im Umgang mit den Mitarbeitern dieses Wertequadrat anzuwenden. Hier ein paar Beispiele dafür:

Problemfall: Richard D. und sein Teamleiterkollege

Versetzen Sie sich bei unserem Anfangsbeispiel in die Lage von Richard D. Was schätzen Sie am Verhalten Ihres Teamleiterkollegen und was würden Sie ändern wollen?

Was ist der gute Kern Ihres Anliegens, der Wert, für den Sie eintreten und welche entwertende Übertreibung wollen Sie vermeiden?

Lösungsmöglichkeit: Wertschätzung mit Grenzziehung verbinden. Sagen Sie ihm, was Sie an der Zusammenarbeit mit Ihrem Kollegen schätzen. Beschreiben Sie, wie sein Verhalten auf Ihre Mitarbeiter wirkt. Schlagen Sie Ihre Lösung für die Zukunft vor. (Unseren Lösungsvorschlag mit dem Wertequadrat finden Sie auf unserer Unterstützungsseite für Sie.)

Problemfall: Zeitdruck

Sie benötigen eine zügige Bearbeitung einer Aufgabe, weil der Termin drängt. Der Mitarbeiter, den Sie damit beauftragen, neigt aus Ihrer Sicht dazu, sich in Details zu verlieren, perfektionistisch zu sein. Die Zeit beginnt Ihnen davonzulaufen und der Mitarbeiter kommt nicht voran. Ihre Versuche, ihm das Pareto-Prinzip zu erklären und ihn zu ermutigen, es doch mit einer 80%-Lösung zu versuchen, bleiben wirkungslos.

Lösungsmöglichkeit: Den guten Kern finden. Was Sie jetzt brauchen, ist die Fähigkeit, Ihre aufkommenden Emotionen wie Ungeduld, Ärger, Hilflosigkeit bewusst wahrzunehmen und innerlich zur Ruhe zu kommen.

> **Unser Tipp: Sie beenden das Gespräch, gehen in Ihr Büro, machen dort eine Atemübung, bis Sie wieder in Ruhe denken können. Dabei hilft eine ganz einfache Übung: Tief und gleichmäßig atmen!**

Nach der Atemübung fragen Sie sich: Was ist der gute Kern in der aus meiner Sicht übertriebenen Position meines Gegenübers? Ist es im letzten Fall Genauigkeit, Präzision, Fehlerfreiheit, Sicherheit? Wenn das so ist, dann befürchtet Ihr Gesprächspartner wahrscheinlich, dass Sie von ihm Oberflächlichkeit, Flüchtigkeitsfehler, Ungenauigkeit, hohes Risiko erwarten. Kein Wunder, dass er sich darauf nicht einlassen will. Von außen betrachtet springt er von einem Extrem (Pedanterie) zum anderen (Oberflächlichkeit). In seinem Kopf gibt es nur die Alternative „Genauigkeit" oder „Oberflächlichkeit".

Wenn Sie das verstanden haben, dann können Sie im nächsten Gespräch seine gute Motivation anerkennen. Sagen Sie ihm, dass Sie nichts Wertloses von ihm erwarten. Fragen Sie ihn, was er braucht, damit die Aufgabe termingerecht fertig wird. Denn am Termin sollten Sie festhalten. Erhöhen Sie nicht den Druck – denn dann erhöht er entweder im gleichen Maße den Widerstand oder er liefert ein Arbeitsergebnis, das auch aus Ihrer Sicht noch nicht einmal den Mindestanforderungen entspricht.

Problemfall: Unterschiedliche Kommunikationsstile

Bei beruflicher Kommunikation wird häufig sachbezogene Kommunikation bevorzugt und als „professionell" erwartet. Diese wirkt nicht selten nüchtern bis kalt. Gute Teamplayer pflegen einen Kommunikationsstil, der das Gemeinschaftlich-Verbindende, die soziale Beziehung, das Miteinander betont. Hier erleben wir Herzlichkeit oder

Wärme in der Kommunikation. Dieser Stil gilt unter Führungskräften vorschnell als „durchsetzungsschwach". Im Umgang miteinander geht es immer wieder darum, so zu kommunizieren, dass mein Gesprächspartner mich und mein Anliegen versteht.

Lösungsmöglichkeit: Das Wertequadrat zur Mitarbeiter-Persönlichkeitsanalyse einsetzen. Machen Sie ein Wertequadrat ausgehend von dem Kommunikationsstil, der Ihnen näher liegt. Der Ausgangswert links oben ist dann entweder sachlich / nüchtern / zielorientiert oder herzlich / verbindend / verständnisvoll.[5]

Gehen Sie Ihre Kollegen im Führungskreis durch. Fragen Sie sich, wer welchen Kommunikationsstil hat. Sehen Sie den guten Kern im Kommunikationsstil Ihres Gesprächspartners. Stellen Sie sich auf diesen Stil ein – dann werden Sie eher verstanden.

Übrigens wird der erste Kommunikationsstil (sachlich ...) gerne Männern und der zweite (herzlich ...) Frauen zugeordnet, am besten noch in Verbindung mit „Typisch Mann!" / „Typisch Frau!". Entspricht das Ihren Beobachtungen? Was ist der Vorteil des jeweiligen Kommunikationsstils? Darf im Berufsleben ein Mann herzlich und eine Frau sachlich sein? Oder existieren Vorurteile und Klischees? Können Sie, je nach Situation und Person, den Schwerpunkt in Ihrer Kommunikation eher auf den einen oder den anderen Geschwisterwert legen? Üben Sie es – Sie werden sehen, es lohnt sich.

Wir haben die Erfahrung gemacht, dass Menschen überrascht reagieren, wenn sie sich in ihrem Anliegen gesehen und ernst genommen fühlen. Viele erleben zum ersten Mal, dass jemand ernsthaft zuhört und respektiert, worum es ihnen geht. Das wünscht sich wahrscheinlich jeder Mensch – verstanden und respektiert zu werden. Voraussetzung ist allerdings, dass diese Vorgehensweise kein rhetorischer Trick ist, um jemanden über den Tisch zu ziehen. Prüfen Sie, ob Sie wirklich den guten Kern in der Aussage und im Verhalten des anderen sehen und ob Sie tatsächlich diesen guten Kern wertschätzen können. Wenn Ihnen das schwerfällt – dann können Sie dies durch konsequente Übung verändern. Sie werden sehen – die Übung, im Verhalten des Anderen den guten Kern zu suchen, wird Sie verändern und Ihre Beziehung zu Ihren Mitarbeitern.

Pflegen Sie die Beziehung zu Ihren Mitarbeitern. Nur eine Beziehung, die Sie gepflegt haben, können Sie auch einmal belasten. Und solche Belastungen kommen mit Sicherheit, wenn Sie unpopuläre Entscheidungen treffen müssen oder schwer nachvollziehbare Entscheidungen der nächsthöheren Führungsebene umzusetzen haben. Wir möchten Ihnen Mut machen, sich nicht von diesem Weg abbringen zulassen, auch wenn die Reaktionen nicht nur positiv sind, sondern sogar skeptisch bis misstrauisch sein können. Denken Sie daran: Auch im Misstrauen – als entwertende Übertreibung – steckt ein guter Kern. (Gleich üben: Welcher?)

Oft lösen Sie die Widerstände, die Ihnen begegnen, indem Sie das gute, berechtigte Anliegen dahinter entdecken und benennen. Weniger erfolgreich ist es, sich über Widerstände zu ärgern oder diese brechen zu wollen, und auch mit einer Retourkutsche kommt man selten ans Ziel.

> Das Wertequadrat ist eine Übung, in der Kommunikation das Gute in der Haltung des Anderen herauszufinden; besonders dann, wenn er oder sie in die entwertende Übertreibung gerutscht ist. Indem Sie das tun, helfen Sie Ihrem Gegenüber, das richtige Maß für seine Position zu finden und den fehlenden Geschwisterwert wahrzunehmen und einzubeziehen. Dadurch schaffen Sie als Führungskraft eine wertschätzende Atmosphäre, in der Menschen in der Lage sind, ihr **Potenzial** zu entfalten und einzusetzen. So vermeiden Sie, dass Fronten entstehen bzw. sich verhärten und kommen zu Lösungen, die mitgetragen werden.

Das Wertequadrat als Unterstützung für Ihre Weiterentwicklung zur Führungspersönlichkeit

Der nächste Schritt, in dem Sie das Wertequadrat als Entwicklungsquadrat nutzen können, dient Ihrer persönlichen Weiterentwicklung als Führungskraft. Selbstverständlich gehört dazu eine innere Bereitschaft, sich in den eigenen Fähigkeiten und Kompetenzen und als Persönlichkeit weiterzuentwickeln. Als Führungskräfte stehen Sie häufig vor zwei extremen – entwertenden – Haltungen sich selbst gegenüber. Entweder Sie finden sich einfach toll und über jede Kritik erhaben oder Sie gehen so selbstkritisch mit sich um, dass Sie ständig zuerst den Fehler bei sich selber suchen. Auch hier hilft uns das Werte- und Entwicklungsquadrat, ein gesundes Selbstbewusstsein zu entwickeln und auf dieser Basis offen zu sein für Kritik und aus eigenen Fehlern zu lernen.

Leistungssportler nehmen sich dafür einen Trainer oder Coach. In vielen Unternehmen ist die Begleitung von Führungskräften in Veränderungssituationen durch Coaching schon Teil der Unternehmenskultur. Diese Führungskräfte sind gegenüber anderen ohne eine solche Unterstützung eindeutig im Vorteil.

> **Unser Tipp:** Setzen Sie sich dafür ein, dass auch Sie Unterstützung für die Arbeit an Ihrer Professionalität bekommen. Ggf. müssen Sie selbst dafür sorgen. Es lohnt sich, denn es geht ja schließlich um Sie selbst und Ihre Zukunft.

Übung: Sich herausfordern lassen – Führungspersönlichkeit entwickeln

Schauen Sie noch einmal auf die Werte, die Sie als Führungskraft leben wollen und auf den jeweiligen Geschwisterwert. Fragen Sie sich, zu welchem der jeweils beiden Geschwisterwerte Sie unter Stress neigen. Lassen Sie sich zusätzlich von einem Menschen, der Sie kennt und dem Sie das zutrauen, ein Feedback zu der gleichen Frage geben. Eine gute Adresse ist entweder Ihr direkter Vorgesetzter bzw. derjenige, der Sie für diese Führungsaufgabe empfohlen oder Sie in diese eingesetzt hat. Auf der Basis dieser Selbst- und Fremdwahrnehmung entscheiden Sie sich jetzt für einen Geschwisterwert, den Sie stärken, vertiefen, ausbauen wollen, um sich weiterzuentwickeln.

Nehmen wir als Beispiel „durchsetzungsstark, ergebnisorientiert". Erstellen Sie das Wertequadrat dafür. (Wenn Sie Ihre Lösung prüfen wollen, gehen Sie auf unsere Unterstützungsseite für Sie. Dort finden Sie unseren Lösungsvorschlag.) Nehmen Sie sich die Begriffe vor, die den Geschwisterwert beschreiben.

> **Achtung: Achten Sie darauf, dass Sie diese Begriffe mit positiven Gefühlen verbinden. Denn häufig wird der Geschwisterwert schon zu Anfang abgewertet und löst negative Gefühle aus! Beispiele: „rücksichtslos" statt „durchsetzungsstark", „sich ausnutzen lassen" statt „verständnisvoll".**

Suchen Sie nach Situationen, in denen Sie diese Werte / Haltungen üben können. Besonders geeignet sind Situationen, von denen Sie wissen, dass es Ihnen genau hier schwerfällt. Es lohnt die Mühe.

Damit das Werte- und Entwicklungsquadrat nicht zu einem rhetorischen Trick verkommt – was übrigens von Mitarbeitern schnell durchschaut und mit starkem Misstrauen belohnt wird –, ist eine wertschätzende Haltung Ihren Mitarbeitern gegenüber wichtig. Prüfen Sie, ob Sie sich auf Ihre Mitarbeiter freuen, wenn Sie auf dem Weg zur Arbeit sind. Lassen Sie jeden einzelnen vor Ihrem geistigen Auge Revue passieren, nehmen Sie das Gute an dieser Person war und trauen Sie ihm oder ihr zu, dass er / sie heute gute Arbeit leisten kann.

Menschen haben ein feines Gespür dafür, was andere ihnen zutrauen bzw. von ihnen erwarten – das wird häufig unterschätzt. Wenn wir Schlechtes von jemandem erwarten, wird er uns kaum enttäuschen; wenn wir jemandem etwas zutrauen und ihm die Chance dafür geben, enttäuscht er uns in der Regel auch nicht.

Übung: Mit einer positiven Grundhaltung den Tag beginnen

Denken Sie morgens, bevor Sie zur Arbeit fahren oder auf dem Weg zur Arbeit, an jeden Ihrer Mitarbeiter und bringen Sie diesen in Verbindung mit einer seiner positiven Eigenschaften / Haltungen. Üben Sie, mit einer positiven Grundhaltung gegenüber den Mitarbeitern morgens zur Arbeit zu kommen. Geben Sie Ihren Mitarbeitern und Kollegen jeden Tag eine neue Chance, ihr Bestes zu geben.

Resümee

Zusammenfassend ist das Werte- und Entwicklungsquadrat ein Werkzeug, um Ihre eigenen Werte / Verhaltenstendenzen besser zu verstehen, zu erkennen, wo Sie zu entwertender Übertreibung neigen und daran zu arbeiten, den jeweiligen Geschwisterwert zu entwickeln und in Ihre Persönlichkeit zu integrieren. Mit dem Werte- und Entwicklungsquadrat haben Sie also in dreifacher Weise ein effektives Führungswerkzeug an der Hand.

1. Es hilft Ihnen, klar zu denken, die Realität in ihrer Vielfältigkeit nüchtern wahrzunehmen, das eigentliche Anliegen auch und gerade in entwertenden Übertreibungen zu erkennen und dabei eine positive Grundhaltung zu bewahren.

2. Es hilft Ihnen, im Umgang mit Menschen Konflikte zu vermeiden, Widerstände zu lösen und damit zu einer wertschätzenden Unternehmenskultur beizutragen, in der die Unternehmenswerte nicht nur auf dem Papier stehen, sondern er- und gelebt werden. Dadruch geben Sie den Mitarbeitern die Chance, sich zu entwickeln und ihr Potenzial zum Wohle aller einzubringen.

3. Es ist ein Weg für Sie, Ihre (Führungs-)Persönlichkeit weiterzuentwickeln, in dem Sie die jeweiligen schwächer ausgeprägten Geschwisterwerte entfalten und stärken. Dabei verbinden Sie eine positive Haltung mit professionellem Führungsverhalten.

Es gibt nichts Gutes, außer Sie tun es! Trainieren Sie das Wertequadrat! Gerne begleiten wir Sie auf Ihrem Entwicklungsweg durch unsere Unterstützungsseite – und bei Bedarf auch persönlich. Viel Freude und Erfolg!

---

1 Für eine vertiefte Beschäftigung empfehlen wir: Friedemann Schulz v. Thun: Miteinander reden, Bd. 2, Werte und Klärungen, 1999; Schulz v. Thun/Ruppel/Stratmann: Miteinander reden: Kommunikationspsychologie für Führungskräfte, 2015. Schulz von Thun übernahm die Idee des Wertequadrates von Nicolai Hartmann (1893 – 1950) und Paul Helwig (1893 – 1963) und entwickelte das Wertequadrat weiter. Siehe dazu auch die Website www.schulz-von-thun.de

2 Das Werte- und Entwicklungsquadrat ist ein Führungsinstrument, mit dem Sie erfolgreich eine wertschätzende und wert-schöpfende Kultur fördern. Es ist keine Wunderwaffe bzw. kein Geheimrezept, mit dem allein Sie alle Führungsfragen beantworten können. Entscheidend für den Erfolg ist die stimmige innere Haltung der Wertschätzung und der geübte, professionelle, handwerklich saubere Umgang mit dem Wertequadrat.

3 Reinhard Sprenger: Vertrauen führt. Frankfurt am Main, 2002

4 Möglicherweise stellen Sie bei den Übungen fest, dass es schwieriger ist als gedacht, dieses Wertequadrat zu entwickeln. Deshalb bieten wir Ihnen Folgendes an: Entwickeln Sie Ihre Wertequadrate und schicken Sie uns diese zu. Einen Hinweis dazu finden Sie auf unserer Unterstützungsseite. Wir senden Ihnen unser Feedback dazu. So gewinnen Sie Sicherheit im Umgang mit dieser realitätsnahen Weise des Denkens. Auf unserer Unterstützungsseite für Sie finden Sie zusätzliche Beispiele.

5 Wir verwenden gerne Wortfelder, um den gemeinten Wert, die Haltung, um die es geht, zu beschreiben. Der Vorteil ist, dass wir dadurch die verschiedenen Dimensionen eines Wertes deutlicher ausdrücken. Wenn Sie also das Wertequadrat üben, suchen Sie nach zwei oder sogar drei Begriffen im jeweiligen Feld, damit das Gemeinte deutlich zum Ausdruck kommt.

Stephan Schöbe

M.A. für Sonderpädagogik, Pädagogik und Psychologie, Physiotherapeut.
Meine Tätigkeit als Trainer, Berater und Coach begann 2002. Es war klar, dass das reine Wissen um Zusammenhänge für die Teilnehmenden nicht ausreicht, um in Aktion zu kommen und ihre Ziele zu erreichen. Dies hat mich zu einer vertieften Auseinandersetzung mit den Themen Motivation und Ziele geführt. Neben der personalen Haltung ist mir die Kompetenzorientierung sehr wichtig geworden.

In meiner Arbeit mit Nachwuchs-Führungskräften erlebe ich immer wieder ein hohes Engagement und eine große Bereitschaft, Neues zu lernen. Umso wichtiger ist es, dieses Engagement zielgerichtet einzusetzen, damit die wertvolle Energie nicht einfach verpufft, weil keine wirkungsvollen Handlungskonzepte zur Verfügung stehen. Denn die Herausforderungen der Führungsarbeit unterscheiden sich deutlich von der Bearbeitung fachlicher Fragen. Entsprechend müssen für den neuen Aufgabenbereich neue Kompetenzen erworben werden.

Mein Anliegen ist es, die Führungskräfte bei der Bewältigung dieser Herausforderungen und bei der Aneignung relevanter Führungskompetenzen zu unterstützen. Hierbei ist es mir besonders wichtig, nicht bei Theorien stehenzubleiben, sondern mit den Führungskräften vor allem die praktische Umsetzung zu erarbeiten, damit sie ihre Ziele auch erreichen. Nur so kann Wirkung im (Führungs-)Alltag erzielt werden. Methodisch gehe ich hierbei sehr variantenreich vor, sodass viele Lernoptionen entstehen.

Die Kompetenzen zu „Führen mit Zielen" und „Selbstführung" entwickle ich mit Führungskräften anhand konkreter Fragestellungen aus dem Führungsalltag, alternativ auch anhand der Themen „Resilienz / Salutogenese / Burn-out-Prophylaxe" und „geistige Leistungsfähigkeit".

Unterstützungsangebote des Autors für Sie:

Auf meiner Unterstützungsseite im Internet habe ich für Sie spezielle Materialien zu Ihrer Unterstützung bereitgestellt. Sie finden Sie unter:

www.junior-manager.de/stephan_schoebe

Wenn die gesetzten Ziele wieder nicht erreicht werden
Mit Zielen führen – sich und andere!
Stephan Schöbe

Ziele gehören zum Führungsalltag. Manche schätzen sie, viele halten sie jedoch eher für lästig. Die Forschung zeigt klar, dass Ziele eine hohe Wirkung auf die Motivation und die Umsetzungsbereitschaft haben können. Jedoch kommt es darauf an, welche Ziele wie gesetzt werden, damit sie tatsächlich ein im positiven Sinne wirksames Führungsinstrument sind.

Marco S. hat sich als Nachwuchs-Führungskraft gut auf seine neue Rolle vorbereitet. Er hat gelesen, dass es wichtig ist, seinen Mitarbeitern ein gutes Maß an Geduld entgegenzubringen und dass es zum Ausgleich ratsam ist, selbst Sport zu treiben. Also hat er sich vorgenommen, geduldig zu sein und regelmäßig laufen zu gehen, da Jogging in der Literatur zum Stressabbau empfohlen wurde. Aber irgendwie ist das mit der Geduld nicht so leicht und es fällt ihm oft erst hinterher wieder ein, dass er ja eigentlich geduldiger sein wollte.

Abends im Büro, kurz vor Feierabend. Gleich morgen früh hat Marco einen Termin beim Abteilungsleiter, bei dem er den Quartalsbericht vorlegen muss. Sein Mitarbeiter Rainer Z., hat Marco gerade die ihm aufgetragene Tabelle mit den wichtigsten Ergebnissen des vergangenen Quartals zugemailt. Sie entspricht aber nicht dem, was er ihm vor ein paar Tagen aufgetragen hat. Dabei hat Marco ihn noch besonders motiviert, indem er ihm gesagt hat: „Diese Daten und deren Aufbereitung sind sehr wichtig für uns. Ich weiß, Sie schaffen das! Geben Sie Ihr Bestes!" Doch schon wieder hat er Marco enttäuscht. Die Daten sind zwar irgendwie schon da, aber die Grafiken sind zu kompliziert und er hat auch unpassende Farben für die Diagramme verwendet. Wie soll Marco Rainer Z. denn noch motivieren, damit er endlich seine Arbeit vernünftig macht? Die Krux: Er muss bei Rainer Z. bald die Beschwerde der anderen Mitarbeiter wegen dessen Unfreundlichkeit ansprechen und wollte für dieses Gespräch einen positiven Einstieg haben. Das wird nun nichts.

Jetzt ruft er erstmal zu Hause an, dass es heute wieder später wird, da er noch kurzfristig eine Auswertung erstellen muss. Mit dem Joggen wird es heute also auch nichts. Leider kein Einzelfall, denn auch sonst kommt immer wieder etwas dazwischen: einmal fordert die Familie, dass er jetzt mal zu Hause bleiben soll, dann muss er kurzfristig die Arbeit von Rainer Z. überarbeiten und gelegentlich vergisst er es einfach und stellt dann fest, dass es in den letzten Wochen einfach nicht hingehauen hat.

Verschiedene Ziele – verschiedene Ebenen

Obwohl es auf den ersten Blick nicht so aussieht, gibt es doch einen Unterschied zwischen der mangelnden Zielerreichung von Marcos Mitarbeitern und seiner eigenen, nicht nur thematisch. Es handelt sich dabei um unterschiedliche Ebenen, die unterschiedlich bearbeitet werden wollen. In diesem Beitrag werde ich Ihnen die Unterschiedlichkeit der möglichen Zielebenen verdeutlichen und Ihnen zeigen, was Sie benötigen, um die jeweils passenden Ziele zu formulieren.

Warum ist dies so? Warum lassen sich weder Mitarbeiter noch wir uns selbst einfach so über Vorgaben oder persönliche Vorsätze führen? Die Antwort ist einfach und komplex zugleich. Einfach deshalb, weil die Lösung der Probleme in passenden Zielformulierungen liegt. Die Ziele müssen lediglich richtig formuliert werden, um die gewünschte Wirkung zu erzielen – und genau das ist komplex.

Ziele können auf sehr unterschiedliche Weise formuliert werden und bewirken durch ihre Formulierung unterschiedliche Effekte in unserem psychischen System (und in dem der geführten Mitarbeiter).

Der Nutzen von Zielen ist, dass Menschen sich dadurch leichter tun, etwas Konkretes umzusetzen oder eine neue Verhaltensweise langfristig in ihren Alltag zu integrieren.

Klärung der Rahmenbedingungen

Bevor wir uns mit den verschiedenen Zielebenen beschäftigen, muss noch ein Sachverhalt geklärt werden: die Rahmenbedingungen, in denen mit Zielen gearbeitet wird. Grundsätzlich ist die Frage zu stellen, ob sich Menschen aus innerem Antrieb oder aus äußerem Druck heraus in Bewegung setzen. Je höher der äußere Druck, desto wahrscheinlicher, dass die gewünschte Handlung durchgeführt wird, etwa endlich das Datenblatt für das nächste Meeting erstellen oder vor dem Besuch der Schwiegereltern die Wohnung aufräumen.

Durch einen repressiven Führungsstil lässt sich viel äußerer Druck aufbauen, der oftmals kurzfristig zu den gewünschten Ergebnissen führt. Langfristig ist es dann aber notwendig, diesen Druck aufrechtzuerhalten, sonst droht der Absturz der Leistungsbereitschaft. Die Kosten eines solchen Führungsstils zeigen sich allerdings vor allem darin, dass die guten und zuverlässigen Mitarbeiter das Unternehmen (oder zumindest die Abteilung) verlassen, da sie so nicht behandelt werden wollen und dem Druck ausweichen möchten.

Für eine intrinsische Leistungsbereitschaft und Motivation bedarf es daher eines Rahmens, der von Wertschätzung und Verlässlichkeit geprägt ist. In einem solchen Kontext können die Ziele ihre volle Wirkkraft entfalten.

Formulierung von Zielen

Was ist nun bei der Formulierung von Zielen zu beachten? Ich sagte schon, dass die Antwort auf diese Frage etwas komplex ausfallen muss. Dies hängt schlichtweg damit zusammen, dass der Mensch keine Maschine mit einem Computer im Kopf ist (dann wäre er programmierbar), sondern ein hochkomplexes System, dessen Subsysteme über Feedbackschleifen und unzählige Verknüpfungen miteinander verbunden sind. Es ist im Rahmen dieses Beitrags nicht möglich, die gesamte Entstehung und Funktionsweise menschlicher Entscheidungsprozesse und Handlungen darzustellen (zumal die Hirnforschung diesbezüglich auch noch nicht am Ende ist). Daher werde ich hier einen groben Überblick geben, der für das Thema der Ziele die Grundlage bildet. (Wer sich grundlegend mit der Thematik der Motivation bzw. mit der Zielpsychologie beschäftigen will, findet v.a. bei Heckhausen & Heckhausen[1] wertvolle Informationen. Wenn Sie bestimmte Hintergründe genauer beleuchten möchten, können Sie gerne Kontakt mit mir aufnehmen. Ich berate Sie gerne bei der Suche nach geeigneter Literatur. Mehr dazu auch auf meiner Unterstützungsseite für Sie.

Um auf das Beispiel vom Beginn zurückzukommen, müssen wir zunächst eine wichtige Unterscheidung treffen. Geht es bei dem Ziel, das ich für einen Mitarbeiter formulieren möchte, um eine konkrete, messbare Handlung, die zu 100 % im Einflussbereich des Mitarbeiters liegt (wie etwa bei Rainer Z. die Aufbereitung von vorliegenden Quartalszahlen), oder geht es eher um ein generelles Verhalten, wie zum Beispiel den unfreundlichen Umgang mit den anderen Kollegen?

Konkrete Handlungen mit SMART Z+

Wenn es um eine konkrete Handlung geht, wie in unserem Beispiel die Auswertung der Quartalszahlen, dann hat sich das Konzept der „SMART"-Formulierung bewährt, wobei SMART ein Akronym ist für:

S = spezifisch
M = messbar
A = attraktiv
R = realistisch
T = terminiert

Auf das obige Beispiel heruntergebrochen ist zu prüfen, ob dies beachtet wird.

Spezifisch: Hier ist zu klären, ob es im betreffenden Unternehmen definierte Formen von Quartalsberichten gibt. Müssen alle Zahlen in die Präsentation oder nur die „Ausreißer" nach oben und unten? Gibt es eine übliche Farbgebung für die Grafiken oder ist bekannt, dass der Bereichsleiter hier Präferenzen hat? Ist ein schriftliches Fazit mit spezifischen Verbesserungsvorschlägen und Steuerungsmaßnahmen gefragt oder sollen die Zahlen zunächst für sich sprechen?

Wichtig ist demnach, ob das Unternehmen definierte Prozesse hat. Wenn beispielsweise eine Checkliste existiert, was bei einem Quartalsbericht alles enthalten sein muss, dann hat der Mitarbeiter eine Orientierung, was zu tun ist. Ansonsten bleibt vieles sehr vage und reduziert in aller Regel die Motivation der Mitarbeiter. Es ist also die Aufgabe der Führungskraft, den Auftrag so spezifisch wie möglich zu formulieren und – wenn keine Checklisten oder Prozessdefinitionen vorhanden sind – mit dem Mitarbeiter zu besprechen, was konkret von ihm beim Erstellen des Berichts erwartet wird, gegebenenfalls inklusive der Farbgebung. Dies wird durch den zweiten Punkt der SMART-Ziele ergänzt.

Messbar: Wenn geklärt ist, was genau gemacht werden soll, muss die Führungskraft überlegen, ob dies dem Mitarbeiter klar kommuniziert wurde. Wenn dies der Fall ist, haben sowohl die Führungskraft als auch der Mitarbeiter Kriterien an der Hand, um zu wissen, wann die Aufgabe erledigt ist. Damit weiß der Mitarbeiter, was qualitativ und quantitativ von ihm erwartet wird. Bekommt er lediglich die Aufgabe: „Geben Sie Ihr Bestes!", ist dem Mitarbeiter nicht klar, wann die Führungskraft mit ihm zufrieden ist. Diese Unklarheit hemmt die Motivation und führt zu einer Unsicherheit des Mitarbeiters, die sich ungünstig auf seine Gesamtperformance auswirkt.

Attraktiv: Wenn der Mitarbeiter in den gestellten Aufgaben für sich einen Sinn sehen kann, dann wird die Wahrscheinlichkeit der zufriedenstellenden Durchführung deutlich erhöht. Oft sind sich Führungskräfte dieser Dimension nicht bewusst, da sie viel mehr Einblick in die Gesamtstruktur und -prozesse des Unternehmens haben. Dem Mitarbeiter erscheinen seine Handlungen manchmal sinnlos, da er nicht weiß, dass diese Tätigkeit für eine andere Abteilung ein wichtiger Baustein ist, um einen Prozess abschließen zu können. Die Führungskraft muss also mit dem Mitarbeiter sprechen, ob ihm die Aufgabe sinnvoll erscheint und ob er versteht, wie sie in die Prozesse des Unternehmens eingebettet ist. Meiner Erfahrung nach wird oft nicht darauf geachtet, dass die Mitarbeiter mit Informationen über ihre Tätigkeiten ausreichend versorgt werden. Immer wieder stelle ich fest, dass auch Führungskräfte diese Information nicht besitzen, sodass es bei diesem Punkt wichtig sein kann, sich entsprechend bei der eigenen Führungskraft um die notwendigen Informationen zu bemühen.

Realistisch: Hat der Mitarbeiter alles, was er zur Erledigung der Aufgabe benötigt? In unserem Beispiel müsste etwa geklärt werden, ob der Mitarbeiter überhaupt die zeitlichen Ressourcen hat, eine solche Auswertung zu erstellen. Weiterhin ist die Frage zu klären, ob ihm ausreichend Daten vorliegen oder ob hier mit einer anderen Abteilung Rücksprache gehalten werden muss, sodass rechtzeitig die Daten vorhanden sind. In meiner Arbeit treffe ich auch hier immer wieder auf Situationen, dass Führungskräfte Ziele formulieren, die aufgrund der vorhandenen Ressourcen überhaupt nicht leistbar sind. Selbst wenn der Führungskraft von oben unrealistische Ziele vorgegeben sind, muss sie dieses demotivierende Muster nicht an die nächste Ebene weiterreichen! Hier besteht die Aufgabe darin, mit der eigenen Führungskraft darüber ins Gespräch zu kommen. Sicherlich ein herausfordernder Punkt.

Terminiert: Hier wird die Frage geklärt, bis wann eine Aufgabe zu erledigen ist. Dies gibt dem Mitarbeiter Klarheit und Orientierung, die Führungskraft bekommt so einen guten Überblick, wann welche Ergebnisse zur Verfügung stehen. Wenn die Führungskraft diese Terminierung gut durchdenkt, kann sie rechtzeitig auf Ergebnisse zurückgreifen, um beizeiten Maßnahmen einzuleiten, die ungünstige Entwicklungen korrigieren können, z.b. bis zum nächsten Rapport für die Geschäftsleitung.

Wichtige Ergänzung zur SMART-Formel

Ergänzend hierzu erweitere ich die SMART-Formel um Z+.

> **Z** steht für „in der passenden Zeit formuliert".
> **+** steht für „positiv formuliert".

Diese beiden Punkte sind besonders wichtig, da sie noch wichtige Ergänzungen enthalten, die es unserem Gehirn leichter machen, Ziele zu erreichen.

Z = in der passenden Zeit formulieren: Ziele sind Zustände, die erreicht werden sollen. Wenn die Zielformulierung lautet: „Ich werde bis zum 20. April die relevanten Daten für die Präsentation auswerten und aufbereiten", dann ist zwar klar, was zu machen ist, aber die unbewussten Strukturen des Gehirns reagieren nach dem Modus der „Wortwörtlichkeit". Wenn sich also das Unbewusste an dieses Ziel erinnert, führt dies zu verminderter Aktivität, wenn diese Formulierung in der Zukunft liegt und somit aktuell keine besondere Bedeutung hat.

Wenn die Formulierung jedoch lautet: „Bis zum 20. April **habe ich** die relevanten Daten für die Präsentation ausgewertet und diese aufbereitet", wird das Unbewusste stärker ins Boot geholt, da jetzt klar ist: Es muss noch etwas getan werden, da der formulierte Zustand noch nicht erreicht ist. Ein kleiner, aber wirkungsvoller Unterschied.

Sollte Rainer Z. in Zukunft immer die Quartalszahlen aufbereiten müssen, kann das Ziel auch lauten: „Jeweils bis drei Wochen nach Quartalsende habe ich die relevanten Daten für die Präsentation ausgewertet und aufbereitet."

Mit Formulierungen als Zustand (abgeschlossen in der Vergangenheitsform oder als „Dauerbrenner" in der Gegenwart) bekommen Ziele mehr inneren Drive! Probieren Sie es doch mal aus und reflektieren Sie die Wirkung einer solchen Zielformulierung auf sich selbst.

+ = positiv formuliert: Auch hier geht es um die Mechanismen, wie unser Gehirn funktioniert. Das Gehirn kann sich eine Negativformulierung nicht vorstellen. Wenn Marco S. für Rainer Z. etwa das Ziel formuliert „Ich verpasse keine Kundentermine", muss sich das Gehirn von Rainer zunächst vorstellen, wie er Kundentermine verpasst, um dieses Verhalten dann – bildlich gesprochen – durchzustreichen. Immer, wenn er sich dieses Ziel vor Augen führt, initialisiert dies zunächst die Vorstellung des nicht gewünschten Zustands! Daher ist es wiederum sehr hilfreich für die gewünschte Umsetzung der Ziele, wenn diese positiv formuliert werden. In dem Termin-Beispiel: „Ich habe meine Kundentermine pünktlich wahrgenommen." Wobei es noch zu klären gilt, was unter „pünktlich" verstanden wird …

> **Mein Tipp:** Nehmen Sie ein Ziel, das Sie demnächst mit einem Mitarbeiter vereinbaren möchten, und versuchen Sie, daraus ein „SMARTes Ziel" zu machen. Sie werden sehen, dass auch Ihnen dadurch klarer wird, was Sie von Ihrem Mitarbeiter erwarten.

Diese Formulierung bietet sich bei Zielen an, die eine klar umrissene Aufgabenstellung beinhalten und deren Umsetzung praktisch zu 100 % im Kompetenzbereich des Mitarbeiters liegt. Ist er zu sehr von anderen abhängig, kann er trotz größter Anstrengung sein Ziel oft nicht erreichen, wenn die anderen ihre Zuarbeit nicht pünktlich abliefern. Und dies frustriert!

Demnach lässt sich das SMART Z+-Prinzip nicht auf alle Ziele, die eine Führungskraft sich und anderen setzt, anwenden.

Haltungsziele mit Affektbilanz

Eine andere Zielebene hat eher das grundsätzliche Verhalten im Blick, in unserem Beispiel den geduldigen Umgang mit den Mitarbeitern oder das Sporttreiben von Marco S. oder die Unfreundlichkeit von Rainer Z. Hier kommt ein SMARTes Ziel schnell an seine Grenzen, da „Freundlichkeit" keine Aufgabe ist, die man erledigen kann. Bei solchen Themen wie Freundlichkeit bedarf es einer Haltung, um die Zielvorgabe zu erreichen. Wenn die Führungskraft für sich persönlich Gesundheitsziele formuliert, kann durchaus ein SMARTes Ziel Sinn machen, wenn die Haltung diesem Ziel gegenüber tatsächlich positiv ist. Dann gelingt die Selbststeuerung leicht.

Warum fällt es vielen Menschen so schwer, Vorhaben umzusetzen?

Dies aber wirft die Frage auf, warum es so vielen Menschen so schwerfällt, Vorhaben umzusetzen, die sie doch als sinnvoll und richtig bewerten. An dieser Stelle kommen wir zu einem sehr interessanten Sachverhalt. Unser Gehirn hat – sehr vereinfacht gesagt – zwei Bewertungssysteme. Diese bestehen aus diversen Vernetzungen und sind in unterschiedlichen Bereichen im Gehirn lokalisierbar.

Das eine Bewertungssystem arbeitet kognitiv-rational, bewertet in den Kategorien „richtig" und „falsch". In der Alltagssprache kann hier vom Verstand gesprochen werden.

Das andere Bewertungssystem basiert auf Erfahrungen und bewertet nach den Kategorien „mag ich" und „mag ich nicht". Es stellt also die emotionale Reaktion auf Reize dar, die uns im Alltag begegnen. Hier spielt das sogenannte „limbische System" eine große Rolle. Es wird auch vom „emotionalen Erfahrungsgedächtnis" gesprochen.

Ein wichtiger Unterschied dieser beiden Systeme ist die Geschwindigkeit der Bewertung. Der Verstand braucht in der Regel einige Sekunden, um eine Bewertung vorzunehmen, das emotionale Bewertungssystem dagegen lediglich Millisekunden! Wenn Sie beispielsweise den Kühlschrank öffnen und dort in einer Ecke Lebensmittel finden, die offenkundig schon sehr lange nicht mehr dort hätten stehen sollen, haben Sie sofort eine emotionale Reaktion (in diesem Fall vermutlich Ekel), die Ihnen ins Gesicht geschrieben ist. Durch das Bewerten des Emotionalen wird unsere Handlungsbereitschaft eher gebahnt oder gehemmt. Vermutlich greifen Sie mit dem Gefühl des Ekels vorgebahnt anders in den Kühlschrank als ohne diese emotionale Bewertung. Hätten Sie jedoch überraschend Ihren Lieblingsjoghurt entdeckt (dieser ist natürlich noch nicht abgelaufen), reagieren Sie mit einem anderen Gesichtsausdruck und greifen anders in den Kühlschrank.

Dieses emotionale Bewertungssystem aktiviert bei positiver Bewertung ein Annäherungsverhalten, das die Zielerreichung erleichtert, bei negativen Bewertungen jedoch Vermeidungsverhalten, was bei Verhaltenszielen beachtet werden muss!

Das Zürcher Ressourcenmodell ZRM®

Um auf der Ebene der Verhaltenssteuerung Ziele zu setzen, kenne ich kein besseres Konzept als das von Dr. Storch und Dr. Krause an der Uni Zürich entwickelte Zürcher Ressourcenmodell ZRM®2. Dieses Konzept beinhaltet mehrere Phasen, die die Funktionsweise des Gehirns berücksichtigen und die Ergebnisse der hierfür relevanten Forschung integrieren.

Hier werden Haltungsziele erarbeitet, da die innere Haltung zu einem Thema das Verhalten auf Dauer stärker beeinflusst als ein nur rational gewolltes Vorhaben. Daher sind diese Ziele eher allgemein in ihrer Aussage (also ganz anders als bei den SMART-Zielen), haben jedoch eine starke Wirkung auf die Verhaltenssteuerung. (Ausführliche Informationen zum Gesamtkonzept finden Sie auf meiner Unterstützungsseite.)

Als ein Element des ZRM® möchte ich die Affektbilanz herausgreifen, da sie ein gutes Mittel ist, um Zielformulierungen auf emotionale Stimmigkeit zu überprüfen.

Die Affektbilanz als Schnellcheck für Zielformulierungen

Bei der Affektbilanz wird berücksichtigt, dass wir – je nach Bewertung der auszuführenden Handlung – mit einer Belohnung und / oder einer Bestrafung oder zumindest mit negativen Konsequenzen rechnen. Entsprechend werden im Gehirn das Annäherungs- und / oder das Vermeidungssystem aktiviert. Diese arbeiten unabhängig voneinander. Deshalb kann man ein ambivalentes Bauchgefühl haben, denn es gibt Begriffe, die emotional sowohl negativ als auch positiv bewertet werden können.

Wenn beide Bewertungen vorliegen, werden auch beide Zentren im Gehirn aktiviert – Annäherung (wegen Belohnungsreiz) und auch Vermeidung werden auf unbewusster

Ebene aktiviert. Beim Einüben neuer Verhaltensmuster ist das aktivierte Vermeidungszentrum nun überhaupt nicht hilfreich. Deshalb sollte das Vorhaben so benannt werden, dass es eine möglichst hohe positive und möglichst keine negative Reaktion auslöst.

Affekte sind körperliche und psychische Reaktionen, die man spürt oder beobachten kann. Spontanes Lachen, tieferes Atmen, ein Supergefühl sind alles positive somatische Marker[3] (Soma = Körper). Entgleisen der Mimik, angespanntes Hochziehen der Schultern, ein dumpfes Gefühl im Bauch, all das sind Zeichen für negative somatische Marker. Die Aufgabe besteht also darin, die gewünschten Ziele so zu formulieren, dass sie nur positive somatische Marker auslösen.

> **Mein Tipp: Beim Einüben neuer Verhaltensmuster möglichst starke positive Reaktionen durch die Zielformulierung auslösen.**

To do: Bewerten Sie ein gewähltes Ziel mit der Affektbilanz. Das geht sehr schnell, da Ihr unbewusstes Bewertungssystem im Millisekunden-Bereich entscheidet. Hier geht es nicht darum, was der Verstand wohl denken könnte, sondern um Ihr Bauchgefühl zu dem Thema. Dieses müssen Sie auch nicht begründen können. Es ist, wie es ist!

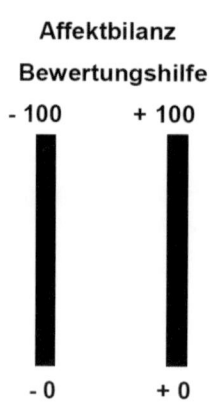

Affektbilanz

Bewertungshilfe

- 100   + 100

- 0   + 0

Abb.1: Mithilfe dieser Grafik können Affektbilanzen erstellt werden. Befragen Sie Ihre inneren Bewertungssysteme und notieren Sie den Wert für den negativen und für den positiven Balken. Auf diese Weise wird schnell deutlich, ob eine Formulierung inneren Schwung oder innere Abwehr aktiviert. Wenn Sie zum Beispiel den Begriff „Teamsitzung" nehmen und Ihre inneren Bewertungssysteme befragen „Was halte ich davon?", bekommen Sie sehr schnell eine Idee für den negativen und eine für den positiven Wert. So könnte z.B. eine Affektbilanz von -10/+80 oder von -70/+50 entstehen. Hier gibt es kein Richtig oder Falsch, sondern nur die für Sie stimmige Bewertung. Im ersten Fall hätten Sie richtig Lust auf Teamsitzungen, im zweiten Fall hätten Sie ein ambivalentes bis ablehnendes Gefühl. Diese Grundbewertungen beeinflussen Ihre Haltung und Ihr Verhalten gegenüber Teamsitzungen.[4]

Wenn Sie nun eine Bewertung haben, bei der die negative Seite höher als 0 und die positive unter +70 bewertet wird, sollten Sie an der Zielformulierung etwas verändern. Denn wenn Sie Ihr Ziel so beibehalten, wird immer das Vermeidungssystem aktiviert, wenn Sie sich an Ihr Ziel erinnern. Im Rahmen der Entwicklung des ZRM® und in Folge der entsprechenden Wirkungsforschung hat sich gezeigt, dass eine Bewertung von 0/+70 (und höher) sehr positive Effekte auf die Umsetzungswahrscheinlichkeit von Zielen hat. Es kann also schon ausreichen, wenn Sie das Ziel umbenennen, ohne den eigentlichen Inhalt zu verändern.

Kommen wir auf unser Beispiel 2 vom Beginn zurück. Vielleicht haben Sie mit dem Begriff „Geduld" negative Erfahrungen gemacht, da ständig Geduld gefordert wurde und es für Sie einfach nur nervig war, sich in Geduld üben zu müssen. Heute bewerten Sie den Begriff „Geduld" zwar rational anders, Ihr emotionales System ist aber noch im Vermeidungsmodus. Als Ziel könnten Sie jetzt wählen: „Ich unterstütze durch mein Verhalten ein gutes Betriebsklima." Inhaltlich kann es dabei weiterhin darum gehen, dass Sie geduldiger mit den Mitarbeitern umgehen. Wenn Sie das Ziel so formulieren, dass Ihre Affektbilanz z.b. -0/+80 ist, können Sie davon ausgehen, dass Ihr inneres System jetzt auf Annäherung eingestellt ist – und somit die Umsetzung deutlich leichter fällt.

Abschließend zum ZRM® sei noch erwähnt, dass dieses Konzept so angelegt ist, dass die Methode bei der eigenen Zielentwicklung im Rahmen eines Seminars auch erlernt wird. Somit ist der Teilnehmer danach befähigt, sich für seine weiteren Vorhaben selbst Ziele zu entwickeln. Die Selbststeuerungskompetenz wird also erhöht. Der Gesamtprozess besteht aus weiteren Schritten, etwa dem Unterscheiden in A-, B- und C-Situationen. (Eine Übersicht hierüber finden Sie auf meiner Unterstützungsseite.)

Resümee

Für Marco S. ist die Sache klar: Mit Rainer Z. wird er ein SMARTes Z+ Ziel formulieren, wenn es um den nächsten Auftrag geht. In Bezug auf seine gesundheitlichen Aktivitäten wird Marco sich ein Haltungsziel entwickeln, um dieses Anliegen tatsächlich dauerhaft umsetzen zu können. Rainer Z. bekommt die Möglichkeit, auf ein ZRM®-Seminar zu gehen, um an seiner Pünktlichkeit bei Kundenterminen arbeiten zu können.

Damit auch Sie neue Optionen für das Arbeiten mit Zielen umsetzen können, habe ich einige Angebote auf meiner Unterstützungsseite für Sie zusammengestellt. Gerne stehe ich Ihnen auch beratend zur Seite. Trauen Sie sich und rufen Sie mich an (Kontaktdaten siehe Unterstützungsseite), denn Verhaltensänderungen können sehr mühsam sein und Ihre weiteren Entwicklungs- und Karriereschritte hängen auch davon ab, wie Sie sich selbst steuern und führen können.

Abschließend möchte ich Sie noch neugierig machen auf „wenn… dann…-Pläne" und das „mentale Kontrastieren". Zwei weitere Methoden, die die Umsetzungswahrscheinlich von Vorhaben deutlich erhöhen. Einführende Informationen hierzu finden Sie – Sie ahnen es schon – ebenfalls auf meiner Unterstützungsseite.

1   J. Heckhausen, H. Heckhausen: Motivation und Handeln. 4. überarbeitete und aktualisierte Auflage, Springer, Berlin - Heidelberg, 2010
2   Maja Storch, Frank Krause: Selbstmanagement – ressourcenorientiert. Grundlagen und Manual für die Arbeit mit dem Zürcher Ressourcen Modell ZRM. Huber Verlag, Bern, 2014
3   Antonio Damasio: Descartes' Irrtum. Fühlen, Denken und das menschliche Gehirn. München, List, 1994
4   in Anlehnung an: „Die Kraft aus dem Selbst", Arbeitsblätter-PDF-Datei, www.zrm.ch

HansJörg Schumacher

Meine Karriere begann vor über 35 Jahren als Verkäufer im Innen- und Außendienst. 1995 entschloss ich mich, die Strategien und Techniken, die mir zu meinen Erfolgen im Verkauf und in der Führung verhalfen, in Seminaren und Workshops weiterzugeben. Ich gründete meine Trainingsfirma *schumacher! kommunikation einfach machen*. Seitdem unterstütze ich Führungskräfte u.a. mit speziell entwickelten Verkaufs- und Kommunikationstrainings und Coachings. Die methodische Basis dafür liefern mir die Transaktionsanalyse, die Suggestopädie und das NLP (Neuo-Linguistische-Programmierung).

Schwerpunkt meiner Arbeit ist neben der Vermittlung von innovativen und effektiven Kommunikations- und Erfolgsstrategien die Entwicklung sozialer Kompetenz und emotionaler Intelligenz im Führungsalltag.

In meiner Rolle als Führungskraft war und ist es mir immer eine Herzenssache, Mitarbeiter stets mit Wertschätzung und Respekt so zu fordern und zu fördern, dass sie meine Rolle und meine Aufgaben jederzeit mühelos übernehmen können.

Unterstützungsangebote des Autors für Sie:

Auf meiner Unterstützungsseite im Internet habe ich für Sie spezielle Materialien zu Ihrer Unterstützung bereitgestellt. Sie finden sie unter:

www.junior-manager.de/hansjoerg_schumacher

Planlos in die Katastrophe?
Die ersten 100 Tage als Nachwuchs-Führungskraft
HansJörg Schumacher

Die ersten 100 Tage sind meist entscheidend für den Erfolg einer (nicht nur) jungen Führungskraft. Auch erfahrene Führungskräfte auf einer neuen Position stehen vor der gleichen Herausforderung: Machen sie in dieser Zeit grobe Fehler, bekommen sie oft kein Bein mehr auf den Boden. In diesem Beitrag geht um die wichtigsten Hinweise und Tipps, die eine frischgebackene Führungskraft bereits vor (!) Antritt ihrer neuen Stelle beherzigen sollte.

Nehmen wir Maximilian als Beispiel: Er ist nach seinem BWL-Studium in das Trainee-programm eines Mittelständlers der Automobilbranche eingestiegen. Jetzt, nach zwei überaus erfolgreichen Jahren, wird er direkt zum Leiter der Abteilung Customer Relationship Management (kurz CRM) „befördert". Mit viel Schwung und Elan geht er ans Werk. Er verändert direkt in den ersten Tagen zentrale Arbeitsabläufe in seiner neuen Abteilung und streicht die gewohnten Meetings und Kommunikationsroutinen, die auch zum Teil von den neuen Kollegen im Team als Zeitverschwendung angesehen werden. Danach zieht er sich in sein Büro zurück und tüftelt wochenlang hauptsächlich an einem neuen „Kundenzufriedenheitsbarometer". Damit möchte er Eindruck bei seinem Vorgesetzten und der Firmenleitung machen und sich ein Denkmal setzen.

Anfangs läuft auch alles noch recht gut. Die Mitarbeiter spüren Maximilians Dynamik und Talent für Problemlösungen im Tagesgeschäft. Doch dann beginnt ihre Leistung spürbar abzufallen. Die Stimmung im Team wird von Tag zu Tag gereizter und auch für Außenstehende spürbar schlechter. Die Buschtrommeln signalisieren „Alarm" und Maximilians Vorgesetzter schaltet sich ein ...

Solche Situationen, Prozesse und Ergebnisse registriert man immer wieder, wenn eine junge Führungskraft ihr Amt antritt. Warum? Was ist passiert und was hätte Maximilian anders, mehr oder auch weniger tun können – tun müssen! –, um erfolgreich in seine neue Rolle als Führungskraft zu starten und hineinzuwachsen?

Einbindung und Wertschätzung

Maximilian versäumte es in seiner Rolle als neuer Leiter der Abteilung Customer Relationship Management, seine Mitarbeiter „einzubinden" und „mit ins Boot" zu holen. Weder informierte er sie über seine Absichten und Ziele, noch zeigte er Respekt und Wertschätzung für ihre Erfahrungen und ihr Engagement. Keine Mission, keine Vision und auch keine Ziele für die täglichen Herausforderungen in der Abteilung CRM. Es fehlte den Mitarbeitern an der nötigen Orientierung im Tagesgeschäft. Das führte zu einer stetig wachsenden Lähmung ihres Engagements und Commitments. „Was und wofür machen wir diesen Quatsch eigentlich den ganzen Tag? Wo liegt der Sinn?", fragten sich seine Mitarbeiter folglich zu Recht. Wie hätte Maximilian das vermeiden können?

Process First! – und alles schön der Reihe nach!

Eine neue Führungsaufgabe, so wie es Maximilian erlebt hat, kommt selten überraschend von einem Tag auf den anderen. Ein solcher Karriereschritt kündigt sich in der Regel durch interne Ausschreibungen, Assessments, Mitarbeitergespräche, Vertragsverhandlungen und Einarbeitungspläne an. Leider sind Letztere in den Unternehmen jedoch sehr selten speziell auf die Anforderungen in den ersten 100 Tagen der Führungskraft in der neuen Rolle und Position abgestimmt.

Für Maximilian wäre es darauf angekommen, von sich aus die Initiative zu ergreifen und pro-aktiv seine Einarbeitungszeit in den ersten 100 Tagen zu gestalten.

Daher ist es für ihn notwendig und sehr hilfreich, seine Kenntnisse zum Thema „Projektmanagement" zu aktivieren und wenn nötig aufzufrischen! Nach dem Muster „Bilanz-Ziel-Weg-Ergebnis" erarbeitet sich Maximilian einen konkreten Projektplan für sein Vorgehen in den ersten 100 Tagen als Führungskraft. Er weiß aus seiner Zeit als Trainee und seinen ersten praktischen Erfahrungen aus Projekten, dass Vorbereitung und Planung die halbe Miete sind.

Also zurück auf „Los" und alles noch einmal von vorn, so, wie es besser gelaufen wäre …

Die Bilanz

Die Entscheidung ist getroffen und Maximilian hat von seinem künftigen Chef erfahren, dass die Wahl auf ihn gefallen ist – in sechs Wochen, nach den Sommerferien, soll er die neue Aufgabe als Leiter der Abteilung *Customer Relationship Management* übernehmen. Alles bestens und Zeit genug, sich vorzubereiten ... denkt Maximilian. Doch Vorsicht! Ihm fällt ein Zitat aus seiner Studienzeit ein:

> *Es gibt viele Möglichkeiten, einen Tag zu vertun,*
> *doch nicht eine, um ihn zurückzuholen!*
> *Tom DeMarco[1]*

In einem ersten Schritt sammelt Maximilian Informationen und verschafft sich einen Überblick über die kommende Aufgabe. Dazu vereinbart er mit seinem neuen Vorgesetzten und anderen relevanten „Stake Holdern" aus dem Vertrieb, der Entwicklung, dem Einkauf und der Logistik Gesprächstermine. Von seinem künftigen Chef möchte er erfahren, was genau die Aufgaben, Verantwortlichkeiten und Kompetenzen der neuen Rolle sind. Welche Herausforderungen auf ihn in der Abteilung warten und welche Erwartungen sein Chef an ihn hat – woran seine Ergebnisse in der Zukunft gemessen werden.

Mit den Führungskräften aus den anderen genannten Bereichen führt er anschließend Gespräche mit Bezug auf deren Erfahrungen, Erwartungen und Wünsche an eine erfolgreiche Abteilung „Customer Relationship Management" und die künftige Zusammenarbeit.

Die Netzwerkanalyse

Mit diesen Informationen fertigt er für sich eine Netzwerkanalyse (siehe Download dazu auf meiner Unterstützungsseite für Dich) an und visualisiert die verschiedenen Beziehungen und Abhängigkeiten der Bereiche und Personen um seinen neuen Verantwortungsbereich herum. Dazu später mehr ...

Die „Meine ersten 100 Tage" – SWOT-Analyse

Als Nächstes nimmt sich Maximilian ausreichend Zeit, eine spezielle „Meine ersten 100 Tage"-SWOT Analyse (siehe Download auf meiner Unterstützungsseite für Dich) auszuarbeiten. Diese Analyse liefert Maximilian konkrete Hinweise und Antworten auf seine Kernfrage: „Was muss ich tun, um die ersten 100 Tage in der neuen Führungsrolle erfolgreich zu gestalten?" Gezielt sucht er in seinen Unterlagen nach Informationen aus der Vergangenheit über sein Persönlichkeits- und Kompetenzprofil. Im Traineeprogramm ist er durch ein Assessment-Center gegangen und hat die Ergebnisse und Feedbacks seiner Vorgesetzten gut aufbewahrt. Vor allem das Gutachten aus seinem „Harrison Assessment" liefert ihm jetzt wertvolle Informationen. (Weitere Informationen dazu auf meiner Unterstützungsseite für Sie).

Das Ziel

Über die Bedeutung von Zielen und ihrer Formulierung ist viel geschrieben worden und Maximilian tut gut daran, sich an sein Studium und die SMART-Formel zu erinnern (siehe Download auf meiner Unterstützungsseite für Dich). Mit ihrer Hilfe formuliert er für seine ersten 100 Tage als Führungskraft konkrete, SMARTE Ziele. Eines für die gesamten 100 Tage und mehrere „Unterziele", bezogen auf die „Milestones" seiner Einarbeitungszeit.

Abschließend stellt er sich die wichtige Frage nach seinem „Meta-Ziel". Damit beantwortet er für sich Folgendes: *Für welchen höheren Sinn und Zweck tue ich das hier eigentlich? Was bringt es mir, diese 100 Tage erfolgreich zu meistern und darüber hinaus ein erfolgreicher Leiter der Abteilung CRM zu werden?* Er überprüft mit diesem Schritt, ob die neue Rolle als Führungskraft zu seiner sonstigen Lebensplanung passt. Sollte er hier auf Unstimmigkeiten und innere und äußere Widerstände treffen (zum

Beispiel Erwartungen, Wünsche und Vorbehalte seiner Partnerin), kann er seine Zielformulierungen diesbezüglich nochmals überprüfen und optimieren.

Der Weg

Mit den Informationen aus seiner „Bilanz" und den konkret formulierten „Zielen" im Gepäck macht sich Maximilian jetzt an die Planung einzelner Aktivitäten in den ersten 100 Tagen und klärt für sich die Frage: Wann tue ich was? Seine Planung wird er mit seiner Führungskraft entsprechend abstimmen.

Dabei legt er auf zwei Themenfelder besonderen Wert: Mitarbeiter und Prozesse.

Verantwortungsbereich erst mal kennenlernen

Konkret bedeutet das:

- Kennenlernen und vertraut machen mit allen Kernprozessen in seinem neuen Verantwortungsbereich.
- Kennenlernen der wichtigen Schnittstellen dieser Prozesse zur Prozesslandschaft im Unternehmen.
- Kennenlernen seiner Mitarbeiter und ihrer speziellen Aufgaben, Kompetenzen und Verantwortlichkeiten.
- Ein Bild seiner Mitarbeiter zu bekommen, von ihren individuellen Persönlichkeiten, ihren Stärken und auch Schwächen.

Position und Interessen der Mitarbeiter kennenlernen

Maximilian hat es sich für seine Rolle als neue Führungskraft fest vorgenommen, in den ersten 100 Tagen aus einer „Beobachterrolle" heraus seinen Verantwortungsbereich kennenzulernen. Bevor er beginnt, irgendwelche Veränderungen im Aufbau oder in den Abläufen seiner neuen Abteilung zu starten, in Einzelgesprächen mit seinen Mitarbeitern zu ermitteln:

- Wie war und ist die Arbeit in dem Bereich bisher strukturiert und organisiert?
- Von welchen Maximen ließen und lassen sich die Mitarbeiter bei ihrer Arbeit leiten?
- Welche Wünsche und Vorstellungen haben diese bezüglich der künftigen Zusammenarbeit?
- Was würden Sie als Erstes verändern, wenn sie es dürften und könnten?
- Worin sehen sie ihren eigenen Beitrag zum Gelingen?
- Und wie schätzen sie ihre eigenen Leistungen ein – wo sehen sie ihre speziellen Stärken und auch Schwächen?

Außerdem wird Maximilian mit jedem Mitarbeiter im Vier-Augen-Gespräch klären: Wo stehst du? Wo willst du hin? Und: Was brauchst du dafür? Wo erwartest du welche Unterstützung, zum Beispiel von mir als Führungskraft?

Mit diesen Informationen wird Maximilian später zum einen seine Netzwerkanalyse um weitere Beziehungszusammenhänge in seiner Abteilung ergänzen, zum anderen wird er sie für sein Konzept der „Situativen Führung" nutzen.

Führungsstile: Die situative Führung

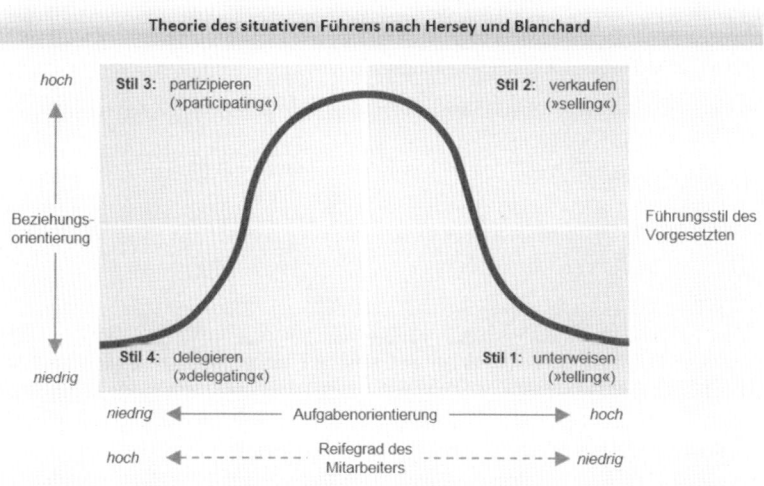

Abb. 1: Hersey und Blanchard unterscheiden in ihrem Ansatz der situativen Führung zwischen einem mehr aufgabenbezogenen und einem mehr personenbezogenen Führungsstil. Je nach „Reifegrad" der geführten Mitarbeiter ist ein anderes Verhalten des Vorgesetzten erfolgversprechend.

Maximilian hat von jedem Mitarbeiter in den Gesprächen einen Eindruck gewonnen, wie stark jeweils die Faktoren „Wollen" und „Können" ausgeprägt sind. Dies überträgt er in die Matrix und leitet aus dem Ergebnis sein konkretes Führungsverhalten individuell, situativ bezogen auf den „Reifegrad" jedes einzelnen Mitarbeiters ab. (Auf meiner Unterstützungsseite findest Du eine hilfreiche „Können & Wollen Matrix" für diesen Schritt.)

Erst wenn er diese Informationen gesammelt und zu Hypothesen verdichtet hat, wird er gegen Ende der ersten 100 Tage damit beginnen, Abläufe und Zuständigkeiten neu zu definieren – und zwar so, dass seine Mitarbeiter zielgerichtet arbeiten und einen bestmöglichen Beitrag zum Erreichen der übergeordneten Ziele leisten können.

> **Mein Tipp:** Folgendes solltest Du Dir als Führungskraft stets vor Augen führen: Deine Leistung wird letztlich an der Leistung Deines Teams gemessen. Dein beruflicher Erfolg und Dein berufliches Fortkommen als Führungskraft sind weitgehend abhängig von den Personen, die Dir untergeben sind. So paradox dies klingen mag: Vielen (jungen) Führungskräften ist das leider nicht ausreichend bewusst.

Was noch fehlt

Zum Abschluss der Planungsphase hat Maximilian noch zwei wichtige Dinge zu tun, bevor er seinen neuen Job antritt:

- die Vorbereitung seiner „Antrittsrede" und
- die Planung für ein erstes „Team-KickOff"-Meeting

Die Antrittsrede

Mit der Qualität der „Antrittsrede" steigen oder fallen Maximilians Erfolgsaussichten, denn:

Es gibt keine zweite Chance für einen ersten Auftritt! (Volksmund)

Maximilian findet in seinen Unterlagen aus seinem Traineeprogramm zum Glück noch das Handout aus seinem Präsentationstraining, zusammen mit einem speziellen Kapitel zum Thema „Elevator Pitch" (Download dazu auf meiner Unterstützungsseite). Diese Unterlagen nutzt er jetzt zur Vorbereitung seiner Antrittsrede.

Das „Team-KickOff"-Meeting

Noch vor dem eigentlichen Ende seiner ersten 100 Tage plant Maximilian bereits heute ein besonderes Teammeeting ein und wird dies auch in seiner Antrittsrede entsprechend ankündigen. Und er wird auch in dieser Rede deutlich machen, worum es in diesem speziellen Meeting gehen wird:

- Mit welcher „Mission" tritt die Abteilung künftig an (Mission-Statement)?
- Welches langfristige Ziel wird verfolgt (Vision)?
- Welchen Werten fühlt sich der Bereich „Customer Relationship Management" verpflichtet?
- Welche (übergeordneten) Ziele gilt es bei der künftigen Zusammenarbeit im Team wie zu erreichen (Strategie)?
- Welche Rolle wird jeder Mitarbeiter beim Erreichen der gemeinsamen Ziele spielen (Mannschaftsaufstellung)?

Planlos in die Katastrophe?

Drei Grundsätze für die ersten 100 Tage als Nachwuchs-Führungskraft

1. Kommunikation – Der Schlüssel zum Erfolg

Spulen wir noch einmal ganz auf Anfang zurück: In der ersten Version seines Starts als Führungskraft in der Abteilung Customer Relationship Management beging Maximilian noch einen weiteren Fehler: Er investierte viel Zeit und Energie in seine „Fachaufgaben". Er vergaß, das „Wichtige" und „Dringliche" vom „Unwichtigen" und „Nichtdringlichen" zu trennen und angemessene „Prioritäten" zu setzen (Eisenhower-Modell, siehe Download auf meiner Unterstützungsseite). Somit fehlte Maximilian die erforderliche Zeit für seine eigentliche Führungsaufgabe: die Gespräche mit seinen Mitarbeitern, die er führen muss, damit diese ihren Beitrag zum Erreichen der Bereichs-/Unternehmensziele leisten (können). Der hierfür benötigte Aufwand an Zeit und Energie wird von Führungskräften immer wieder unterschätzt.

Umfragen zeigen es deutlich: Wer in seiner Rolle als Führungskraft mehr als 20 % seiner Zeit und Energie auf Fachaufgaben richtet bleibt, weit unter seinen Möglichkeiten! Erfolgreiche Führungsarbeit bedeutet, rund 80 % seiner Zeit in Steuerungs- und Führungsaufgaben und in Kommunikation mit den Mitarbeitern zu investieren.

Merke: Führungskräfte werden dafür bezahlt „zu führen" und nicht dafür, selber wie ein Sherpa die Lasten den Berg hochzuschleppen!

2. Erfolg ist eine Folge – Was für ein Glück!

Was ist der künftige „Job" von Maximilian in seiner Rolle als Führungskraft? Er ist dafür verantwortlich und muss dafür sorgen, dass jeder seiner Mitarbeiter seinen spezifischen Beitrag dazu leistet, die Ziele des Bereichs und des Unternehmens zu erreichen. Doch wie lässt sich die hierfür geforderte Leistung bei dem Mitarbeiter erzeugen und abrufen? Dieses Wissen fehlt häufig bei jungen Führungskräften – und leider auch bei älteren ...

Unabdingbar für ein gelungenes „Performance-Management" ist es, regelmäßig ein strukturiertes „Feedback" zu geben. Das heißt für Maximilian, Feedback als „Das Frühstück der Champions" zu verstehen und mit seinen Mitarbeitern über Erwartungen, Ziele und den jeweiligen Grad der Zielerreichung zu sprechen. Vor diesen Gesprächen sollte er sich vorbreiten und überlegen:

- Wie kann ich dem Mitarbeiter die Ziele, die er bei seiner Arbeit erreichen soll, so vermitteln, dass er deren Wichtigkeit erkennt?
- Wie motiviere ich ihn dazu, dass er die für das Erreichen der Ziele nötigen Dinge auch wirklich tut?
- Was braucht der Mitarbeiter konkret an Unterstützung meinerseits?

Die nach dem ersten Mitarbeitergespräch gemachten Notizen und das Modell der situativen Führung (Matrix!) leisten hier einen wertvollen Beitrag. Dabei sollte Maximilian folgende Grundregel beherzigen:

> **Diskutiere im Gespräch mit Deinem Mitarbeiter nie über das Ziel an sich oder die „Rahmenbedingungen", unter denen es erreicht werden soll bzw. muss. Das ist nicht verhandelbar! Sprich mit ihm nur über den Weg, auf dem er dieses Ziel erreichen möchte.**

Denn ein Mitarbeiter, der über das „Wie erreiche ich das Ziel?" mitdenkt und mitentscheidet, ist in der Regel motivierter, als wenn Du ihm jeden Arbeitsschritt im Detail vorschreibst. Überlasse die Entwicklung und die Entscheidung über das „Wie" weitgehend Deinen Mitarbeitern!

Es gibt jedoch auch Situationen, in denen Arbeitsanweisungen sinnvoller sind als Zielvorgaben – zum Beispiel bei extremem Zeitdruck. Sinkt ein Schiff, kann der Kapitän mit der Mannschaft nicht erst lange darüber diskutieren, ob Rettungsboote ins Wasser gelassen werden sollten oder nicht. Knappe, präzise Befehle und Anweisungen sind jetzt gefragt! Intelligente, „reife" Mitarbeiter akzeptieren das. Maximilian passt daher sein Führungsverhalten stets der jeweiligen Situation und seinem Gegenüber an. Anders formuliert:

> **Es geht für Maximilian nicht um einen entweder „partizipativen Führungsstil" oder um einen „direktiven Führungsstil", sondern um die Frage, mit welchem Führungsstil und mit welchen Führungsinstrumenten er in einem bestimmten Kontext und einer spezifischen Situation von einem Mitarbeiter den bestmöglichsten Beitrag zur Zielerreichung erhalten kann![2]**

3. Steuerung und Kontrolle sind Kernaufgaben

Das alte Paradigma der Führung in der tayloristischen Arbeitswelt lautet: „Vertrauen ist gut – Kontrolle ist besser!" Je nachdem, in welcher Unternehmenskultur Du in Zukunft als Führungskraft wirksam werden wirst, kann sich dieses Paradigma auch gewandelt haben zu: „Kontrolle ist gut – Vertrauen ist besser!" Für Maximilian als Führungskraft in einem Bereich wie dem Customer Relationship Management, mit klugen, selbstständig denkenden und handelnden Mitarbeitern im Team, wird sicherlich das zweite Paradigma mit Vertrauen als Leitgedanken einen größeren Nutzen stiften und damit Erfolg in seiner Arbeit bringen.

Doch egal nach welchem Paradigma Maximilian seine Führungsarbeit in Zukunft ausrichtet, er wird um ein angemessenes „Controlling", also um das Steuern von Mitarbeitern mithilfe von „Kennzahlen", nicht herumkommen. Das Modell der „Balanced Score Card" von Kaplan & Norton[3] (siehe Download auf meiner Unterstützungsseite) liefert ihm hier eine nützliche Unterstützung – auch wenn das Konzept ansonsten nicht in seinem Unternehmen eingesetzt wird, kann er das Modell zur Steuerung in seinem Team nutzen!

Dem Controlling, einem Vergleich von „Soll" und „Ist", folgt im Regelkreis der Führung das Feedback, bezogen auf Leistung und Ergebnis des Mitarbeiters. „Feedback ist das Frühstück der Champions!" Doch wie gebe ich als Führungskraft ein der Leistung angemessenes, wirkungsvolles Feedback?[4] (Auf meiner Unterstützungsseite findest Du hierzu hilfreiche Feedbackregeln und das JoHaRi-Fenster zum Download.)

Resümee

Viele Wege führen nach Rom – und auch im Führungsalltag führen viele Wege zum Erfolg! Nur einer zumeist nicht: Alles grundsätzlich anders machen als der Vorgänger. Dies ist der beste Weg zu Widerstand und Konflikten, aber niemals nach Rom! Deshalb mein Tipp (nicht nur) für angehende Führungskräfte:

> **Nimm Dir Zeit! Du hast 100 Tage, um die Lage zu checken, Informationen zu sammeln und die Beziehungen zu Deinen Mitarbeitern aufzubauen. Treff also in den ersten Wochen keine revolutionären Entscheidungen, sondern warte ab und vertraue auf die kollektive Intelligenz Deines neuen Teams! Und merke Dir: Vertrauen führt![5]**

Und nutze die auf meiner Unterstützungsseite für Dich bereitgestellten Materialien für Deinen Erfolg. Im Falle eines Falles stehe ich auch gerne selbst für ein Gespräch oder mehr zur Verfügung.

---

1   Tom DeMarco: Der Termin, ein Roman über Projektmanagement; Carl Hanser, 2007
2   Ken Blanchard: Der Minuten Manager, rororo, 2002
3   Kaplan / Norton: Balanced Scorecard, Strategien erfolgreich umsetzen; Schäffer-Poeschel, 1997
4   Stephanie Große Boes: Trainer-Kit: Die wichtigsten Trainingstheorien, manager seminare, 2014
5   Reinhard K. Sprenger: Vertrauen führt – Worauf es in Unternehmen wirklich ankommt; Campus Verlag, 2007

Dipl.- Psych. Achim Stams

Nach dem Psychologiestudium in Saarbrücken und London war ich zunächst über 10 Jahre in der Versicherungsbranche tätig, wo ich über die Stationen Personalreferent, Personalentwickler, Führungskräfte-Entwickler, Leiter Personalmanagement bis hin zur Leitung einer Corporate Academy immer wieder mit Gruppen- und Teamprozessen beschäftigt war. Nach einer dreijährigen Tätigkeit als Personaldirektor in einem Mobilfunkunternehmen, wechselte ich in die Beratung. Nach verschiedenen Leitungsfunktionen in internationalen Beratungsunternehmen machte ich mich 2009 mit der Gründung von PME – Personalmanagement und -entwicklung mit Sitz in Bergisch Gladbach selbstständig. Heute berate ich mit meinem Team in erster Linie mittelständische Unternehmen in der Ausgestaltung und Optimierung ihrer Personalprozesse und Personal-Entwicklungssysteme.

Ich bin Autor zahlreicher Veröffentlichungen und lehre nebenher an der Hochschule Fresenius in Köln im Bereich Business Psychology. Als zertifizierter Coach und akkreditierter Teamtrainer gilt mein besonderes Augenmerk der Wirksamkeit von Führungskräften in Team- und Change-Prozessen.

Unterstützungsangebote des Autors für Sie:

Auf meiner Unterstützungsseite im Internet habe ich für Sie spezielle Materialien zu Ihrer Unterstützung bereitgestellt. Sie finden sie unter:

www.junior-manager.de/achim_stams

Konflikte im Team behindern die Leistungsfähigkeit!

Methoden zur Konfliktlösung im Team

Achim Stams

Daniela S. weiß manchmal nicht mehr weiter mit ihrem Team. Nicht nur die Aufteilung auf zwei verschiedene Standorte macht ihr zu schaffen, sondern auch das Misstrauen untereinander und die sehr unterschiedliche Leistungsbereitschaft der einzelnen Mitarbeiter. Da es sich um ein unternehmenseigenes Servicecenter handelt, wo sich die Mitarbeiter in eine Ringschaltung einloggen, um Problemfälle der Nutzer zu lösen, ist ein enger Austausch und ein kollegiales Miteinander unabdingbar.

Da aber jeder der Mitarbeiter über das System Einblick in die Performance seiner Kollegen hat, wird ständig die Frage der gerechten Arbeitsverteilung aufgeworfen, was am Ende zu Missverständnissen und Misstrauen untereinander führt. In den Einzelgesprächen kann jeder Mitarbeiter seine Arbeitsweise plausibel darlegen, „schuld sind immer die anderen".

In den Teambesprechungen werden zwar durchaus Regeln zur Zusammenarbeit besprochen, die aber dann vom Einzelnen unterschiedlich gelebt werden. Nicht einzugreifen und die Dinge so laufen zu lassen, wäre wohl die schlimmste aller Optionen.

Um also eine Eskalation im Team zu vermeiden, gilt es, dringend geeignete Maßnahmen zur Konfliktbewältigung und Performancesteigerung zu identifizieren und durchzuführen. Wie aber kann eine systematische Vorgehensweise zur Verbesserung der Zusammenarbeit und Stärkung des Teamgeistes aussehen?

Vor dieser Situation stand Daniela S., die sich seitdem beim Autor dieses Artikels im Coaching befindet, vor ziemlich genau einem Jahr.

Im Folgenden möchte ich Ihnen zunächst einige Möglichkeiten der Konflikterkennung vorstellen, bevor ich einen Überblick über die infrage kommenden Interventionsmöglichkeiten aufführe, die in einer solchen Situation helfen könnten.

Erkennen von Konflikten

Konflikte äußern sich oft auf ganz unterschiedliche Arten und Weisen. Die Betroffenen können laute Gefühlsausbrüche haben, indem sie einander anschreien oder sich lauthals bei Dritten über das Verhalten der anderen Seite beschweren. Andere sind enttäuscht, frustriert oder gar verzweifelt, ziehen sich zurück und gehen ihren Kontrahenten aus dem Weg. Wiederum andere reagieren mit Zynismus, behindern und blockieren mögliche Lösungsansätze oder verstecken sich hinter formalen Regeln und Prozessen.

Dabei hilft es, sich zu vergegenwärtigen, dass es recht unterschiedliche Konfliktarten geben kann:

- Interessenskonflikte (verschiedene Wünsche und Bedürfnisse)
- Rollenkonflikte (divergierende Rollenverständnisse)
- Strukturkonflikte (organisatorische Festlegungen)
- Zielkonflikte (unvereinbare Ziele)
- Beziehungskonflikte (Beziehungsprobleme der Kontrahenten)
- Wertekonflikte (verschiedene Anschauungen, Werte und Normen)

Konflikte, die durch unterschiedliche Interessen, Rollen oder Strukturen geprägt sind, lassen sich in der Regel leichter lösen als Konflikte, die auf Beziehungsproblemen oder gar unterschiedlichen Wertvorstellungen basieren.

Dabei gilt zu beachten: Nicht jede Meinungsverschiedenheit muss gleich zu einem echten Konflikt werden. Wer hier vorschnell in die Konfliktbehandlung einsteigt, kann auch über das Ziel hinausschießen. Eine gute Führungskraft beobachtet zunächst und wägt dann ab, ob und wann ihr Eingreifen im Sinne des Konfliktmanagements geboten ist.

Klassisches Konfliktmanagement als Instrument der Konfliktlösung

Anwendungsbereiche

Konfliktmanagement basiert auf dem Ziel, Probleme durch Gespräche beizulegen statt diese weiter schwelen bzw. eskalieren zu lassen.

Ziel des aktiven Konfliktmanagements ist nicht die Beseitigung aller Differenzen. Unterschiedliche Wahrnehmungen, Meinungen, Absichten, Interessen etc. bleiben fast immer auch dann bestehen, wenn ein konkreter Konflikt bereinigt wurde.

Die Priorität liegt auf dem Ausgleich der unterschiedlichen Interessen statt auf der Frage, wer recht hat oder wer mehr Macht besitzt.

Voraussetzungen

Die Führungskraft ist selbst involviert in den Konflikt bzw. hat ein maßgebliches Interesse an der Konfliktlösung. Der Konflikt hat sich schon so weit verhärtet, dass bei den Beteiligten ein gewisser Leidensdruck zu spüren ist.

Vorgehensweise

Im Konfliktfall gibt es häufig unterschiedliche Bezugsrahmen. Die Sicht der Dinge wird in Worthülsen dargestellt. Es gibt keine einvernehmliche Lösung, solange der Bezugsrahmen nicht bekannt ist. Wir empfehlen daher 5 Schritte zur Konfliktlösung:

Schritt 1: Bezugsrahmen klären

Problem
- Im Konfliktfall gibt es häufig unterschiedliche Bezugsrahmen
- Sicht der Dinge wird in Worthülsen dargestellt
- Keine einvernehmliche Lösung, solange der Bezugsrahmen nicht bekannt ist

Lösung
- Worthülsen wahrnehmen
- Viele offene Fragen stellen
- Sich ermahnen, den anderen zu verstehen anstatt gleich „zu schießen"
- Verständnis für den anderen signalisieren

Der Bezugsrahmen stellt eine handlungsleitende Basis für unser Verhalten dar. Er fußt auf der Wahrnehmung der Realität eines Menschen und steht damit stellvertretend für die Sichtweise von sich selbst, den anderen und der Welt. Daher gilt es zunächst, die Worthülsen bzw. Phrasen wahrzunehmen. Dazu müssen vor allem offene Fragen gestellt werden. Es hilft, sich zu ermahnen, den anderen zu verstehen anstatt gleich „dagegenzuschießen". Es ist wichtig, Verständnis für den anderen zu entwickeln und dies auch zu signalisieren.

Schritt 2: Positionen klären

Problem
- Vorwürfe anstatt zu klären, was die unterschiedlichen Parteien wollen
- Missverständnisse entstehen, was die Lösungsfindung verhindert

Lösung
- Konkrete Fragen stellen und zuhören
- Eigene Probleme sachlich darlegen
- Position des anderen akzeptieren

Dazu müssen möglichst konkrete Fragen gestellt und vor allem bei der Beantwortung der Fragen aufmerksam zugehört werden. Auch die eigenen Probleme gehören auf den Tisch. Aber: Diese sollten möglichst sachlich dargelegt werden!

Schritt 3: Interessen hinter den Positionen klären

Problem
- Beharren auf der eigenen Position
- Ohne Wissen über die Interessen des anderen keine Möglichkeit für gemeinsame Lösungen

Lösung
- Herausfinden, welche Interessen hinter den jeweiligen Positionen stehen
- Erfragen und Kennenlernen der unterschiedlichen Interessen eröffnet die Lösungssuche

Nun heißt es herausfinden, welche Interessen hinter den jeweiligen Positionen stehen. Nur das Erfragen und Kennenlernen der unterschiedlichen Interessen eröffnet eine gemeinsame Lösungssuche!

Schritt 4: Beziehungsebene einbringen

Problem
- Häufig spielen bei Konflikten auch Probleme auf der Beziehungsebene eine unterschwellige Rolle

Lösung
- Art und Weise, wie man miteinander umgeht, thematisieren
- Ansprechen, was ggf. vorliegen könnte
- Wirkung des Verhaltens des anderen auf eigene Gedanken und Gefühle deutlich machen (Ich-Botschaften)

Um ein gutes Miteinander zu erreichen, braucht es – neben der sachlichen Klärung – auch eine Vereinbarung, wie man (zwischenmenschlich) miteinander umgehen will. Dazu müssen die jeweiligen Störgefühle angesprochen werden. Nur so kann geklärt werden, was unter der „Wasseroberfläche" ggf. noch vorliegen könnte. Wichtig ist hier vor allem, die Wirkung des Verhaltens vom Gegenüber auf die eigenen Gedanken und Gefühle zu verdeutlichen (Ich-Botschaften)! (Siehe Schritt 4)

Schritt 5: Lösung finden

Problem
- Beide Parteien halten oft an Positionen fest
- Jeder hat das Gefühl, als Verlierer dazustehen, wenn er nachgibt

Lösung
- Bedingungen erfragen, zu denen man bereit wäre, seine Position zu verlassen
- Gemeinsame Suche nach einer neuen Lösung, die beide Parteien zufriedenstellt

Um am Ende eine (von allen Seiten) tragfähige Lösung zu erreichen, müssen zunächst die Bedingungen erfragt werden, zu denen man bereit wäre, seine Position zu verlassen. Zumeist ist erst dann genügend Offenheit da, um sich gemeinsam auf die Suche nach einer (neuen) Lösung zu machen, die beide Parteien zufriedenstellt.

Konflikte im Team behindern die Leistungsfähigkeit!

Pros & Cons

> Der Vorteil dieser fünfstufigen Konfliktbewältigung liegt in der sukzessiven An-
> näherung an eine gemeinsame Problemlösung. Diese setzt allerdings eine ge-
> wisse Souveränität der Führungskraft voraus, sich nicht provozieren zu lassen
> und die Struktur im Großen und Ganzen einzuhalten. Es besteht insofern – ge-
> rade bei unerfahrenen Führungskräften – auch ein gewisses Risiko, sich in den
> Konflikt hineinziehen zu lassen bzw. Partei für eine Seite zu ergreifen.

Mediation als Instrument der Konfliktlösung

Anwendungsbereiche

Falls die Konfliktparteien der Führungskraft (noch) nicht genügend Vertrauen entgegen-
bringen oder sich die Führungskraft für eine Konfliktschlichtung nicht in der Lage sieht,
– weil sie entweder selber emotional involviert ist oder sich noch zu unsicher fühlt –,
macht es Sinn, einen neutralen, meistens externen Mediator einzuschalten.

Voraussetzungen

Die Positionen der Konfliktparteien sind klar voneinander abzugrenzen. Ferner ist eine
Eigenverantwortlichkeit der Konfliktparteien gegeben. Der Mediator ist nur für den Prozess verantwortlich, die Parteien für den Inhalt. Dahinter steht der Grundgedanke, dass
die Lösungsvorschläge von den Beteiligten eines Konflikts selbst kommen müssen und
diese vom Mediator lediglich hinsichtlich des Weges dorthin unterstützt werden.

Vorgehensweise

1. Auftragsklärung

Zunächst werden die Parteien über das Mediationsverfahren und die Rolle und Haltung
des Mediators informiert. Dann wird eine Mediationsvereinbarung abgeschlossen und
das weitere Vorgehen miteinander abgestimmt.

2. Themensammlung

Die Parteien stellen ihre Streitpunkte und Anliegen im Zusammenhang dar. Die Themen
und Konfliktfelder werden gesammelt und für die weitere Bearbeitung strukturiert.

3. Positionen und Interessen

Man einigt sich auf das erste zu behandelnde Thema. Die Beteiligten erhalten Gelegenheit, ihre Sicht des jeweiligen Aspekts umfassend darzustellen. Informationen und
v.a. Wahrnehmungen werden ausgetauscht. Erst dann werden die jeweiligen Wünsche,
Bedürfnisse und Interessen der Parteien vertieft behandelt. Es werden Maßstäbe für
eine aus Sicht der Beteiligten gerechte bzw. sinnvolle Lösung entwickelt.

4. Sammeln und Bewerten von Lösungsoptionen

Es werden (bewertungsfrei!) kreative Lösungsoptionen im Brainstorming gesammelt.

Die Bewertung der gesammelten Lösungsoptionen durch die Beteiligten findet dann im zweiten Schritt statt; ggf. werden Alternativen verhandelt. Der Mediator hinterfragt, inwieweit die gefundenen Lösungen mit den in der vorherigen Phase ermittelten Interessen im Einklang stehen. Schließlich wird gemeinsam überprüft, ob und wie sich die jeweiligen Lösungsoptionen in der Realität umsetzen lassen.

5. Abschlussvereinbarung

Zum Abschluss der Mediation werden die Ergebnisse (schriftlich) festgehalten:

- Konkrete Regelung des weiteren Vorgehens
- Festlegung von Umsetzungsfristen
- Verhalten im zukünftigen Konfliktfall

Pros & Cons

Der Vorteil einer (externen) Mediation liegt vor allem in der Neutralität des Mediators und der damit verbundenen Akzeptanz bei den Beteiligten. Da der Mediator keine Lösungen vorgibt, sondern diese von den Teilnehmern einfordert, findet eine aktive Einbindung der Konfliktparteien statt, was wiederum die Chance auf eine gewisse Nachhaltigkeit der vereinbarten Maßnahmen deutlich erhöht. Nachteil: Die Führungskraft ist nicht direkt involviert. Weiterhin macht diese Vorgehensweise nur Sinn, wenn es klar abgegrenzte Positionen sowie einen gewissen Gestaltungsspielraum bei den Lösungsmöglichkeiten gibt.

(Falls Sie einen Konfliktfall haben, den Sie nicht selber lösen können, finden Sie auf meiner Unterstützungsseite konkrete Hinweise zur weiteren Vorgehensweise und Unterstützungsmöglichkeiten.)

Teamtraining als Instrument der Konfliktlösung

Anwendungsbereiche

Falls es sich nicht um konkrete Konflikte zwischen einzelnen Kollegen handelt, sondern um eine generelle Teamproblematik, empfiehlt sich ein Teamtraining. Damit kann nicht nur eine Klärung der Aufgaben und Schnittstellen, sondern auch eine bessere Verteilung / Zuordnung der Aufgaben untereinander sowie die Optimierung der kommunikativen Abläufe erreicht werden. Ein erfolgreiches Teamtraining führt zudem i.d.R. auch zu einer Stärkung des Wir-Gefühls, was oft einen sehr nachhaltigen positiven Effekt auf den zwischenmenschlichen Umgang miteinander hat.

Voraussetzungen

Es sollten alle Teammitglieder bereit sein, sich auf den Teamprozess einzulassen. Verweigern sich einzelne Teammitglieder einem solchen Schritt, führt die Maßnahme mit großer Wahrscheinlichkeit ins Leere. Daher ist es wichtig, für ein solches Vorgehen zu werben und die angedachte Vorgehensweise so transparent wie möglich zu gestalten. Da die Führungskraft Teil des Teams ist, sollte sie nicht gleichzeitig in die Rolle des Moderators oder Trainers schlüpfen. Insofern macht es Sinn, hierzu einen (externen) Trainer/Moderator zu beauftragen, der aus einer neutralen Rolle heraus an die Gestaltung des Prozesses herangehen kann. (Weitere Hinweise und Tipps zu diesem Thema finden Sie auf meiner Unterstützungsseite für Sie.)

Vorgehensweise

1. Vorabinterviews

Der (externe) Trainer/Moderator sollte sich zunächst ein Bild von der aktuellen Situation im Team machen. Dazu bietet sich an, stichpunktartig mit einigen Teammitgliedern kurze Interviews durchzuführen, die zur Klärung folgender Punkte dienen sollen:

- Einholung individueller Sichtweisen zum Status quo
- Abfrage der Erwartungen und Ziele des Teamtrainings
- Dos & Don'ts für das Teamtraining

So kann durch die Interviews eine Definition der Inhalte und Ziele des Trainings sowie die Festlegung des strukturellen und zeitlichen Ablaufs vorgenommen werden.

2. Durchführung des Teamtrainings

Das Training selber sollte – um einen gewissen emotionalen Abstand zu gewinnen – möglichst außerhalb des Firmengeländes stattfinden. Es gibt in den meisten Regionen attraktive Seminarhotels, die auf die Durchführung solcher Veranstaltungen spezialisiert sind. Ferner bietet es sich an, ein zwei- bis dreitägiges Format zu wählen, damit die Teilnehmer auch abends noch Gelegenheit haben (z.B. im Rahmen einer gemeinsamen Freizeitgestaltung), sich besser kennenzulernen und Distanzen abzubauen.

Je nach Themenstellung handelt es sich bei der inhaltlichen Ausgestaltung des Teamtrainings um eine Kombination von inhaltlichen Themen (z.B. Aufgabenverteilung, Schnittstellenprobleme, Prozessgestaltungen) und gruppendynamischen Übungen, die einen bewussten Perspektivwechsel auf die Zusammenarbeit im Team erlauben. Ziel ist auch hier zumeist die Erarbeitung von konkreten Optimierungsansätzen und die Vereinbarung konkreter Maßnahmen.

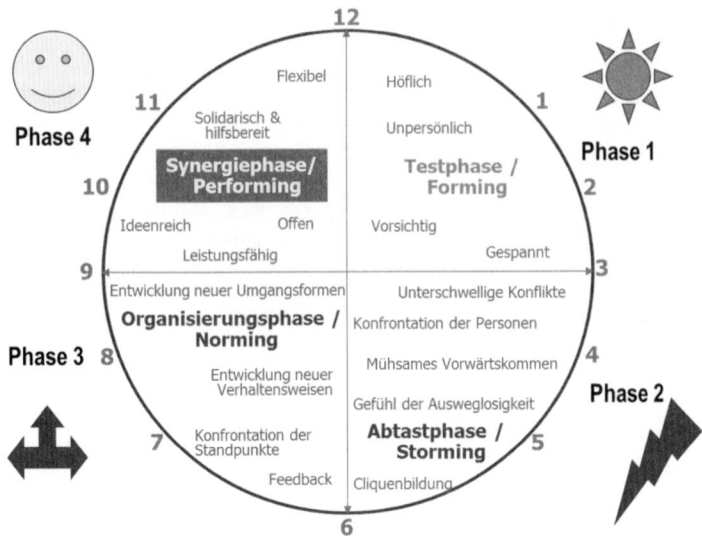

Abb.: Eine Hilfe für das Verständnis des Teambildungsprozesses. Nach dem Phasenmodell für die Entwicklung von Gruppen von Bruce W. Tuckman gibt es vier unterschiedliche Phasen, die ein Team durchlaufen kann: (1) Forming, (2) Storming, (3) Norming, (4) Performing.

Pros & Cons

Der Vorteil eines Teamtrainings liegt in erster Linie in der Beschleunigung von Teamprozessen und einem besseren Verständnis für die einzelnen Teammitglieder. Oft führt es auch zu einem echten Wir-Gefühl und einer nachhaltigen Verbesserung der Team-Performance. Nachteil: Ein Teamtraining ist mit nicht unerheblichem Aufwand verbunden (Kosten für Trainer und Hotel, Team Management Profile, Opportunitätskosten des Teams), sodass die Budgetierung oft einen recht hohen zeitlichen (und administrativen) Vorlauf erfordert. Außerdem bedürfen die dort identifizierten Themen meist noch einer gewissen Nachbearbeitung. So kann der Trainer z.B. gemeinsam mit den Teilnehmern den aktuellen Status im Team erheben, um im Anschluss gezielte Maßnahmen zur Stabilisierung und Weiterentwicklung des Teams zu definieren. Also was braucht es zum Beispiel, um von der Storming- in die Norming-Phase zu kommen? Was wird dafür als hilfreich erlebt, was als störend? Dies führt oft zu einer erheblichen Beschleunigung der Gruppenprozesse und hilft somit, am Ende deutlich schneller und effizienter in die anzustrebende Performing-Phase zu gelangen.

Wie ging es im Team von Daniela S. weiter?

Nachdem die Versuche zur Problembehebung (auf Basis von Einzelgesprächen) durch die Führungskraft keine nachhaltige Verhaltensänderung bewirken konnten, fand eine Abwägung der verschiedenen Möglichkeiten statt: Für eine Vorgehensweise nach dem klassischen Konfliktmanagement fehlten die Voraussetzungen: Der Leidensdruck bei den Mitarbeitern war sehr heterogen ausgeprägt und die Akzeptanz gegenüber der Führungskraft noch nicht ausreichend vorhanden. Eine Mediation kam ebenfalls nicht infrage, da es sich nicht um klar abgrenzbare Positionen handelte, sondern eher um eine diffuse Gemengelage mit unterschiedlichen Verantwortlichkeiten.

Folglich wurde aus dem Coaching heraus ein Teambuilding-Prozess anberaumt, der über einen Zeitraum von 12 Monaten gehen und dementsprechend zwei Termine à 2 Tagen umfassen sollte. Während es im ersten Training darum ging, Klarheit über die Kompetenzen im Team (Wer kann was?) und eine Verbesserung der Kommunikation zu erreichen, sollte der Folgeworkshop den Entwicklungsstand zu den zuvor behandelten Punkten im Team beleuchten, um eine echte Nachhaltigkeit in der Verbesserung der Zusammenarbeit und eine Stärkung des Wir-Gefühls zu erreichen.

Inzwischen haben beide Veranstaltungen stattgefunden, mit dem Ergebnis, dass einige Aufgaben neu zugeordnet und eine Reihe von Abläufen (Front-Office zu Back-Office) modifiziert wurden. Außerdem wurde beschlossen, die beiden Standorte zusammenzulegen, um die Kommunikationswege zu vereinfachen und die Teamabstimmungen zu erleichtern. Das Problem der unterschiedlichen Leistungsbereitschaften der Mitarbeiter konnte damit zwar noch nicht behoben, wohl aber ein Stück weit angeglichen werden. Auch das gegenseitige Misstrauen ist noch nicht vollständig beseitigt, aber es gibt doch erkennbare Anzeichen für ein stärkeres Miteinander und eine gewisse Toleranz gegenüber anderen Arbeitsweisen. Wenn das Team diesen Weg im positiven Sinne weiter beschreitet, wird am Ende auch die Performance steigen, da weniger unproduktive Energie in die argwöhnische Beobachtung der Kollegen und mehr produktive Energie in die inhaltliche und prozessuale Abstimmung fließen wird.

Resümee

Konflikte unbehandelt schwelen zu lassen ist nicht empfehlenswert, da sich dadurch spürbare Fronten bilden und verhärten können. Manche Konflikte können direkt durch die Führungskraft behandelt werden, während sich andere ohne externe Unterstützung nur schwerlich lösen lassen. Welcher Weg der richtige ist, lässt sich oft erst im konkreten Vorgespräch klären. Sprechen Sie mich einfach an, ich helfe Ihnen gerne bei der Klärung Ihrer Teamsituation und gebe Ihnen konkrete Tipps zur weiteren Vorgehensweise. (Mehr dazu finden Sie auf meiner Unterstützungsseite für Sie.)

Prof. Dr. Falko E. P. Wilms

Beruflich bin ich als Organisationsberater, Dialogbegleiter, Coach und Hochschullehrer unterwegs. Ferner bin ich Herausgeber der Fachzeitschrift SEM-RADAR und pflege einen YouTube-Kanal mit kurzen themenbezogenen Podcasts. Meine Forschung beschäftigt sich mit den Strukturen und Prozessen von Kommunikationen und Entscheidungen sowie mit den Formen des Dialogs. Durch meine Workshops, Seminare und Beratungsprozesse verfüge ich über Erfahrungen in der praxisnahen, nachhaltig wirksamen Handhabung konkreter Fallbeispiele.

Meinen Klienten diene ich als Spezialist für die Erkundung von unbekanntem, oft risikobehaftetem Gelände. Im Führen von Dialogen decke ich das Beziehungsnetz vorhandener Ideen auf. Im Herbeiführen von Entscheidungen konkretisiere ich das Zusammenwirken von Zielen, Ressourcen und Möglichkeiten. Im Gestalten von Veränderungen entwickele ich das Wechselspiel von Strukturen und Prozessen zukunftsorientiert weiter. Im Erstellen von Szenarien erkunde ich anhand des Gefüges der Erfolgsfaktoren gangbare Wege in die Zukunft. In meinen Seminaren mach ich erlebbar, wie das Zusammenspiel von Erwartungen und Verhaltensweisen gezielt ausgestaltet werden kann. Und in meinen Beratungen (die zumeist einer strikten Diskretion unterliegen und grundsätzlich nicht zu Referenzen führen) erkunde ich mit meinen Klienten gangbare Möglichkeiten, die Verkrustung von Situationen oder Positionen zu verstehen und in sinnvoller Weise zu bearbeiten.

Unterstützungsangebote des Autors für Sie:

Auf meiner Unterstützungsseite im Internet habe ich für Sie spezielle Materialien zu Ihrer Unterstützung bereitgestellt. Sie finden sie unter:

www.junior-manager.de/falko_wilms

Wenn remote Teams nicht funktionieren
Leitung eines verteilten Teams
Prof. Dr. Falko E. P. Wilms

Peter M. wird die Leitung eines örtlich verteilten (remote) Teams übertragen. Aufgrund der fehlenden direkten Kontakte und des massiven Technikeinsatzes zur Koordination von Personen und Arbeitspaketen wird ihm schnell klar, dass er seine Gewohnheiten in der Leitung eines Teams überdenken muss.

Bisher war es Peter M. als Projektleiter gewohnt, die Tätigkeiten seiner Mitarbeiter möglichst direkt zu überwachen und jederzeit zu wissen, wer in welcher Form seine Arbeiten erledigt. Durch regelmäßige Montagmorgen-Besprechungen hatte er einen guten Überblick über der Stand der Dinge. Um die effektive Zusammenarbeit zu fördern und damit jedes Teammitglied die Stärken und Fachgebiete seiner Kollegen kennt, setzte er immer wieder kurze Meetings an. So gab es Gelegenheit für soziale Kontakte bei einem gemeinsamen Kaffee, Mittagessen oder einem Umtrunk am Feierabend. Er führte die Mitarbeiter über konkrete Ziele und bot Hilfe bei aktuellen Problemen an.

Insbesondere im persönlichen Kontakt versuchte Peter M. bisher darauf zu achten, welcher Mitarbeiter sich eher zurückzieht und wer gewohnt ist, sich „verstecken" oder Probleme zu verschleiern. Außerdem erkundete er in persönlichen Gesprächen, wer welche Unterstützung, wer Zuspruch und Disziplin benötigt, um schwierige Arbeitspakete zu realisieren.

Wie kann er es mit einem remote Team auch schaffen, ausreichend Kontrolle über die Leistung eines örtlich und zeitlich verteilten Teams zu behalten, ohne dass das Engagement und die Kreativität der Mitarbeiter darunter leiden? Wie kann er trotz der stark reduzierten Möglichkeiten zu gemeinsamen Erlebnissen die Mitarbeiter motivieren und zugleich sicherstellen, dass sie ihre Arbeit auftragsgemäß erledigen?

Peter M. erwarten viele neue Eindrücke als Leiter eines remote Teams. Er sucht nach Möglichkeiten, das Risiko der „Leitung auf Distanz" so gering wie möglich zu halten, um vor bösen Überraschungen gefeit zu sein.

Der Kern des Problems

Industrie 4.0[1] meint im Kern die **Vernetzung von Menschen, Objekten und IT-Systemen** zu übergreifenden Wertschöpfungsprozessen in arbeitsteiligen, verteilten Netzwerken, in denen cloud-basierte Plattformen die Produktionssysteme mit Experten verbinden. Die Weiterentwicklung der heutigen Cloud-Portale[2] wird die Wertschöpfungsprozesse deutlich revolutionieren.

Heute werden Projekte deshalb immer öfter durch Kommunikations- und Entscheidungsprozesse über mehrere Ebenen, Phasen, Organisationen und Länder hinweg zusammengehalten: In **remote Teams** arbeiten die Teammitglieder mit verschiedenen Tools[3] koordiniert zusammen, befinden sich aber an verschiedenen Standorten, entstammen oft verschiedenen Kulturen, haben verschiedene Denkgewohnheiten und tragen all dies in die zugleich interdisziplinäre und interkulturelle Projektarbeit hinein. Auch das macht die Führung eines (verteilten) Projektteams keinesfalls einfacher, aber es wächst die Zahl der Studien[4] dazu.

Die Besonderheiten von remote Teams

Verteilte Teams weisen besondere Erfolgsfaktoren[5] auf. So ist der **Kontakt zwischen den Beteiligten** z.B. aufgrund von verschiedenen Zeitzonen oft zeitlich stark reduziert und durch die IT-Infrastruktur auch noch formalisiert (man braucht einheitliche Standards). Da es für ein remote Team keinen eigenen Raum für spontane Meetings gibt, müssen gemeinsame Kommunikationen gut geplant und möglichst effektiv durchgeführt werden. Die Kommunikation läuft überwiegend gezielt, bewusst und fast ausnahmslos über elektronische Medien. Fast alles muss durch E-Mails, Telefon, Webinare oder Videokonferenzen besprochen und abgeklärt werden. Wer da nicht verständlich delegiert oder unklare Ziele kommuniziert, wird scheitern.

> **Mein Tipp:** Für das Führen eines remote Teams sollten Sie sich also die Kompetenz aneignen, Kommunikationen gut zu planen und effektiv durchzuführen.

Alle Teammitglieder brauchen ein gewisses Niveau an **Medienkompetenz**[6]. Das fängt schon bei Telefonkonferenzen an: Während Sie von den Besprechungsteilnehmern, die über Telefon zugeschaltet werden, nur das gesprochene Wort hören, bekommen Sie bei den Teilnehmern vor Ort zusätzlich auch Körpersprache und Mimik mit und können sie daher besser verstehen und schneller einschätzen.

> **Mein Tipp:** Für das Führen eines remote Teams sollten Sie sich also die Kompetenz aneignen, Besprechungen effektiv und effizient über Telefon zu führen, ohne dabei Empathie und Emotionen zu vernachlässigen.

Außerdem ist die **Leistungsbeurteilung** der einzelnen Mitglieder des Teams erschwert, denn es gibt kaum verlässliche Informationen und fast gar keine eigenen persönlichen Beobachtungen. Zwar gibt es medienvermittelte Beobachtungen in Video-

und Telefonkonferenzen, Mails und Kennzahlen zum Stand der Arbeiten. Aber es fehlen die vielen Nuancen der täglichen Treffen am Mittag, bei der Kaffeemaschine oder auf dem Parkplatz mit all den vielen kleinen Gesprächen zum Stand der Dinge. Es fehlen einfach die vielen Anlässe des persönlichen Gesprächs.

Es ist hilfreich, den einzelnen Mitgliedern des remote Teams regelmäßig ein konkretes, konstruktives Feedback zu geben, wenn möglich persönlich oder zumindest im zweier-Telefongespräch.

> **Mein Tipp:** Für das Führen eines remote Teams sollten Sie sich also die Kompetenz aneignen, Leistungsbeurteilungen fast vollkommen anhand der erzielten Arbeitsresultate zu erstellen.

Es ergibt sich also: Das Führen eines remote Teams bringt ein **erhöhtes Maß an Unsicherheit** für Sie als Führenden. Letztlich sollten Sie sich bewusst machen, dass Sie keinesfalls den einzelnen Mitarbeitern hinterherlaufen können. Sie können nur **durch Vertrauen führen**. Der dazu nötige zunächst unvertraut hohe zeitliche und mentale Koordinierungsaufwand ist für das Führen auf Distanz einzuplanen.

> **Mein Tipp:** Für das Führen eines remote Teams sollten Sie sich also die Kompetenz aneignen, vertrauensbildende Maßnahmen zu gestalten und vorzuleben.

(Auf meiner Unterstützungsseite gibt es für interessierte Leser praxistaugliche Unterstützungsangebote, z. B. Tipps für eine erfolgreiche Führung eines remote Teams.)

Was Sie tun können

Stellen Sie eine Balance von Vertrauen und Kontrolle her

Wertschöpfung und Vertrauen gehören zusammen,[7] denn wirksames Vertrauen vermindert die Transaktionskosten[8]. In arbeitsteiligen Wertschöpfungsprozessen kann man zumindest am Anfang nie sicher sein, wie sich ein Gegenüber verhalten und was es von einem erwarten wird. Ohne bewusste eigene Erwartungen bezüglich der Erwartungen des/der anderen kann man aber nicht wissen, woran man sein eigenes Verhalten anpassen sollte,[9] damit Vertrauen wächst.

Die grundlegendste **vertrauensbildende Maßnahme** ist, *sagen*, *meinen* und *tun* in beobachtbarer Weise in Einklang miteinander zu bringen. Damit wird beim Gegenüber Vertrauen, Verlässlichkeit und Berechenbarkeit in meine Person und in mein Handeln gefördert. Mein (zukünftiges) Verhalten wird einschätzbar und mein(e) Gegenüber werden Erwartungsunsicherheiten mir gegenüber abbauen.

Dazu gehört auch, respektvoll zuzuhören, eigene Zusagen unbedingt einzuhalten, bei einer drohenden nicht zu vertretenden Unmöglichkeit dem Gesprächspartner schnell eine Mitteilung zu übermitteln, beim Auftreten eines verschuldeten Fehlers die Verantwortung nicht abzuschieben und eine bestmögliche Mangelbehebung mit Kompensationsleistung anzubieten.

Nach Malik[10] ist ein solides Vertrauen eine Grundbedingung für eine robuste, d.h. von Krisen und unerwarteten Erschütterungen gekennzeichnete Führungssituation. Nach ihm läuft Vertrauen darauf hinaus, durch **Konsistenz** (meinen, was man sagt, und genau so handeln) sowie **Verlässlichkeit** (erkennbare Regeln/Muster befolgen) ein erwartbares Verhalten zu zeigen. Je mehr man die von den Teammitgliedern aufgebauten Erwartungen enttäuscht und damit für Irritationen sorgt, desto schwerer macht man es den anderen, Vertrauen zu schenken.

Vertrauensbildende Maßnahmen sind für die Führung eines remote Teams von zentraler Bedeutung, aber ohne Kontrolle wird es nicht gehen. Daher ist es hilfreich,[11] die Verantwortungsbereiche im Projekt so zu organisieren, dass wenige Schnittstellen nötig sind, dass Entscheidungen nachvollziehbar gefällt werden und dass Kontrollen auf ein Minimum an Stichproben beschränkt werden.

Eine Mitteilung an die remote Teammitglieder zu Projektbeginn

Um diese Leitidee im Rahmen einer Leitungsverantwortung konkret umzusetzen, leistet folgende praxistaugliche Formulierung[12] am Projektstart eine wertvolle Hilfestellung:

Herr/Frau Mustermann,

ich vertraue Ihnen (Ihren Fähigkeiten), so gut ich kann. Natürlich weiß ich, dass uns Fehler passieren werden. Das ist nicht schlimm und wir werden das schon ausbügeln.

Bitte missbrauchen Sie mein Vertrauen niemals und unter keinen Umständen: Ich werde das über kurz oder lang bemerken. Und dann wird es sicher unausweichliche Folgen haben.

Bitte kommen Sie also rechtzeitig zu mir, wenn etwas passiert ist oder Sie erwarten, dass etwas passieren wird. Ich werde mir Zeit für Sie nehmen und Ihnen zur Seite stehen.

Und sollte Ihnen unklar sein, wo die Grenzen zum Missbrauch meines Vertrauens sind, dann fragen Sie mich bitte früh genug und wir werden einen Weg finden.

…

---

21 Tipps für das wirksame Kommunizieren in remote Teams

Für Teammitglieder, die oft zeitlich überlappend in unvorhersehbaren und gefahrvollen Situationen unter hohem Aufgabendruck mehrere verschiedene (geistige und motorische) Arbeitsgänge auszuführen hatten, wurden 21 Tipps für das wirksame Kommunizieren herausgearbeitet.[13]

1) Erkundige dich früh über deine Aufgabe(n) und stelle früh Fragen dazu; so werden Unklarheiten erkannt und nachvollziehbar bereinigt.

2) Fördere die Transparenz in mehrdisziplinären Teams, die tägliche Ziele verfolgen, durch eine strukturierte Checkliste.

3) Führe in Standard- / Routinesituationen indirekt und in Ausnahmesituationen direkt.

4) Delegiere so, dass in einer hohen Arbeitsbelastung die Teamleitung die Situation managt und das Team die fachliche Ausführung übernimmt; so verbessert die Teamleitung ihre Entscheidungen.

5) Verwende „wir / lasst uns", um die gemeinsame Perspektive zu fördern.

6) Rede über deine Gedanken und widme der Kommunikation zur Problemlösung viel Zeit.

7) Kommuniziere so nachvollziehbar wie möglich, damit gemeinsame Vorstellungen entstehen.

8) Koordiniere eindeutig und integriere auch in Routinesituationen immer die bewusste Suche nach unerwarteten Ereignissen.

9) Fördere eine achtsame Interaktion im Team, z.B. mit dem Gegenüber und mit den äußeren Bedingungen, gerade auch in routinemäßigen Situationen.

10) Verwende wenige (standardisierte) Regeln zur Unterstützung des Teams, die angepasst an die Problematik auch umsetzbar sind.

11) Verständige dich über den Kontext und bereite dich auf viele erwartbare Eventualitäten vor.

12) Erhalte ein Klima der offenen Kommunikation aufrecht und bleibe auch in hohen Belastungssituationen ruhig.

13) Gib einem (unerfahrenen) Teammitglied konstruktive Rückmeldungen, wenn es eine für ihn neue Aufgabe auszuführen hat.

14) Tue während des Zuhörens bei Meinungsgleichheit deine wörtliche Zustimmung

kund und bei Meinungsverschiedenheit eine wörtliche Ablehnung, um einen nachvollziehbaren Hinweis auf deine Reaktion zu liefern.

15) Verwende klar zu beantwortende (geschlossene) Fragen, formuliere einfache Sätze mit höchstens 6 (!) Worten.

16) Sage insbesondere in außergewöhnlichen Situationen, was du tust (information sharing).

17) Verwende in mehrsprachigen Teams wo immer möglich deine eigene Muttersprache.

18) Stelle in indirekten Kommunikationen die Informationen möglichst selbsterklärend dar.

19) Verwende eine standardisierte Ausdrucksweise, wenn Sprecher und Hörer physikalisch voneinander getrennt sind.

20) Teammitglieder sollten dem Teamleiter kurz / prägnant berichten und Teamleiter sollten aufmerksam zuhören.

21) Berücksichtige in der teaminternen Kommunikation immer auch Aspekte der bewussten Erkundung möglicher Risiken.

Die Mitglieder von remote Teams arbeiten oft zeitlich überlappend, finden sich oft in unvorhergesehenen Situationen und haben ihre Arbeitspakete unter hohem Aufgabendruck zu vollziehen. Daher sind diese 21 Tipps gerade in remote Teams sehr empfehlenswert.

(Auf meiner Unterstützungsseite habe ich für Sie praxistaugliche Unterstützungsangebote, z. B. ein Arbeitsblatt mit diesen 21 praxistauglichen Tipps, bereitstellen lassen.)

Regeln für die Führung von remote Teams

Jedes Team benötigt eine Führung, die sich – außerhalb der operativen Arbeiten – um Fragen der Orientierung, der Koordination und der Kooperation kümmert sowie auftauchende Irritationen schnellstmöglich und konstruktiv beendet. Für die Leitung eines remote Teams braucht es zusätzliche praxisbewährte Regeln für alle Beteiligten und erkennbare Möglichkeiten, um die räumlichen und zeitlichen Distanzen zu überbrücken.

Regel 1: Die Führung eines remote Teams braucht klare und eindeutige Regeln, Ziele und nachvollziehbare Erfolgsindikatoren.

Es braucht verständliche Standards für die Zusammenarbeit und das Einfordern der Eigenverantwortung aller Beteiligten. Wenn Sie zu anderen Standorten reisen, dann nutzen Sie unbedingt Ihre Zeit vor Ort für möglichst viele Gespräche zur Klärung von Unstimmigkeiten, zum Kontaktaufbau und zur Kontaktpflege.

Regel 2: Die Führung eines remote Teams braucht medienkompetente Personen und klare Standards der Kommunikation.

Fest eingeplante medienvermittelte Kommunikationen,[14] wie Telefonkonferenzen mit einer großzügigen Informationsverteilung und zeitnahen Protokollen, sind gut. Ein tägliches Stand-up-Meeting, in dem jedes Teammitglied mitteilt, woran es aktuell arbeitet, kann sinnvoll sein. Mails eignen sich für kurze Fragen, Ideenaustausch oder Statusberichte. Hingegen benötigen Diskussionen oder Ergebnispräsentationen eine geplante Telefon- oder besser Videokonferenz[15] mit vorheriger Verteilung des Präsentationsmaterials. Vertrackte Entscheidungen und konfliktäre Gespräche bedürfen einen persönlichen Kontakt vor Ort. Und niemals vergessen: Ein direktes Gespräch ist durch nichts(!) zu ersetzen. Wenn Sie also vor Ort sind, dann sprechen Sie viel mit den Teammitgliedern, das vertieft die Beziehungen und fördert das Vertrauen.

Regel 3: Die Führung eines remote Teams braucht Vertrauen.

Alle Beteiligten sollten zueinander Vertrauen aufbauen können.[16] Sie als Chef müssen weitaus stärker als bei Mitarbeitern vor Ort dazu fähig sein, vertrauensbildende Maßnahmen zu gestalten und als Vorbild den Mitarbeitern einen hohen Vertrauensvorschuss entgegenzubringen. Das Wachsen von direkt erlebten persönlichen Beziehungen jenseits des fachlichen Austauschs ist durch kein Telefonat zu ersetzen und unbedingt nötig, um langfristig Vertrauen aufzubauen. Wenn Sie also vor Ort sind, dann sprechen Sie mit den Teammitgliedern auch über einzelne Resultate, das vertieft den Kontakt und fördert das Vertrauen.

Regel 4: Die Führung eines remote Teams braucht Präsenztermine.

Nur so können sich die Mitglieder persönlich kennenlernen und vertrauensbildende Maßnahmen tätigen. Dadurch, dass sich alle Beteiligten außerhalb der fachlichen Tätigkeit kennenlernen und sich umgekehrt jeder den anderen zeigt, wird ein gegenseitiges Vertrauen aufgebaut. Mindestens ein Kick-off-Meeting zu Projektbeginn, ein Meeting zum Feiern des erreichten Standes von ca. 60 % der Leistungserstellung sowie ein Meeting für die Reflexion am Projektende ist nötig! Das ist eine unverzichtbare und unersetzbare Investition in die Zusammenarbeit des Teams, seine Bedeutung für den Projekterfolg kann nicht überschätzt werden.

Regel 5: Die Führung eines remote Teams braucht Management by Interdependence.[17]

Damit ist der Versuch gemeint, die räumliche und zeitliche Distanz zwischen den Teammitgliedern durch die bewusste Steigerung der erlebten Zusammengehörigkeit so gut es geht zu kompensieren. Am Beginn des Projekts bewirkt die bewusst gestaltete *Aufgabenverflechtung* bei den Teammitgliedern vielfältige Abstimmungsprozesse, um eine sinnvolle Modularisierung der Aktivitäten abzustimmen. Eine bewusste *Zielverflechtung* mit einer partizipativen Zielvereinbarung (MBO) bewirkt eine engere Zusammenarbeit der Beteiligten. Eine Betonung der *Ergebnisverflechtung* aufgrund der gemeinsamen

Ergebnisverantwortung stärkt ebenso das Bewusstsein, „im selben Boot" zu sitzen, was durch gemeinsame Treffen unterstützt wird.

Regel 6: Die Führung eines remote Teams braucht einen gemeinsamen Kontext.[18]

Die an sich unterschiedlichen Arbeitsumgebungen der Teammitglieder sollten einander möglichst bekannt sein. Materielles kann in Fotos gezeigt werden, konzeptionelle Abhängigkeiten sind zu beschreiben. Die fünf wesentlichen Aspekte dabei sind *Verfügbarkeit des Einzelnen*, *relevante Gewichtungen* einzelner Aktivitäten durch den Einzelnen, *zentrale lokale Beschränkungen* für den Einzelnen, vom Einzelnen *verwendete zentrale Kommunikationsmittel und -normen* sowie *Kommunikations- und Arbeitstempo* des Einzelnen.

(Auf meiner Unterstützungsseite habe ich für Sie das Arbeitsblatt mit diesen Regeln für die Führung von remote Teams bereitgestellt.)

Resümee

Der Trend zur Vernetzung von Menschen, Objekten und IT-Systemen zu übergreifenden Wertschöpfungsprozessen in verteilten Netzwerken wird anhalten. Projektarbeiten werden immer leichter Grenzen von Organisationen oder Ländern überschreiten und immer stärker über medienvermittelte Kommunikationen und die dazu nötigen Kompetenzen der Beteiligten zusammengehalten. Zugleich wird die Bedeutung der Vertrauensbildung und des direkten Gesprächs weiter zunehmen, zumal dafür immer weniger Zeit verfügbar sein wird.

Peter M. ist „auf dem Sprung" zur erfolgreichen Führung eines remote Teams. Wenn er die hier entfalteten Erkenntnisse und Verhaltenstipps beherzigt, wird er eine ausreichende Kontrolle über die Leistung seines verteilten Teams behalten, ohne dass das Engagement und die Kreativität der Mitarbeiter darunter leidet. Er wird, mit den wenigen Möglichkeiten zu gemeinsamen Erlebnissen, die Mitarbeiter motivieren und relativ sicher sein können, dass sie ihre Arbeit auftragsgemäß erledigen oder ihm gegebenenfalls frühzeitig von ihren Schwierigkeiten berichten.

Auf meiner Unterstützungsseite für Sie habe ich Ihnen hilfreiche Tipps für den eigenen Führungserfolg mit verteilten Projektteams unter hohem Konkurrenzdruck bereitstellen lassen. In einem ersten Kontakt können wir – bei Bedarf – auch klären, wie eine konkrete persönliche Unterstützung und Zusammenarbeit aussehen könnte. Nutzen Sie die angebotenen Unterstützungsangebote.

Ich wünsche Ihnen für Ihre Arbeit mit Ihrem remote Team viel Erfolg.

1   Grundlegende Ideen zur Industrie 4.0 sind zu finden bei Forschungsunion/acatech (Hrsg.): Umsetzungsempfehlungen für das Zukunftsprojekt Industrie 4.0, Frankfurt am Main, 2013; Pricewaterhouse-Coopers AG (Hrsg.): Industrie 4.0 – Chancen und Herausforderungen der vierten industriellen Revolution, Frankfurt am Main, 2014

2   Bekannte Cloudportale sind http://www.workpool-jobs.de/ oder aber http://www.citrix.com/ products/ cloudportal-business-manager/overview.html. Für freelancer ist eher twago.de interessant, Download jeweils 21.07.2016

3   Hinweise für einige nützliche Tools für remote Teams finden sich bei: http://www.tools-mag.de/die-besten-web-tools-fuer-verteilte-teams-458/, Download 21.07.2016

4   Einige Forschungsergebnisse sind zusammengestellt in: Gallenkamp, J./Picot, A./Welpe, I./ Drescher, M.: Die Dynamik von Führung, Vertrauen und Konflikt in virtuellen Teams; in: Gruppendynamik und Organisationsberatung 4/2010, S. 289-303

5   Vgl.: Herrmann, D./ Hüneke,K./Rohrberg, A.: Führung auf Distanz. Mit virtuellen Teams zum Erfolg, Wiesbaden, 2012, S. 249 f.

6   Zur Medienkompetenz siehe: Bonfadelli, H. (Hrsg.): Medienkompetenz und Medienleistungen in der Informationsgesellschaft, Zürich, 2004

7   Vgl.: Wilms, F.: Wertschöpfung und Vertrauen gehören zusammen; in: TrainerJournal 10/13, S. 25

8   Transaktionskosten entstehen bei jeder Form von Interaktion. Je mehr Erwartungssicherheit, desto weniger Kontrollkosten ergeben sich. Näheres unter: Ebers, M./Gotsch, W.: Institutionenökomomische Theorien der Organisation; in: Kieser, A. (Hrsg.): Organisationstheorien. 3., überab. Aufl, Stuttgart, 1995, S. 225-247

9   Vgl.: Luhmann, N.: Soziale Systeme, Frankfurt am Main, 1984, S. 396 ff.

10 Vgl.: Malik, F.: Management: Das A & O des Handwerks, Frankfurt/New York, 2007, S. 71 f.; Malik, F.: Führen Leisten Leben, Stuttgart/München, 2001, S. 135 - 152

11 Vgl.: Malik, F.: Führen Leisten Leben, Stuttgart/München, 2001, S. 171 - 263

12 Ich habe gute Erfahrungen gemacht mit dieser Variation der Formulierung aus vgl.: Malik, F.: Führen Leisten Leben, Stuttgart/München, 2001, S. 150

13 Sämtliche Empfehlungen und deren Erläuterungen sind zu finden in: Gottlieb Daimler an Karl Benz Foundation et al: The Better the Team, the Safer the World, Ladenburg/Rüschlikon, 2004

14 Vgl.: Herrmann, D./ Hüneke,K./Rohrberg, A.: Führung auf Distanz. Mit virtuellen Teams zum Erfolg, Wiesbaden, 2012, S. 45 ff.

15 Zur Thematik der Videokonferenz siehe im Online-Journal kommunikation@gesellschaft im 4. Jahrgang (2003) Beitrag I: Friebel, M./Loenhoff, J./Schmitz, H. W./Schulte, O. A. (2003): „Siehst Du mich?" – „Hörst Du mich?" – Videokonferenzen als Gegenstand kommunikationswissenschaftlicher Forschung: http://www.soz.uni-frankfurt.de/K.G/B1_2003_Friebel_ Loenhoff_Schmitz_Schulte.pdf, Download 22.07.2016

16 Vgl.: Herrmann, D./ Hüneke,K./Rohrberg, A.: Führung auf Distanz. Mit virtuellen Teams zum Erfolg, Wiesbaden, 2012, S. 39 f.

17 Zum Konzept des Management by Inderdependence siehe: Hertel, G./Lauer, L.: Führung auf Distanz und E-Leadership – die Zukunft der Führung?, in: Grote, S. (Hrsg.): Die Zukunft der Führung, Berlin/ Heidelberg, 2012, S. 103 – 116, insb. S. 107 ff.; Hertel, G./Konradt, U.: Führung aus der Distanz. Steuerung und Motivierung bei ortsverteilter Zusammenarbeit; in: Hertel, G./Konradt, U. (Hrsg.): Human Resource Management im Inter- und Intranet, Göttingen, 2004, S. 169 – 186

18 Zur Gestaltung der fünf zentralen Aspekte eines gemeinsamen Kontextes siehe: Camton, C. D.: Finding common ground in dispersed collabvoration; in: Organizational Dynamics 04/2002, S. 356 - 367

Christiane Wittig

Ich bin seit 1990 erfolgreich als Trainerin und Coach tätig. Nach einer kaufmännischen Ausbildung und verschiedenen Führungspositionen in der Investitionsgüterindustrie wagte ich 1990 den Schritt in die Selbstständigkeit und gründete wws weiterbildung – seminare+coaching.

Mein Schwerpunkt liegt seitdem im Bereich Selbstmanagement und Entschleunigung. Hierzu biete ich Seminare, Workshops und individuelle Coachings – auch telefonisch – an. Durch die veränderten Anforderungen unserer Gesellschaft bekamen die Themen: Gesundheitsprävention, Werteorientierung und Nachhaltigkeit eine immer größere Bedeutung für mich, denen ich durch diverse Zusatzausbildungen und die Weiterentwicklung zum Business Coach Rechnung getragen habe.

Seit 2010 bin ich Vorstandsmitglied bei IsyKonsens und Expertin für Systemisches Konsensieren. Durch den Einsatz des SK-Prinzips kann ich in Unternehmen maßgeblich zu einem wertschätzenderen Umgang der Mitarbeiter miteinander beitragen.

Ich bin Mitglied in verschiedenen Berufsorganisationen für Trainer, Berater und Coaches und Unterzeichnerin des Berufskodex der Weiterbildung des FWW – Forum Werteorientierung in der Weiterbildung e.V.

Unterstützungsangebote der Autorin für Sie:

Auf meiner Unterstützungsseite im Internet habe ich für Sie spezielle Materialien zu Ihrer Unterstützung bereitgestellt. Sie finden sie unter:

www.junior-manager.de/christiane_wittig

Entscheidungen erzwingen?
Tragfähige und nachhaltige Entscheidungen erreichen durch Systemisches Konsensieren
Christiane Wittig

Vielleicht haben Sie auch schon erlebt, dass Entscheidungen durch Macht oder Mehrheitsentscheidungen erzwungen wurden mit der Folge, dass neue Konflikte entstanden sind und die Zusammenarbeit stark belastet wurde. Denn auch jede demokratische Abstimmung hinterlässt in der Regel Sieger (Mehrheiten) und Verlierer (Minderheiten) oder führt zu Stimmenthaltungen und Unzufriedenheit, weil sich zurückhaltende Persönlichkeiten (Intros) nicht gehört und von den aktiven lauten Personen (Extros) überfahren fühlen.

Vor allem Nachwuchs-Führungskräfte tun sich oft schwer mit der Durchsetzung ihrer Ideen. Einerseits treffen sie auf Widerstände der älteren Kollegen, die „alles schon mal hatten", andererseits wollen sie beweisen, dass sie neue Ansätze verfolgen. Sie wollen keine Entscheidungen über die Köpfe hinweg – also „Order per Mufti" – fällen, müssen aber oftmals die letzte Entscheidung doch selbst treffen, um ihrer Führungsverantwortung gerecht zu werden.

Im Folgenden werden verschiedene Situationen beschrieben, in denen es um Entscheidungen unterschiedlicher Tragweite geht und die Sie mit der Methode Systemisches Konsensieren einfacher und nachhaltiger lösen können.

Petra M. ging mit Elan an ihre neue Aufgabe als Führungskraft. Das bedeutete zu Beginn viele Meetings und Einzelgespräche, um sich in die neue Rolle einzufinden und das Unternehmen und die Mitarbeiter kennenzulernen. Und dann das erste eigene Projekt. Bereits im ersten Meeting wollten sich einige Mitarbeiter lautstark profilieren. Standpunkte wurden zum Teil vehement vertreten, während sich andere Teilnehmer gar nicht äußerten. Die Abstimmung zu einem Vorschlag ergab eine dünne Mehrheit dafür. Petra M. hatte aber das Gefühl, dass es im Hintergrund schwelende Konflikte gab, die nicht zur Sprache gekommen waren und das Projekt verzögern oder im schlechtesten Fall sogar torpedieren konnten.

Wenn sich Menschen nicht auf einen Kompromiss verständigen können, muss das nicht schlecht sein – denn dann ist möglicherweise der Weg frei für eine dritte Alternative, die für alle Beteiligten die denkbar beste Lösung darstellt.[1]

Die Methode „Systemisches Konsensieren"

Eine Möglichkeit, Konflikte bei der Entscheidungsfindung zu vermeiden und auf einen gemeinsamen Nenner zu kommen, bietet die Methode „Systemisches Konsensieren". Im Gegensatz zu den gängigen Mehrheitsabstimmungen wird beim Systemischen Konsensieren (SK-Prinzip) nicht mit der Stimmen-Mehrheit – also der Zustimmung –, sondern mit Widerstandswerten gearbeitet. Dadurch können die Widerstände thematisiert und das tatsächliche Konfliktpotenzial gemessen werden. Das fördert die Kreativität bei der Lösungsfindung und führt zu effizienteren Entscheidungsprozessen. Bei einer „oberflächlichen" Konfliktlösungsmethode geht es in erster Linie um „mich": Wie bekomme ich, was ich will. Bei einem beziehungsverändernden Ansatz dagegen dreht sich alles um „uns": Wie finden wir gemeinsam eine Lösung, die besser ist als die, die wir gerade haben.

Kern der Methode Systemisches Konsensieren ist der Teamgedanke. Wir wollen gemeinsam etwas erreichen und eine Lösung finden. Dazu gehört die Bereitschaft, andere Vorschläge – außer dem eigenen – zu hören und zu bewerten. Dazu dient die Skala von 0 – 10.

0 = ich habe keinerlei Widerstand

10 = den Vorschlag lehne ich total ab

Dadurch haben die Teilnehmer die Möglichkeit, nicht nur für oder gegen einen Vorschlag zu stimmen. Denn wenn die favorisierte Lösung nicht zum Zuge kommt, welcher Vorschlag wäre mir dann am zweitliebsten, drittliebsten … usw. Dabei kann jeder Wert beliebig oft vergeben werden. Sehen wir uns das an einem Beispiel aus dem Privatleben an:

Petra M. möchte mit ihrer Familie die Fußball-WM anschauen. Ziel: Alle wollen das Spiel gemeinsam sehen. Folgende Vorschläge wurden gemacht:

- *Zu Freunden gehen*

- *Zum Public Viewing gehen*

- *Freunde nach Hause einladen*

- *Allein zu Haus bleiben*

Da man sich nicht gleich einigen konnte, beschlossen die vier, mittels Konsensieren abzustimmen. (Das Ergebnis sehen Sie in der folgenden Tabelle.)

Der Vorschlag „Freunde einladen" stieß bei allen Beteiligten auf den geringsten Widerstand und galt damit als konsensiert.

Vorschlag	Mutter	Vater	Tochter	Sohn	WIST (Widerstandsstimmen)	Rangfolge
Zu Freunden gehen	0	5	6	5	**16**	2
Public Viewing	10	4	8	6	**28**	4
Freunde einladen	5	0	4	3	**12**	**1**
Allein zu Haus bleiben	2	7	9	1	**19**	3

Nicht die Zahl der Befürworter ist entscheidend, sondern die Qualität der Vorschläge in den Augen **aller** Beteiligten. Der ausgewählte Vorschlag ist das Ergebnis einer gemeinsamen Bewertung und nicht die Entscheidung einer Teilgruppe, denn

- beliebig viele Vorschläge können eingebracht und bewertet werden.
- beliebig viele Personen können mitwirken.
- größtmöglicher Interessenausgleich wird erreicht.

Mein Tipp: Trauen Sie sich, das SK-Prinzip anzuwenden. Wenn die Methode noch nicht allen Beteiligten bekannt ist, bitten Sie die Teilnehmer, sich auf etwas Neues einzulassen, und erklären Sie kurz das Verfahren der Widerstandsstimmen.

Ablauf des Konsensierens als Prozess

1. • Problembeschreibung / Ausgangslage
2. • Übergeordnete Fragestellung
3. • Informations-Runde
4. • Individuelle Sichtweisen
5. • Lösungssuche/ Vorschläge
6. • Pros und Kontras
7. • Erste Bewertung der Vorschläge
8. • Erkunden der Restwiderstände
9. • Anpassen der Vorschläge
10. • Endgültige Bewertung der Vorschläge
11. • Endgültige Entscheidung

Oftmals wird bereits nach der ersten Bewertungsrunde ein tragfähiges Ergebnis erzielt, sodass die weiteren Prozessebenen entfallen können.

> **Mein Tipp: Die übergeordnete Fragestellung sollte in jedem Fall vor der Abstimmung geklärt werden, denn dadurch könnte sich eine völlig veränderte Sachlage ergeben.** (Siehe auch Beispiel Betriebsausflug)

Verschiedene Abstimmungsvarianten

Es gibt verschiedene Abstimmungsvarianten, die je nach Situation eingesetzt werden können. Zum Beispiel:

Schnellkonsensieren durch die Einwandfrage

„Wer hat Einwände gegen diesen Vorschlag?"

Einfaches Konsensieren

Einfaches Konsensieren mit der eingeschränkten Widerstandsskala von 0 – 2 WIST (Widerstandsstimmen).

- Keine Hand heben: 0 W-Stimmen (Ich habe keine Bedenken!)
- Eine Hand heben: 1 W-Stimme (Ich habe ernste Bedenken!)
- Zwei Hände heben: 2 W-Stimmen (Ich lehne den Vorschlag ab!)

Zuruf-Abfrage

Die Teilnehmer nennen dem Moderator der Reihe nach ihre Bewertungen, die dieser am Flipchart oder in eine Excel-Tabelle einträgt.

> **Mein Tipp: Halten Sie immer die gleiche Reihenfolge bei den Nennungen ein, sonst könnten Sie den Überblick über die Abstimmung verlieren.**

Verdeckte Abstimmung

Alle Teilnehmer erhalten eine Konsensierungskarte und tragen darauf anonym ihre Bewertungen ein. Der Moderator sammelt die Karten ein und überträgt die Ergebnisse auf eine Liste z.B. auf der umgedrehten Pinnwand. (Auf meiner Unterstützungsseite finden Sie eine Vorlage für die Erstellung von Konsensierungskarten.) Diese Variante ist hilfreich bei stark hierarchisch geprägten Teams oder größeren Gruppen ab ca. 12 Personen.

> **Mein Tipp: Wenden Sie bei Personenabstimmungen immer die verdeckte Abstimmungsvariante an, um keine Ressentiments entstehen zu lassen.**

Offene Abstimmung mittels Konsensierungsfächer

Alle Teilnehmer erhalten einen Konsensierungsfächer (zu bestellen bei wws).

Für die Abstimmung wählt jeder seine Widerstandsstimmen aus und hält nach Aufforderung des Moderators seine Bewertung hoch.

Der Moderator trägt auf einer Liste (Flipchart oder Excel-Liste) die Bewertungen der einzelnen Teilnehmer ein.

Mein Tipp: Alle Teilnehmer müssen zur gleichen Zeit ihren Konsensierungsfächer hochhalten, um Manipulationen oder die Orientierung an anderen Bewertungen zu vermeiden.

Weitere Beispiele für den Einsatz des SK

Die kreative Entscheidungsfindung

Als Nächstes wurde Petra M. mit der Aufgabe betraut, den diesjährigen Betriebsausflug zu organisieren. Bisher war man immer irgendwohin zum Essen gegangen, verbunden mit einer kurzen Wanderung vorher oder nachher. Die Aufgabenstellung lautete daher: „Wohin gehen wir in diesem Jahr zum Essen?"

Bei der Suche nach einem Lokal fragte Petra einige Kollegen nach Vorschlägen und stieß dabei auf keine große Begeisterung. „Schon wieder zum Essen, wie langweilig", „Bei der letzten Wanderung hat es geregnet", „Ich bin nicht mehr so gut zu Fuß", bekam sie zu hören. Kurzum: Sie hatte das Gefühl, dass der Ausflug auf keine große Begeisterung stieß. Das brachte sie auf die Idee, mal zu hinterfragen, was denn eigentlich der Sinn dieser Veranstaltung sein sollte. Darüber hatte sich offensichtlich noch niemand Gedanken gemacht, denn „das hatte man doch schon immer so gemacht".

Petra M. holte daher die Mitarbeiter zusammen und gemeinsam hinterfragten sie das Ziel der Veranstaltung. Sie entwickelten also die übergeordnete Fragestellung für den SK-Prozess. Dabei stellte sich heraus, dass sich alle näher kennenlernen und gerne etwas gemeinsam unternehmen wollten. Denn mittlerweile gab es einige neue Mitarbeiter in der Abteilung, die auch zu integrieren waren. Außerdem sollten alle an der Veranstaltung Spaß haben und mitmachen können, sowohl Jüngere als auch Ältere.

Auf dieser – nun etwas anderen – Basis wurden Ideen entwickelt und Vorschläge gemacht, wie man den Ausflugstag interessanter und zielgerichteter gestalten könnte. Der von den meisten als langweilig empfundene bisherige Ablauf bekam neue Impulse und es gab viele aktive Vorschläge, die mit der Kartenabfrage bewertet wurden. Auf Rang 1 schaffte es der Vorschlag „Floßfahrt auf der Isar". Das Feedback auf diese Veranstaltung konnte besser nicht sein. Für viele war es das erste Mal, dass sie an solchem Ereignis teilnahmen. Die zünftige Verpflegung und die flotte Musik, zu der sogar getanzt wurde, bescherten allen einen fröhlichen Tag und ein verstärktes Wir-Gefühl.

Um ein nachhaltig tragfähiges Ergebnis zu erreichen, kommt der übergeordneten Fragestellung eine wichtige Bedeutung zu. Nach der Schilderung der Ausgangslage wird überprüft, welche Zielsetzung oder Probleme dahinterstecken. Dazu eignen sich vor allem offene W-Fragen, z.B.:

- Was wollen wir mit der Maßnahme erreichen?
- Woher kommt die Fehlerhäufigkeit?
- Wie könnte ein besseres Ergebnis aussehen?

Bei komplexen Themen kann es wichtig sein, den SK-Prozess komplett zu durchlaufen. Oft ergibt sich aber bereits bei der ersten Bewertung ein eindeutiges Ergebnis. Manchmal bedarf es weiterer Informationen und Meinungen, um zu einem für alle befriedigenden Ergebnis zu kommen.

Nachdem alle Informationen bekannt sind, können die Teilnehmer ihre individuellen Sichtweisen, Erfahrungen, Befürchtungen und Wünsche äußern, bevor konkrete Vorschläge gemacht werden. Die darauf folgende Abstimmung verläuft dann in der Regel zügig und konfliktfrei – und alle können das erreichte Ergebnis mittragen.

Auswahlkonsensieren

Mitunter ist es notwendig, auf der Grundlage bereits bestehender Vorgaben zu entscheiden. Also das Auswahlkonsensieren zu praktizieren.

Nehmen wir als Beispiel den Umzug der Abteilung von Petra M. in ein Großraumbüro. Das war eine von der Geschäftsleitung vorgegebene Anordnung. Nun ging es darum, die Arbeitsplätze so einzurichten, dass sich keiner benachteiligt fühlte. In der Informationsrunde wurden die Fakten genannt: Z.B. wer soll in Zukunft mit wem besonders eng zusammenarbeiten; hier sollte die räumliche Entfernung also nicht allzu groß sein. Wer hat hauptsächlich am Computer zu tun und braucht daher kein grelles Tageslicht. Und bei wem ergeben sich öfter Abstimmungsgespräche am Arbeitsplatz mit anderen Kollegen, sodass es wichtig ist, die anderen nicht zusätzlich zu stören.

Beim Auswahlkonsensieren erübrigt sich die Erarbeitung der übergeordneten Fragestellung, da das „Was" unumstößlich feststeht (z.B. der Umzug) und nur noch über das „Wie", also die Umsetzung, abgestimmt werden muss. Je nach Komplexität der Aufgabenstellung können alle anderen Schritte des SK-Prozesses aber beibehalten werden.

Terminfindung

Als Petra M. die neue Abteilung Anfang November übernahm, waren die Urlaubspläne für die Weihnachtstage bereits so gut wie abgesegnet. Aber zwei der acht Mitarbeiter waren mit der Aufteilung unzufrieden. Sie hatten keine Kinder, waren deshalb also nicht an die Ferien gebunden, und wurden daher automatisch jedes Jahr zur Anwesenheit zwischen Weihnachten und Neujahr eingeteilt. In der Vergangenheit hatte das aufgrund der Autorität des bisherigen Abteilungsleiters auch funktioniert, aber nun wackelte das Machtgefüge und sie ahnte, dass sich hinter den Kulissen etwas zusammenbraute. Das Beste, was sie nun tat, war, das Thema zu benennen und alle an einen Tisch zu holen. Nachdem sich zuerst niemand traute, seine Wünsche offen zu äußern, schlug Petra M. vor, das SK-Prinzip einzusetzen. Nach einer kurzen Erläuterung der Methode erklärten sich die Mitarbeiter einverstanden, sie auszuprobieren.

Beim Einsatz des Systemischen Konsensierens zur Terminfindung entsteht vordergründig der Eindruck, dass diese Aufgabenstellung damit nicht zu lösen sei, denn entweder ich kann an dem vorgegebenen Termin oder ich habe andere Verpflichtungen. Nicht berücksichtigt wird dabei, dass es auch hier individuelle Sichtweisen und emotionale Wünsche gibt, die durch das SK-Prinzip aufgedeckt werden können.

Jeder durfte seinen Wunschtermin für die freien Tage an Weihnachten nennen. Erwartungsgemäß gab es dabei massive Überschneidungen. Klar war aber auch, dass zwei Kollegen jeden Tag anwesend sein sollten. Nun ging es in die Diskussionsrunde und jeder durfte seine Begründungen, Befürchtungen und Argumente vorbringen.

Thomas T.: „Meine Tante kommt extra aus Amerika, um mit der ganzen Familie seit fünf Jahren wieder Weihnachten zu feiern, da kann ich doch nicht weg."

Petra M.: „Aber vielleicht kann sie an einem Tag mit Ihrer/-m Schwester/Frau/Bruder etc. etwas unternehmen, wo Sie nicht dabei sein müssen und an dem Tag Dienst machen könnten."

Wilfried K.: „Meine Schwiegermutter kommt für eine Woche zu uns, da kann ich gern zwei Tage übernehmen und habe eine Rechtfertigung gegenüber meiner Frau."

Karin S.: „Also einen Tag zwischen Weihnachten und Neujahr könnte ich schon arbeiten, da geht mein Mann ohnehin mit seinen Kumpels zum Eisstockschießen. Ich möchte nur nicht wieder die ganze Woche anwesend sein müssen."

Warum war plötzlich eine verständnisvolle Einigung möglich? Das Team verstand, dass es um den Weihnachtsdienst nicht drum herum kommen würde, weil er von der Konzernleitung verlangt wurde. Es akzeptierte aber auch die individuellen Bedürfnisse der einzelnen Mitarbeiter, weil diese sie offen äußerten und man deshalb darüber diskutieren konnte. Die Abstimmung inkl. Diskussion und Brainstorming dauerte zwei Stunden. Danach war ein tragfähiger Konsens erzielt und jeder hatte das Gefühl, gut damit leben zu können. Die Hauptgewinnerin aber war Petra M. Sie hatte alle in die Entscheidung mit einbezogen und niemandem einen Termin vorgeschrieben.

So einfach ist es aber nicht immer. Manchmal muss die Führungskraft eine abschließende Entscheidung treffen oder ist auf die einer höheren Hierarchie-Ebene angewiesen. In einem derartigen Fall ist es hilfreich, die Methode zum Ermitteln eines Stimmungsbildes einzusetzen, um auf dieser Basis eine endgültige Entscheidung treffen oder der nächsthöheren Entscheidungsebene die Widerstände aufzeigen zu können.

> **Mein Tipp: Damit sich hinterher kein Frust breitmacht, sollte in jedem Fall im Vorfeld kommuniziert werden, dass es sich nicht um eine endgültige Entscheidung handeln kann, sondern dass der Chef aus Sachzwängen heraus ggf. anders handeln muss. Somit kann die Abstimmung also nur die Meinung der Beteiligten aufzeigen und als Entscheidungsvorbereitung gelten.**

Erfahren eines Stimmungsbildes

Petra M. stand ein Jahr nach der Übernahme ihrer Abteilung vor der Herausforderung, das Problem der Wiedereingliederung einer Kollegin nach ihrem Mutterschaftsurlaub zu lösen. Diese war sehr unbeliebt und alle waren froh, dass sie eine Auszeit genommen hatte. Nun war die Zeit abgelaufen und sie sollte auf ihren alten Posten zurückkehren. Dagegen sperrten sich alle Kollegen. Petra M. wusste aber, dass sie die Entscheidung nicht allein treffen konnte, sondern von ihrem nächsthöheren Chef abhängig war, der die Situation im Einzelnen aber gar nicht kannte. So entschloss sie sich, das SK-Prinzip als Stimmungsbild zu nutzen, um die Widerstände aufzuzeigen, die eine Wiedereingliederung hervorrufen würde.

Da es sich um eine Personalentscheidung handelte, wählte Petra M. die verdeckte Abstimmung. Sie verteilte die Abstimmungskarten und jeder Mitarbeiter trug seine Bewertung ein. Dann sammelte sie die Karten ein und übertrug die Ergebnisse in eine Liste. Damit hatte sie eine Argumentationsgrundlage für das Gespräch mit ihrem Chef und ihre Mitarbeiter waren außerdem in die Thematik eingebunden.

> **Mein Tipp: Sollten Sie keine endgültige Entscheidung treffen können, weil noch Informationen fehlen, die Finanzierung erst geklärt werden muss oder übergeordnete Hierarchien das letzte Wort haben, machen Sie klar, dass die Abstimmung lediglich als Stimmungsbild oder Entscheidungsvorbereitung verstanden werden kann. Dadurch beugen Sie falschen Erwartungen vor, geben aber eine Orientierung für weitere Bewertungen der Sachlage.**

Festlegung einer Reihenfolge

Petra M. bekam mehrere Projekte übertragen, die sie noch im ersten Jahr ihrer Führungstätigkeit angehen sollte. Sie konnte nicht alle gleichzeitig bewältigen. Es musste also priorisiert werden. Da sie nicht über alle Informationen verfügte, konnte sie diese nicht allein vornehmen. Sie berief daher ein Meeting mit den entsprechenden Kollegen ein, die ihr dabei zur Seite stehen konnten. Ziel der Besprechung war es, den Aufwand der einzelnen Projekte sowohl personell als auch finanziell zu eruieren und so zu einer

Entscheidung zu kommen, welche Aufgaben noch in diesem Jahr in Angriff genommen werden sollen, welche erst später realisiert und welche evtl. delegiert werden konnten. In der Informationsrunde kamen die fehlenden Fakten und Daten zur Sprache und durch die individuellen Sichtweisen (Erfahrungen, Einschätzungen etc.) konnten Lösungsvorschläge erarbeitet und somit eine Reihenfolge festgelegt werden.

Auch zur Festlegung einer Reihenfolge eignet sich das Systemische Konsensieren. Ähnlich dem Auswahlkonsensieren sind bestimmte Vorschläge bereits erarbeitet und darüber soll nun abgestimmt werden. Im Unterschied zum Auswahlkonsensieren soll hierbei aber nicht zwischen mehreren Varianten entschieden werden, es sollen also keine Vorschläge wegfallen, sondern es soll nur eine Reihenfolge festgelegt werden. D.h. alle Vorschläge kommen zum Zuge und es wird z.B. nur eine zeitliche Abfolge ermittelt.

Mein Tipp: Probieren Sie die Methode aus. Vor allem wenn konkrete Entscheidungen gefragt sind und endlose Diskussionen und Machtspielchen drohen.

Resümee

Zu Beginn hatte Petra M. noch Bedenken, das SK-Prinzip anzuwenden, deshalb probierte sie es erst mit ihrer Familie und Freunden aus. Dadurch wurde ihr klar, dass „nichts passieren" konnte, und sie wurde auch in der Anwendung bei ihren Mitarbeitern immer sicherer.

Das SK-Prinzip ist keine Verteufelung der demokratischen Mehrheitsentscheidungen, es zeigt nur neue Möglichkeiten für einen wertschätzenden Umgang miteinander und zur solidarischen Entscheidungsfindung auf. Hier wird deutlich, dass beim Konsensieren nicht zwangsweise die Ablehnung eines Vorschlags mit „Gegner" gleichzusetzen ist, sondern nur unterschiedliches Widerstandspotenzial bedeutet.

Scheuen Sie sich nicht, die Methode auszuprobieren. Erklären Sie den Teilnehmern kurz das Prinzip der Widerstandswerte und weisen Sie ggf. darauf hin, dass es eine Probeabstimmung ist. Sie werden sehen, wie einfach sich eine gemeinsame Entscheidung erzielen lässt, mit der alle Beteiligten gut leben können.

Ich wünsche Ihnen viel Erfolg dafür. Auf der Unterstützungsseite und meiner Homepage im Blog finden Sie weitere Hilfen und Beispiele. Gerne können Sie mich auch telefonisch oder per Mail kontaktieren, wenn Sie Fragen zur konkreten Anwendung haben.

---

1   Das Prinzip der Synergie, Stephen Covey

Katja Wohlgemuth

Ich bin Diplom-Betriebswirtin mit Schwerpunkt Personalmanagement, Ausbilderin und Industriekauffrau. Als ehemalige Leiterin Personalmanagement & Kommunikation und Prokuristin im DZ BANK-Konzern bringe ich tiefgehende Praxiserfahrung mit. Ferner bin ich zertifizierte Trainerin & Coach, zertifizierte Systemische Organisationsentwicklerin sowie Vorstandssprecherin & Master-Trainerin für Persönlichkeit der Bildungs-Stiftung *STUFEN zum ERFOLG*.

Seit mehr als einem Jahrzehnt unterstütze ich als DIE TEAM-SCHMIEDIN Teams und Organisationen aus Wirtschaft, Forschung und öffentlichem Dienst bei der Optimierung ihrer Teamarbeit, u.a. auch in einer Schmiede. Als Geschäftsführerin der KOM-PASS GbR bilde ich zertifizierte Business-Trainer und Coaches aus, mit integriertem Kreativ- und Persönlichkeitsentwicklungs-Programm. Wir wurden mit dem Qualitäts-Siegel des Dachverbandes der Weiterbildungsorganisationen e.V. (DVWO) ausgezeichnet.

Die von mir als TEAM-SCHMIEDIN empfohlenen Team-Tools unterstützen Nachwuchs-Führungskräfte bei Teamentwicklung und Teambuilding – umsetzungsorientiert und erfolgserprobt!

Unterstützungsangebote der Autorin für Sie:

Auf meiner Unterstützungsseite im Internet habe ich für Sie spezielle Materialien zu Ihrer Unterstützung bereitgestellt. Sie finden sie unter:

www.junior-manager.de/katja_wohlgemuth

Wie schmiede ich mein Team zusammen?

Wie schmiede ich mein Team zusammen?

Umsetzungsorientierte Team-Werkzeuge für Nachwuchs-Führungskräfte
Katja Wohlgemuth

Nick D. hatte es endlich geschafft. Sein langjähriges Engagement hatte sich gelohnt und er war von seinem Chef zum Teamleiter befördert worden. Allerdings kannte er die Mitarbeiter seines künftigen Teams noch gar nicht und hatte seine neuen Kollegen munkeln hören, dass seine Gruppe wohl „kein einfaches Team" wäre…, was auch immer das heißen sollte.

Aber er war hochmotiviert, gemeinsam mit diesem Team Erfolg zu haben. Budget für ein Führungs- oder Teamtraining gab es leider dieses Jahr nicht mehr, aber sein Chef meinte, er würde „die Sache schon schaukeln"… Bloß, wie sollte er das ganz konkret anstellen? Er wollte am Anfang nichts falsch machen, da der erste Eindruck entscheidend sein kann. Ferner wollte er wichtige Welchen direkt am Anfang stellen – aber welche und wie genau?

Da erinnerte er sich an mich, seine erste Chefin, und daran, dass ich mittlerweile Team-Trainerin geworden war und vielleicht einen Rat wüsste. Er rief mich an und erzählte mir, dass er damals als mein Teammitglied erfahren hatte, wie motivierend es war, wenn alle gemeinsam an einem Strang ziehen. Und er bat mich um Empfehlungen, was er tun könnte.

> **Mein Tipp: Klärung der drei grundlegenden Fragen: WER sind wir? WAS wollen wir als Team erreichen? WIE arbeiten wir gut zusammen?**

Diese Fragen klangen ihm einleuchtend und halfen ihm weiter: Er entwickelte einen Plan, wie er die erste Frage mit seinem Team bearbeiten könnte.

WER wir sind

Nick D. plante das erste Kennenlernen gründlich – es sollte informativ, interaktiv und wertschätzend sein. Er erinnerte sich an den Start in meinem Team. Dort kannte sich keiner untereinander und ich begann damals das Teambuilding mit Partner-Interviews zum Kennenlernen:

Kennenlern-Fragen im Partner-Interview

Wie heißen Sie / Wie werden Sie am liebsten genannt?

Wo wohnen Sie / Woher kommen Sie?

Etwas Persönliches über Sie ...

Was ist Ihr jetziger Job / Was war Ihr letzter Job?

Was ist Ihnen bei der Arbeit wichtig?

Was können Sie überhaupt nicht ausstehen?

Was bringen Sie in unser Team ein?

(Eine detaillierte Anleitung finden Sie auf meiner Unterstützungsseite für Sie.)

Nach diesen Interviews stellte jeder seinen Gesprächspartner anhand der Fragen vor. Nick weiß noch, dass diese Methode damals „das Eis gebrochen" hat.

In Nicks Team kannte sich die Mehrheit seiner Mitarbeiter schon. Daher plante er seinen Team-Start etwas abgewandelt: Er organisierte an einem Freitagmittag einen Besprechungsraum und es gab Fingerfood. Nick bat seinen Chef, einige kurze Begrüßungsworte zu sprechen und an ihn überzuleiten. Dann stellte er sich vor und äußerte seinen Wunsch, als Team gemeinsam gut und erfolgreich zusammenzuarbeiten. Sein Chef ging danach wie geplant und Nick startete seine erste Teamaktion, wozu er sich tiefergehende Fragen ausgedacht hatte, bei denen jedes Mal gewechselt wurde.

Team-Interview-Fragen (Beispiel für 14 Personen)

Worüber können Sie sich so richtig aufregen?

Mit welcher Persönlichkeit würden Sie gerne einen Tag tauschen?

Was tun Sie am besten, wenn Sie richtig gestresst sind?

Wie geben Sie eine Million aus, wenn Sie sie sofort ausgeben müssten?

Was möchten Sie in Ihrer Freizeit unbedingt einmal erleben?

Was ist Ihr persönliches / berufliches Highlight der letzten 10 Jahre?

Was ist Ihr Lebens-Motto oder Lieblingsspruch?

(Eine detaillierte Anleitung dazu befindet sich auf meiner Unterstützungsseite für Sie.)

Die Fragen-Aktion lief sehr lebhaft ab. Nick verriet auf Nachfrage allen nochmal seine eigenen Antworten, da das Team sehr neugierig darauf war. Das Team diskutierte danach, dass manche Kollegen einem sehr ähnlich, andere völlig anders als man selber seien und dass dies nicht immer leicht wäre! Nick überlegte kurz und erzählte dem

Team von seiner Weiterbildung bei „STUFEN zum ERFOLG"[1]: Es gäbe vier Eigenschaftsbündel, die bei jedem unterschiedlich stark ausgeprägt seien. Er sagte, dass
Teams umso erfolgreicher seien, je mehr unterschiedlich ausgeprägte Persönlichkeiten
in einem Team vertreten seien, da so eine Vielzahl verschiedener Stärken für das Team
nutzbar sei. Dies würde aber nur klappen, wenn jeder den anderen akzeptiert und wertschätzt – und das wäre ihm sehr wichtig! (Mehr Infos zum Persönlichkeits-Strukturmodell auf der Unterstützungsseite für Sie.)

Teams mit verschiedenen Persönlichkeiten sind erfolgreicher

Tatsächlich gibt es vier Eigenschaftsbündel, die bei jedem unterschiedlich stark ausgeprägt sind. Die Erfahrung zeigt: Teams sind umso erfolgreicher, je mehr verschiedene
Persönlichkeiten, also auch Eigenschaftsbündel, sie besitzen, da nur so eine Vielzahl
verschiedener Stärken für das Team nutzbar sind. Diese sind aber nur nutzbar, wenn
jeder den anderen akzeptiert und wertschätzt so wie er ist.

> **Mein Tipp:** Führen Sie einen Persönlichkeits-Strukturanalyse-Workshop im
> Team durch, um Ihr Team-Potenzial voll nutzen zu können!

Wer wir als Team sind

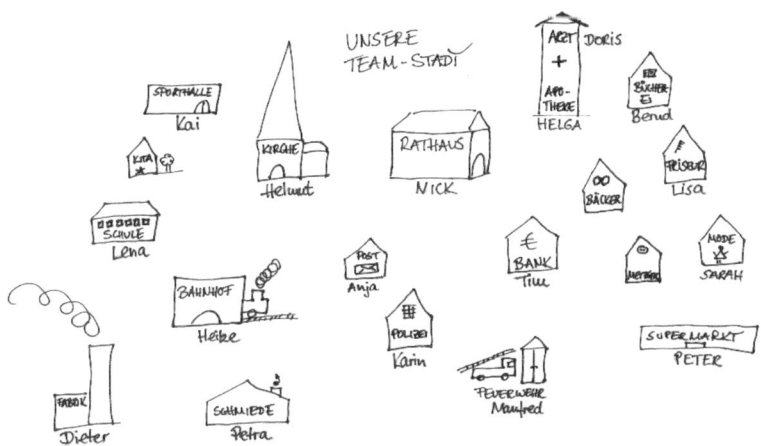

Abb.1: Beispiel einer „Team-Stadt". Interessant ist sowohl die charakteristische Zuordnung der Persönlichkeiten zu den Gebäuden dieser Stadt als auch die Anordnung (welches Gebäude steht innen, welches eher außen).

Am Ende des nächsten Teammeetings gab Nick dem Team eine Stunde Zeit, um kreativ herauszuarbeiten, WER sie als Team sind. Eine mögliche Methode ist ein Soziogramm[2], mit dem Beziehungen in einer Gruppe dargestellt werden. So können sich die Teammitglieder z.B. typischen Gebäude einer Stadt zuordnen: Wer ist die Polizei, der Lebensmittelhändler, die Feuerwehr, der Friseur etc. Spannend ist auch, wer sein Gebäude ins Zentrum und wer es eher an den Stadtrand legt. Alle diskutierten voller Spaß und waren schließlich einig über ihre „Team-Stadt". Nick freute sich sehr über die „Ernennung zum Bürgermeister" – ein Zeichen seiner Akzeptanz durch das Team. Sie nutzten eine Wand in ihrem Großraumbüro, um das Bild ihrer „Team-Stadt" dort aufzuhängen.

Die Mitarbeiter waren nach dieser Aktion sehr engagiert, Einzelne wirkten aber auch nachdenklich. Ein langjähriger Mitarbeiter kam kurz darauf zu Nick und sagte, dass er persönlich gar nicht zufrieden mit seiner bisherigen Rolle im Team sei, was ihm jetzt deutlich geworden sei. Nick bedankte sich für sein Vertrauen und seinen Mut, dies anzusprechen. Sie vereinbarten, dass der Mitarbeiter sich überlegen sollte, wie er sich noch besser ins Team einbringen könnte.

WAS wir als Team erreichen wollen

Nun stand der zweite Schritt an. Nick D. nutzte ein Coaching bei mir, um das weitere Vorgehen zu planen. Er wollte zunächst wissen, wo das Team momentan stand. Wir planten ein World-Café[3] (eine kreative Gruppenmethode, um in lockerer Atmosphäre Themen zu bearbeiten).

Folgende Fragen sollten damit bearbeitet werden:

Team-Analyse-Fragen
Was ist unser konkreter Beitrag zum Unternehmenserfolg und welchen Nutzen schaffen wir für unsere Kunden?
Welche unserer Aufgaben sind für das Unternehmen sehr wichtig?
Was hat unser Team Besonderes zu bieten und was ist unser besonderer Team-Spirit?

(Eine detaillierte Anleitung dazu befindet sich auf der Unterstützungsseite für Sie.)

Die Team-Analyse-Fragen waren für Nicks Mitarbeiter anfangs nicht leicht zu beantworten, aber nach und nach fingen sie Feuer. Besonders die Frage zum Team-Spirit wurde erst belächelt, da sie von ihrem bisherigen Ruf als Team wussten. Aber mit ein wenig „Mutmache" von Nick, der sich bewusst an diesem Tisch platzierte, entstand eine „Jetzt erst recht–Haltung" und das Gesamtteam zeigte ein langsam steigendes Selbstbewusstsein. Diese Stunde hatte sich spürbar gelohnt!

Der langjährige Mitarbeiter aus dem Einzelgespräch bot an, die Ergebnisse in eine PowerPoint-Präsentation umzuwandeln, was Nick und das Team toll fanden. Zu Beginn des nächsten Teammeetings wurde die Präsentation Nicks Chef vorgestellt, der dem Team dazu eine sehr positive Rückmeldung gab.

Das Zukunfts-Team-Bild

Die Team-Analyse beleuchtete die momentane Situation des Teams – der nächste Fokus war die Zukunft. Nick wollte mit seinem Team gemeinsam die Zukunft planen und davon abgeleitete Bottum-up-Ziele entwickeln. Neben der Unternehmensvision und den Top-down-Zielen, die vorgegeben waren, gab es laut Nicks Chef auch eigene Gestaltungsmöglichkeiten. In unserem Coaching lernte Nick eine kreative Methode kennen, die er im nächsten Team-Meeting anwendete: Er bat seine Mitarbeiter, jeweils zu zweit ein Zukunfts-Bild zu skizzieren, wo das Team in fünf Jahren idealerweise stehen sollte. Genutzt wurden kleine, quadratische Leinwände und verschiedenste Stifte und Farben. Zuerst wurde gemeckert, dass man nicht malen könne, aber Nick machte deutlich, dass es eher um den Inhalt als auf die künstlerische Note ging. Nach einer halben Stunde gab es acht Mini-Gemälde verschiedenster Art, die mit viel Spaß erstellt und präsentiert wurden. Dann wurden die Minibilder an den Seiten zusammengeklebt zu einem Gesamt-Kunstwerk:

Abb. 2: Aus diesem Zukunfts-Bild leitete das Team dann ab, was ihm besonders wichtig für ihre Fünfjahres-Vision war, und notierte dies. Diese schriftliche Vision wurde nach einer Abstimmung mit Nicks Chef mit dem Zukunfts-Bild im Team-Büro aufgehängt.

In der Folgewoche leitete Nick D. mit seinem Team aus der verschriftlichten Vision kurz- und mittelfristige Ziele, Verantwortliche und Termine ab, um das Team-Ziel in fünf Jahren auch tatsächlich zu erreichen. Er spürte, dass aus einer kleinen Flamme schon ein kräftiges Feuer erwachsen war, welches dem Team guttat. Auch andere Kollegen teilten ihm mit, dass sich die Stimmung seines Teams spürbar positiv verändert hatte. Sein Plan schien aufzugehen!

Umgang mit Konflikten

Doch dann wurde der neue Teamgeist gestört. Eine erfahrene Mitarbeiterin, die früher einmal selbst Teamleiterin dieses Teams gewesen war, begann im Hintergrund Nicks

Vorgehen wiederholt zu kritisieren und andere zu entmutigen: „Wir werden diese Vorhaben sowieso nicht umsetzen können, das hat noch nie geklappt", meinte sie mehrmals zu den Kollegen.

Wie sollte Nick mit dieser Situation umgehen? Ihm gegenüber war die erfahrene Mitarbeiterin völlig unauffällig. Er hatte diese vertrauliche Information nur durch eine neuere Mitarbeiterin erfahren, weil sie von deren Verhalten sehr irritiert war. Er überlegte tagelang. Direkt ansprechen konnte er sie aufgrund der Vertraulichkeit nicht. Aber die Stimmung wurde spürbar schlechter. Er entschied, zunächst bei seinem Plan zu bleiben und zügig den nächsten Schritt zu gehen, da dieser zum Problem passte.

WIE wir zusammenarbeiten

Hierzu nutzte Nick die **Team-Bilanz**, die er schon in meinem Team als sehr hilfreich kennengelernt hatte. Ziel dieser Methode ist das Herausarbeiten der Team-Stärken und der Team-Optimierungswünsche und letztendlich die Entwicklung von **Team-Regeln**.

Er teilte das Team in zwei bewusst bunt gemischte Gruppen auf. Jede Gruppe erstellte zwei Bilanzen:

- Team-Bilanz der Mitarbeiter an die Führungskraft
- Team-Bilanz der Mitarbeiter untereinander

Auch er selber notierte Team-Stärken und Optimierungswünsche aus seiner Sicht als „Team-Bilanz der Führungskraft an die Mitarbeiter".

Beispiel: Team-Bilanz – Mitarbeiter untereinander[4]

Stärken der Mitarbeiter untereinander	Optimierungswünsche für die Zusammenarbeit der Mitarbeiter
• Gute Ergebnisse • Hohe Fachkenntnisse • Gut eingespielte Prozesse	• Pünktlichkeit aller bei Teamsitzungen • Konflikte unter vier Augen klären • Gerechtere Urlaubsverteilung, damit nicht immer die gleichen Kollegen Brückentage nutzen

(Eine detaillierte Anleitung dazu befindet sich auf der Unterstützungsseite für Sie.)

Nachdem die zwei Gruppen und er 30 Minuten lang in verschiedenen Räumen die Stärken und Optimierungswünsche erarbeitet hatten, wurden diese allen präsentiert. Nick bestätigte und lobte die Team-Stärken ausdrücklich.

Wie schmiede ich mein Team zusammen?

Verhandeln der Wünsche und Ableitung von Regeln

Danach ging es ans **Verhandeln der Optimierungswünsche** und Ableitung von **Team-Regeln**. Jeder Wunsch wurde im Gesamtteam ausdiskutiert und nach dem Mehrheitsprinzip entschieden, wobei Nick D. als Führungskraft ein Vetorecht besaß. Grundsätzlich gab es immer drei Möglichkeiten:

- Ja, dem Wunsch wird entsprochen. Der Punkt wird als Team-Regel vereinbart oder in einer To-do-Liste mit Verantwortlichkeit und Termin aufgenommen. (Ein Beispiel dazu finden Sie auf meiner Unterstützungsseite für Sie.)

- Nein, dem Wunsch wird nicht entsprochen, weil ... (immer mit stichhaltiger Begründung).

- Der Punkt benötigt Klärung, Rückmeldung dazu erfolgt am ... (Datum) und wird in die To-do-Liste aufgenommen.

Die Team-Regeln wurden aufgeschrieben und zentral aufgehängt. Sie beinhalteten z.B. gegenseitige Wertschätzung, direkte und offene Kommunikation, Unterstützung, Konflikte klären und Spaß bei der gemeinsamen Arbeit. Es wurde vereinbart, dass die Einhaltung der Team-Regeln sowie die To-do-Liste monatlich im Teammeeting zu besprechen sind. (Auf meiner Unterstützungsseite finden Sie ein Beispiel zum Download.)

Mein Tipp: Sehr wichtig ist die Umsetzung der Regeln im Arbeitsalltag. Vereinbaren Sie mit Ihrem Team, dass die Einhaltung der Regeln sowie die To-do-Liste monatlich im Teammeeting zu besprechen sind!

Umgang mit Team-Regel-Verstößen

Nick klärte danach den Umgang mit Regelverstößen. Er berichtete von seinen eigenen Erfahrungen: In unserem damaligen Team wurde als einer der wichtigsten Punkte „Hol- und Bringschuld" vereinbart. Das heißt, wenn z.B. einer sich über das Verhalten eines Kollegen ärgert, sollte er ihn zeitnah von sich aus ansprechen und ihm sein Störgefühl mitteilen. Genauso sollte jemand, der gemerkt hat, dass sein Ton im Moment des Ärgers überzogen gewesen sein könnte, dies am nächsten Tag nochmal ansprechen und sich für den Ton entschuldigen und die Beweggründe für seinen Ärger erklären.

Das Team vereinbarte, dass derjenige, dem ein Team-Regelverstoß auffällt, ihn direkt beim Verursacher anspricht. Wenn das nicht helfen sollte, wird Nick informiert. Dieser führt zwei Einzelgespräche mit den Betroffenen und danach ein Dreier-Gespräch. Nach einiger Zeit wird nochmal geprüft, ob das Problem gelöst wurde, und nachjustiert.

Eine der vereinbarten Team-Regeln lautete, dass direkt und offen kommuniziert wird. Alle hatten die Regeln gemeinsam vereinbart, unterschrieben und aufgehängt. Nun sprach Nick D. die Mitarbeiterin, die ihn informiert hatte an und bat sie bei neuem „Flurfunk" der Kollegin sich entsprechend der Team-Regeln an die Dame selber zu wenden.

Nach zwei Wochen fand ein Teammeeting statt, bei dem die Team-Regeln auf der monatlichen Agenda standen. Einige Mitarbeiter meinten, es wäre gar nicht so einfach, die Regeln immer einzuhalten. Andere führten einige Beispiele auf, bei denen ihnen die Regeln schon ganz konkret geholfen hätten, noch besser zusammenzuarbeiten.

Dann meldete sich die neuere Mitarbeiterin: „Ich möchte etwas berichten. Ich bin ja noch neu in dem Team und habe großen Respekt vor Euch und Euren Erfahrungen. Allerdings irritierte mich schon länger, dass Kritisches bei der Kaffeepause besprochen wurde, aber leider nicht im Teammeeting. Ich habe lange überlegt, aber dann Frau Müller angesprochen, die ich sehr schätze." Die beiden schauten sich an und Frau Müller fuhr fort, wie sie wohl vorher vereinbart hatten: „Wissen Sie", an Nick gewandt „Ihr Vorgänger war ganz anders als Sie. Wenn wir dort Kritik offen äußerten, rollten Köpfe. Als unsere neue Kollegin mich ansprach, warum ich meine Kritik nicht Ihnen direkt mitteile, ist mir bewusst geworden, dass ich dieses Verhalten ändern sollte. Jetzt trau ich mich einfach mal. Ich glaube nicht, dass wir von Ihrem Chef genügend Zeit bekommen, um an unseren Team-Zielen zu arbeiten. Das hat noch nie geklappt!"

Endlich war es raus. Nick bedankte sich für die Offenheit beider. Dann arbeiteten sie gemeinsam heraus, woran es denn in der Vergangenheit gescheitert sei, nämlich anscheinend nicht an Nicks Chef direkt, sondern am Geschäftsführer. Nick versprach, mit seinem Chef darüber zu sprechen. Dabei bestätigte dieser, dass die Mutmaßung zutraf. Gemeinsam luden Nick, sein Team und sein Chef den Geschäftsführer ein und präsentierten nochmals ihre Team-Vision und Ziele. Heraus kam, dass einige Ziele tatsächlich nicht von ihm unterstützt wurden, die Mehrzahl aber schon. Mehr noch, der Geschäftsführer war sehr angetan von dem Engagement des Teams und schlug in seiner nächsten Führungsrunde vor, den Bottom-up-Ziel-Prozess allen Teams vorzuschlagen. Das Team war stolz. Sie hatten erlebt, dass Kritik zu einer Verbesserung führen kann, wenn man sie äußert, ernst nimmt und angeht. Frau Müller wurde übrigens nach einem halben Jahr Nicks Vertreterin.

Resümee

Das gegenseitige **Kennenlernen** eines Teams und seiner Mitglieder spielt eine große Rolle. Schon Johannes Luft und Harry Ingham haben mit dem Johari-Fenster[5] aufgezeigt, dass ein Team umso erfolgreicher arbeitet, je mehr jeder authentisch er selber sein kann und umso mehr Feedback er von anderen bekommt. Je mehr wir unsere persönlichen Stärken kennen, zeigen und einsetzen können und unsere Nicht-Stärken selber und gegenseitig akzeptieren, desto erfolgreicher können wir als Team arbeiten. Hierbei hilft ein Persönlichkeits-Strukturmodell wie *STUFEN*[6] sehr. Kennenlernen schafft Vertrauen und Vertrauen bringt Erfolg mit sich.

Wenn ein Team gemeinsam ein **Zukunfts-Bild** entwickelt, so bündeln sich dessen Kräfte: „Sobald der Geist auf ein Ziel gerichtet ist, kommt ihm vieles entgegen." Dies wusste schon Johann Wolfgang von Goethe. Gestalten Sie diesen Prozess zunächst kreativ, kommen Spaß und Ideenreichtum hinzu, die kognitiv nicht so leicht entstehen. Bilder haben zudem eine sehr starke, oft auch unbewusst wirkende Kraft. Seien Sie mutig und wagen Sie dieses am Anfang oft herausfordernde Vorgehen. Sie werden nach Überwindung der ersten Hürden über die Wirkung dieser Bilder staunen.

Team-Regeln existieren in jedem Team, sind historisch gewachsen, oft von starken Persönlichkeiten im Team geprägt und leider fast nie verschriftlicht. Wenn sich ein Team darüber austauscht, ist dies eine große Chance, die gemeinsame Zusammenarbeit auf den Prüfstand zu stellen, gemeinsame Wertvorstellungen abzugleichen und einen gemeinsamen Nenner zu finden. Ursachen für Konflikte sind oft Kleinigkeiten und Missverständnisse, aber gerade diese „kochen" unter starkem Arbeitsdruck hoch. Die Vereinbarung von Team-Regeln ist ein wichtiger Schritt, um künftig noch erfolgreicher in die gleiche Richtung zu gehen. Hierbei sollten sie als „Leitplanken" angesehen werden, die nicht immer hundertprozentig eingehalten werden können, aber dafür sorgen, dass das Ziel im Auge behalten wird. Wichtig bei der Umsetzung sind die Visualisierung, regelmäßige Reflektion und Weiterentwicklung der Team-Regeln sowie – vor allem – immer mehr selbstbewusste Mitarbeiter, die sich selbst und andere reflektieren und sich gegenseitig konstruktiv Rückmeldung geben.

Als Team-Schmiedin erlebe ich täglich, dass Führungskraft und Team umso erfolgreicher zusammen agieren, je mehr

- die Führungskraft und das Team sich untereinander gut kennen und einander vertrauen (**Wer sind wir?**),

- miteinander entwickelte Ideen und Ziele haben, die sie auch wirklich „schmieden" wollen (**Was wollen wir erreichen?**)

- und bestimmte Team-Regeln vereinbart, gelebt und weiterentwickelt werden (**Wie arbeiten wir zusammen?**).

Nutzen Sie die weiteren Infos und Werkzeuge auf meiner Unterstützungsseite im Internet für Ihren Teamentwicklungsprozess. Bei Bedarf helfe ich Ihnen auch sehr gerne dabei. Ich wünsche Ihnen viel Erfolg als Führungskraft!

---

1 www.stufenzumerfolg.de
2 Soziogramm: J. L. Moreno: Die Grundlagen der Soziometrie, Köln, 1954
3 World Café: Juanita Brown und David Isaacs: Das World Café. Kreative Zukunftsgestaltung in Organisationen und Gesellschaft, Carl-Auer Verlag, 2007. Mehr dazu auf der Unterstützungsseite für Sie!
4 Mehr Erfolg im Team, Dave Francis/Don Young, Windmühle GmbH Verlag, 1996, S. 182 + 247
5 Johari-Fenster: Joseph Luft, Harry Ingham: The Johari window, a graphic model of interpersonal awareness. In: Proceedings of the western training laboratory in group development, UCLA, 1955
6 *STUFEN zum ERFOLG* Persönlichkeitsstrukturmodell: Prof. Dr. Hardy Wagner und Sabine Kalina: Erfolg durch Persönlichkeit – Grundlagen wertschätzender Kommunikation: Der EffEff *STUFEN*-Weg zur individuell-optimalen Selbst-Entwicklung, Empirische Pädagogik, 2011

Zum Schluss

Seit über 25 Jahren leite ich das von mir mitgegründete Trainertreffen Deutschland (ein Kontakt- und Service-Netzwerk für Trainer, Berater und Coaches) und engagiere mich aus Überzeugung und mit viel Herzblut für die Weiterbildung. Dazu gehört auch die Herausgabe einer Fachzeitschrift für Weiterbildner und ein Internet-Portal für Trainer, Berater und Coaches mit monatlich über 100.000 Besuchern.

Im Frühjahr 2015 wurde die Idee zu diesem Buch geboren. Anstoß gab ein Gespräch mit dem Verleger André Jünger auf einer Messe in Hannover. Dies brachte mich auf den Gedanken, zusammen mit Trainern, Beratern und Coaches aus unserem Netzwerk – unter denen sich Hunderte von Experten für das Thema Führung befinden – einen Ratgeber für Nachwuchs-Führungskräfte zu schreiben. Ich beschäftigte mich zu diesem Zeitpunkt schon seit geraumer Zeit mit dem Thema „Führung", und Nachwuchs-Führungskräfte liegen mir besonders am Herzen.

Es ist bekannt, dass gerade diejenigen Nachwuchs-Führungskräfte es besonders schwer haben, die nicht auf ein erprobtes Führungskräfte-Ausbildungsprogramm und damit verbundene Unterstützungsmaßnahmen zurückgreifen können, und sich so mehr oder weniger selbst überlassen sind. Das scheinen nicht wenige zu sein.

Mit der geballten Kompetenz in unserem Netzwerk, und meiner jahrelangen Erfahrung als Netzwerker und Herausgeber einer Fachzeitschrift, sollten wir viel Gutes gerade für diese Nachwuchs-Führungskräfte tun können. Von dieser Erkenntnis bis zum Titel dieses Ratgebers und dem sich daraus entwickelnden Wunsch, Sie auf Ihrem Weg mit einem *Unterstützungs-Netzwerk für Nachwuchs-Führungskräfte* zu begleiten, waren es nur ein paar Gedankensprünge.

Ich habe mir dann für dieses Projekt aus über 30 Bewerbern diejenigen als Autoren herausgesucht, die nicht nur praktische Erfahrungen mit Nachwuchs-Führungskräften und ihren Themen vorweisen konnten, sondern für mich spürbar mit ganzem Herzen dabei sind.

Heute, im Herbst 2016, ist der erste Teil des Projektes (der Ratgeber und die dazu gehörenden Unterstützungsseiten) fertig. 18 Experten haben eine Vielzahl von typischen Herausforderungen von Nachwuchs-Führungskräften und eine große Anzahl von Lösungswegen dafür zusammengetragen, die Nachwuchs-Führungskräften immer wieder begegnen und ihren Weg und ihren Reifungsprozess bestimmen. Mit zahlreichen Tipps, zusätzlichen Unterstützungsmaterialien und dem Angebot auch persönlicher Unterstützung bieten sie und wir damit eine große Hilfe für alle, die sich auf den herausfordernden Weg einer Nachwuchs-Führungskraft begeben.

Insgesamt war und ist unser Projekt auch für mich etwas, was zu meiner eigenen Weiterentwicklung beigetragen hat. Ich habe viel dabei gelernt! Ich gestehe, dass dieses Ratgeber-Projekt auch für mich keine Routine war, obwohl ich seit über 20 Jahren eine

Fachzeitschrift für Weiterbildner herausgebe und schon mit einer Vielzahl von Autoren zusammengearbeitet habe. Es gehörte im Gegenteil zu meinen intensivsten Prozessen der letzten Jahre.

Ich möchte Sie ermutigen, die Chance, die sich Ihnen geboten hat, zu ergreifen und zu nutzen – wenn es das ist, was Sie selbst auch wirklich wollen! Unsere Gesellschaft, wir alle, brauchen gute Führungskräfte! Diese fallen nicht vom Himmel, sondern müssen, genauso wie andere auch, ihren Beruf erlernen. Damit Ihnen dies gelingt, wollen wir Sie dabei gerne unterstützen.

Danke

Zum Schluss möchte ich mich ganz herzlich bei allen bedanken, die zum Gelingen dieses wichtigen Projektes beigetragen haben, besonders aber

- bei allen Autorinnen und Autoren dieses Ratgebers dafür, dass sie mir gefolgt und bereit gewesen sind, einen kleinen Teil ihres großen Wissens und ihrer Erfahrung auf zehn Seiten zu komprimieren, aber auch dafür, dass sie sich bereit erklärt haben, sich bei diesem anspruchsvollen Projekt einzubringen und Sie tatkräftig auf Ihrem Weg zu unterstützen,

- bei André Jünger (Verleger und Inhaber verschiedener Verlage) für seine Anregung zu diesem Buch und die gute Zusammenarbeit bei der Entstehung, von dem ich mich gut beraten und betreut fühle,

- bei Peter Dingeldein, meinem Webprogrammierer, der die neue Plattform www.junior-manager.de mit aufgebaut, mich bei der Einrichtung tatkräftig unterstützt und geduldig die langen Wartezeiten zwischen den einzelnen Arbeitsphasen ertragen hat,

- und bei meiner Frau Ingrid und meiner Tochter und rechten Hand Andrea, die mich auf diesem Weg begleitet und durch ihre Übernahme von zusätzlichen Aufgaben erst den benötigten Freiraum geschaffen haben, ohne den ich die viele zusätzliche Arbeit nie geschafft hätte.

Bernhard Siegfried Laukamp

Neustadt, im August 2016

Notizen:

www.junior-manager.de

Das Unterstützungs-Netzwerk für Nachwuchs-Führungskräfte